Mit digitalen Extras: exklusiv für Buchkäuferinnen und Buchkäufer!

Ihre digitalen Extras zum Download:

- Fragebögen zum PE-Check°
- Ausfüllhilfen für die Fragebögen

Den Link sowie Ihren Zugangscode finden Sie am Buchende.

Zukunftsorientierte Personalentwicklung

Christian Flesch

Zukunftsorientierte Personalentwicklung

Eine werteorientierte Lernkultur in Unternehmen etablieren

1. Auflage

Haufe Group
Freiburg · München · Stuttgart

Bibliografische Information der Deutschen Nationalbibliothek

Die Deutsche Nationalbibliothek verzeichnet diese Publikation in der Deutschen Nationalbibliografie; detaillierte bibliografische Daten sind im Internet über http://dnb.dnb.de/ abrufbar.

Print: ISBN 978-3-648-16929-2 Bestell-Nr. 14167-0001
ePub: ISBN 978-3-648-16930-8 Bestell-Nr. 14167-0100
ePDF: ISBN 978-3-648-16931-5 Bestell-Nr. 14167-0150

Christian Flesch
Zukunftsorientierte Personalentwicklung
1. Auflage, Januar 2023

www.haufe.de
info@haufe.de

Bildnachweis (Cover): © Dean Mitchell, iStock

Produktmanagement: Dr. Bernhard Landkammer
Lektorat: Juliane Sowah

Inhaltsverzeichnis

Vorwort

Warum sind bestimmte Menschen, bestimmte Teams, bestimmte Unternehmen oder Organisationen erfolgreicher als andere?

Fangen wir mit einer nicht so schönen Botschaft an: Ich habe nicht *die eine* Antwort auf diese Fragestellung. Was mein Team und ich bei unseren Recherchen herausgefunden haben, sind bestimmte Muster, warum bestimmte Menschen, bestimmte Gruppen, bestimmte Unternehmen erfolgreicher sind als andere.

Die Welt ist komplexer geworden. Wir leben in einer VUCA-Welt. In den Unternehmen erleben wir einen Wechsel von der Präsenzkultur zur Leistungskultur. Flexibilisierung von Arbeitszeit und Arbeitsort. Offene Arbeitsplätze werden selbstverständlich. Eine höhere Vernetzung mit ganz neuen Strukturen entwickelt sich, wobei disruptive Veränderungen uns stetig begleiten. Virtuelles Führen wird alltäglich, die Bindungen der Mitarbeitenden an die Unternehmen sinken. Ganze Arbeitsabläufe werden durch künstliche Intelligenz, KI, ersetzt. Mitarbeitende müssen und viele wollen zukünftig mehr Eigenverantwortung übernehmen. Sie müssen befähigt werden, ihre Aufgaben selbst zu priorisieren. Durch die Pandemie wurde diese Entwicklung noch einmal beschleunigt. Das Coronavirus stellt uns vor neue Herausforderungen. Einige bisher in Stein gemeißelte Glaubenssätze (zum Beispiel »Homeoffice ist tabu«) erleben eine veränderte Betrachtung mit einer neuen Bewertung. Die Pandemie hat teilweise wie ein Beschleuniger gewirkt, andererseits wie ein Brennglas, das aufzeigt, wo Schwachstellen auftreten.

Doch welche Antworten geben Wissenschaftler, Unternehmenslenkerinnen oder Personalverantwortliche auf diese Fragestellungen? Wie verändert sich die Aufgabenstellung der Personalentwicklung? Welches Führungsverhalten wird von Führungskräften künftig erwartet? Welche Führungsstile, welche Führungsinstrumente sind vielversprechend in diesen Zeiten? Welche Führungspersönlichkeiten werden benötigt? Welche Kompetenzen werden wichtiger und wie können Mitarbeitende sicherstellen, dass sie auch in Zukunft ihre Aufgaben im Unternehmen erfolgreich bewältigen? Mit dem vorliegenden Buch möchte ich Ihnen, liebe Leserin, lieber Leser, Impulse aus der Welt der Personal- und Organisationsentwicklung geben und einen Lösungsweg aufzeigen, wie Sie eine werteorientierte Lernkultur in Ihrem Unternehmen etablieren beziehungsweise festigen.

Anhand von Analysen und langjähriger Praxis werden wir mit diesem Buch gemeinsam eine Personalentwicklungsstrategie für Ihr Unternehmen, für Ihre Organisation oder Ihr Team entwickeln, die die Herausforderungen von heute und morgen nachhaltig angeht.

Im ersten Teil des Buches (Kapitel 2 bis 6) werden die wichtigsten Themenfelder einer nachhaltigen Personalentwicklung behandelt. Im zweiten Teil des Buches (Kapitel 7) stelle ich Ihnen die Idee des PE-Checks° vor für eine solide Analyse Ihrer Personalentwicklung. Im dritten Teil (Kapitel 8) betrachten wir gemeinsam die XYZ Versicherung, indem wir ganz praktisch den PE-Check° durchlaufen. Zusammen führen wir in diesem Kontext die Diskussion mit dem Vorstand und dem Betriebsrat. Wir durchleben den Kick-off-Workshop, machen einen gemeinsamen Ausflug in die Welt der Führung und erarbeiten für die XYZ Versicherung sinnvolle Handlungsempfehlungen.

Oktober 2022
Christian Flesch

1 Einleitung

Am 27. Januar 2020 wurde in Deutschland der erste Coronafall bestätigt. Seitdem erleben wir eine weltweite Pandemie mit weitreichenden Auswirkungen auf unser Berufs- und Privatleben. Zu Beginn der Pandemie mussten wir Einschränkungen erfahren in einem bisher nicht bekannten Ausmaß. Erste Bilder wie das gemeinsame Singen der italienischen Stadtbevölkerung von ihren Balkonen aus, die vielen Danksagungen an die Menschen, die im Gesundheitswesen nach besten Kräften ihren Dienst leisteten, und an die Mitarbeitenden in unserem Supermarkt veränderten und verändern unsere Sichtweisen. Ganz neue Herausforderungen mussten und müssen beruflich und privat gemeistert werden. Alte Rollenbilder brachen wieder auf. Teilweise sehr kontroverse Diskussionen bezüglich der richtigen Maßnahmen im gesellschaftlichen Kontext begleiten unseren Alltag.

Wir haben erfahren, wie viel wir aus dem Homeoffice heraus erledigen können. Wir haben gelernt, dass Meetings durchaus per Videokonferenz funktionieren. Wir haben festgestellt, dass eine weltumspannende Lieferkette ohne Lagerhaltung durchaus für unsere Produktionsstätten kritisch ist. Wir haben auf einmal Zeit, unsere bisherigen Handlungen und unser tägliches Hamsterrad zu hinterfragen und unser Tun neu zu bewerten.

Wir vermissten schon nach wenigen Wochen im Homeoffice unsere Kolleginnen, unsere Dienstreisen, das Abendessen mit unseren Kunden oder unsere Sport- und Kulturveranstaltungen. Wir stellten aber auch fest, was bereits heute alles online (sehr gut) funktioniert und welche lieb gewonnenen Handlungen wir in Zukunft einschränken oder einstellen könnten. Wir haben die Zeit- und Kostenvorteile durch Homeoffice und Videokonferenzen genauso kennengelernt wie die Dinge, die uns in der virtuellen Welt schwerfallen.

Wir bewerten vieles neu, was uns bisher eher alltäglich erschien. In der Personalentwicklung werden bestimmte Themenfelder einen höheren Stellenwert bekommen. Wir haben durch COVID-19 den Schritt der Überzeugung, was online grundsätzlich möglich ist, übersprungen und konzentrieren uns eher darauf, wie und was wir in Zukunft umsetzen wollen. Erste Umfragen (Randstad-ifo-Personalleiterbefragung, 2. Quartal 2020; Statista, Quelle Forsa, veröffentlicht am 29.04.2020) belegen, dass sich die meisten Befragten (77 Prozent) eine neue Arbeitsgestaltung wünschen. Statt wie bisher fünf Tage in der Woche ins Büro zu fahren, wünscht sich die überwiegende Mehrzahl eine Kombination aus Homeoffice und Büro beziehungsweise weiterhin im Homeoffice zu arbeiten.

Bereits vor der Pandemie war festzustellen, dass die Trennung zwischen der Online- und der Offlinewelt sich mehr und mehr auflöst. Beide Sphären werden sich bald so durchdringen, dass wir sie als Einheit erleben. In diesem Buch gehen wir zentralen Fragestellungen nach. Was heißt diese Entwicklung für Unternehmen und deren Personalentwicklung? Was heißt es für die Führungskräfte und die Mitarbeitenden? Welchen Einfluss haben diese extremen Erfahrungswerte auf die jeweilige Unternehmens- und Personalentwicklungsstrategie? Selbstverständlich habe ich ein paar kreative und hilfreiche Antworten für Sie.

2019, also ohne Einfluss der Pandemie, wurde im deutschen Einzelhandel erstmalig mehr mit der Giro- oder Kreditkarte gezahlt als mit dem bisher so beliebten Bargeld. Durch COVID-19 wurde dieses Zahlungsverhalten noch einmal beschleunigt. Auf immer mehr Strecken werden selbstfahrende Autos, Lkw und Busse getestet. Ein kleines Zusatzgerät liest blinden Menschen Texte in 24 Sprachen vor. Die Akzeptanz und die aktive Nutzung der digitalen Welt steigt. Corona wirkte wie ein Digitalturbo.

Es ist keine Frage mehr, ob sich Unternehmen und Organisationen verändern müssen – es ist nur noch die Frage, ob sie schnell genug sein werden. Dies gilt für die Unternehmen, dies gilt für die Unternehmenslenker, die Führungskräfte und die Mitarbeitenden.

Die Bundesregierung hat den umfassenden digitalen und demografischen Wandel in der Arbeitswelt erkannt und machte bereits durch die Novellierung des Qualifizierungschancengesetzes zum Januar 2019 deutlich, vor welchen umfassenden Veränderungen und Herausforderungen die Arbeitswelt steht. Die Personalentwicklung (PE) der Unternehmen ist gefordert, diesen Wandel im Sinne der Unternehmensstrategie erfolgreich umzusetzen.

Vorstände verschiedenster Unternehmen bestätigen auch heute noch die in einer frühen McKinsey-Studie genannten kritischen Hinweise zur Personalentwicklung. Dort wurde berichtet, dass die Vorstände mit dem Transfer »Theorie zur Praxis« nicht zufrieden sind. Einige berichten von historischem Wildwuchs an Bildungsangeboten. Sie bemängeln, dass die Unternehmensstrategie nicht ausreichend in den Trainings berücksichtigt wird, andere bezeichnen durchgeführte Seminare als Wohlfühloasen ohne praktischen Mehrwert.

Wir leben in Zeiten diverser Veränderungen. Wir können diese oftmals noch nicht erfassen oder im Alltag sehen, spüren aber, dass sich viele Dinge in unserem Leben, in unserem Arbeitsumfeld und in der Gesellschaft verändern. Angst und Frustration sowie Neugier und Freude, neue Wege zu gehen, halten sich oftmals die Waage.

Es vergeht kein Tag, an dem wir nicht etwas über Digitalisierung, Globalisierung, demografischen Wandel oder den Wertewandel der Generationen hören, lesen oder sehen. Diese sogenannten Megatrends lassen die Personalentwicklung nicht unberührt.

Ebenso tangieren gesellschaftspolitische Veränderungen die Unternehmen und Organisationen. Es steigt der Bedarf an Wissenstransformation. Wissen muss schneller und effizienter zum Zeitpunkt des Bedarfs abrufbar sein.

Doch welche Antworten geben Personalentwicklerinnen auf diese Fragestellungen? Wie verändert sich die Aufgabenstellung der Personalentwicklung, wie verändert sich das Aufgabenfeld der Trainer, der Coaches und der Ausbildenden? Welches Führungsverhalten wird von Führungskräften künftig erwartet? Welche Kompetenzen werden wichtiger und wie können Mitarbeitende sicherstellen, dass sie auch in Zukunft ihre Aufgaben im Unternehmen erfolgreich bewältigen?

Hat die Personalentwicklung neben der Digitalstrategie des Unternehmens auch eine eigene Digitalstrategie? Arbeitet die Personalentwicklung auch mit agilen Methoden? Werden die neuen Arbeitsmethoden ausreichend trainiert? Stimmen die Kompetenzmodelle, die eingesetzten Tools und die Angebote noch mit den Anforderungen der Unternehmensleitung und den Zielgruppen überein? Findet Partizipation aller Beteiligter statt? Und wer sind die Beteiligten? Wird der Wandel vom Arbeitgebermarkt hin zum Arbeitnehmermarkt berücksichtigt? Wie wirkt sich der Fachkräftemangel auf die jeweilige Personalentwicklungsstrategie aus?

Wir sprechen heute oftmals von New Work, New Normal oder der Arbeitswelt 4.0 – das heißt, dass sich die Arbeitswelt rapide verändert, nicht aber der Mensch als solcher. Professor Badura spricht in diesem Zusammenhang vom Wandel der Handarbeit zur Kopfarbeit. Während früher eher physische Belastungen die Mitarbeitenden forderten, sind es heute, wie uns Statistiken der AU-Tage zeigen, auch psychische Belastungen. Diese hängen, als Kopfarbeit verstanden, stark von der Qualität der Führung, der Qualität der Unternehmenskultur, der Qualität der Arbeitsbeziehungen und der Sinnhaftigkeit der eigenen Arbeit ab. Die Sensibilität, die Achtsamkeit gegenüber der eigenen psychischen Gesundheit und den zur Verfügung stehenden Ressourcen wird von Führungskräften und Mitarbeitenden immer wichtiger. Führungskräfte und Mitarbeitende sind in den Themenfeldern gesunde Führung, Steuerung von Emotionen, Motivation, Problemlösungsfähigkeit oder der Zusammenarbeit, zu qualifizieren. Personalentwicklungsmaßnahmen verschmelzen mit Maßnahmen aus dem Gesundheitsmanagement.

Mittlerweile gibt es Zukunftsforscher wie Reinhold M. Karner, die in der »Economy 5.0« mehrere maßgebliche ökonomische und technologische Umbrüche in der nächsten Dekade sehen: rasende Urbanisierung, demografische Entwicklung, Energieherausforderung und Klimawandel, neue Material- und Biotechnologien (vom Bio-Hacking bis zur transhumanen Ära) mit KI. Bei näherer Analyse wird deutlich, dass die Trends und Entwicklungen weder besser noch schlechter sind, sondern gravierend anders – und dies mit erheblichen Risiken, aber auch enormen Chancen. Nur Unternehmen, die diese Faktoren in ihrer Strategie und somit in der Personalentwicklung berücksichtigen, werden aus unserer Sicht erfolgreich sein. In diesem Rahmen wird es ein Zurück zur bisherigen Arbeitswelt nicht geben. Die Grenzen zwischen Arbeitswelt und Privat verschwimmen und brauchen doch klare Impulse durch die Personalentwicklung. Es bedarf klarer Handlungsrahmen mit funktionierenden zielführenden Werkzeugen. Einige stellen ich Ihnen, lieber Leser, liebe Leserin, in diesem Buch vor.

Woran erkennen wir, dass sich der »Mensch als Mensch« nicht verändert? In der Zeit von 2007–2017 haben die genannten Herausforderungen mit dazu geführt, dass sich die Arbeitsunfähigkeitstage der angestellten Arbeitnehmenden in Deutschland aufgrund psychischer Störungen mehr als verdoppelt haben. Oft fühlen sie sich den neuen, sich rasant ändernden Anforderungen nicht gewachsen. Arbeitgeber sind gefordert, die Menschen mitzunehmen und sie dazu zu befähigen, ihre Selbstachtsamkeit, die Wertschätzung gegenüber sich selbst und anderen sowie die eigene Work-Life-Balance im Einklang zu halten. Unternehmen müssen darauf achten, dass sie die wichtigste Ressource, die Mitarbeitenden, nicht verlieren. Das betriebliche Gesundheitsmanagement ist hier ein wichtiger Wegbegleiter.

Mit dem PE-Check°, den ich Ihnen in diesem Buch vorstelle, zeige ich einen Weg auf, wie Unternehmen und Organisationen feststellen können, wo sie heute mit der Personalentwicklung stehen und wie sie in einem lernenden Prozess den Wandel im Unternehmen mit Hilfe der Personalentwicklung erfolgreich gestalten. Ich gebe keine standardisierten Antworten, sondern stelle weiterführende und erhellende Fragen. Jede Organisation und jedes Unternehmen verfügt in seinem Management, durch Netzwerke und Mitarbeitende über die richtigen Antworten auf die Bedarfe von morgen. Es geht nicht darum, alles neu oder alles komplett anders zu machen. Es geht darum festzustellen, wo das Unternehmen beziehungsweise die Organisation oder das Team heute stehen und wo sie ansetzen können, um die Transformation erfolgreich zu gestalten.

Und nun lade ich Sie ein, gemeinsam den Weg hin zu einer nachhaltigen, partizipativen und mit dem notwendigen Stellenwert versehenen zukunftsorientierten Personalentwicklung im Unternehmen, in der Organisation zu gehen. Personalentwicklung heißt, dass wir das ICH, das DU, das IHR und das WIR qualifizieren. Ganz gleich, ob Sie Unternehmenslenkerin, Führungskraft, Experte, Projektleiterin oder Berufseinsteiger sind: Ich habe zielführende Hinweise und Übungen für Sie eingebunden. Dem Motto von Steve Jobs folgend – *»Einfachheit ist die höchste Form der Raffinesse«* – habe ich dieses Buch für Sie geschrieben.

An dieser Stelle möchte ich diesen Menschen besonders danken: Frau Stefanie Söllig und Herrn Dr. Klaus Bischof, die mir mit Rat und Tat, ihren kreativen Ideen und abwechslungsreichen Perspektiven zur Seite standen. Dem Haufe Verlag, der in meinem

Skript das Potenzial gesehen hat, hier gilt mein besonderer Dank Herrn Dr. Bernhard Landkammer und dem wichtigsten Menschen in diesem Projekt, Frau Juliane Sowah, die mir als Lektorin mit Rat und Tat immer zur Seite stand, mir wertvolle Hinweise gegeben hat und dafür Sorge trug, dass wir gemeinsam dieses Fachbuch auf die Beine gestellt haben.

Hinweis: Bei Personenbezeichnungen und personenbezogenen Hauptwörtern in diesem Buch wird versucht, sowohl die weibliche als auch die männliche Form gleichverteilt zu verwenden. Entsprechende Begriffe gelten im Sinne der Gleichbehandlung grundsätzlich für alle Geschlechter. Die verkürzte Sprachform hat nur redaktionelle Gründe und beinhaltet keinerlei Wertung.

2 Kompetenzen

Kompetenzen und deren strategische Entwicklung sind das Fundament einer modernen Personalentwicklung. Nicht nur bei der Personalauswahl spielen sie eine wichtige Rolle. Heute werden Kompetenzen bei der Aus- und Weiterbildung, der Seminarkonzeption, bei der Persönlichkeitsentwicklung bis hin zu Förderkreisen von High Potentials bestimmt, die gestärkt werden sollen. Wir werden uns dem Thema Schritt für Schritt nähern.

Begriffsklärung: Kompetenzen

Erpenbeck und von Rosenstiel definieren Kompetenzen als »Fähigkeiten von Menschen, sich in offenen und unüberschaubaren, komplexen und dynamischen Situationen selbstorganisiert zurechtzufinden«, noch verkürzter ausgedrückt, »Kompetenzen sind Dispositionen selbstorganisierten Handelns«.
Sie unterscheiden vier Gruppen:

- Fach- und Methodenkompetenz (know what, know how),
- personale Kompetenz (know yourself),
- Handlungskompetenz (know todo),
- sozial-kommunikative Kompetenz (know others).

Meine ersten Gehversuche zum Thema Kompetenzen machte ich in den 1990er-Jahren mit der Fragestellung: Was unterscheidet eigentlich eine erfolgreiche Verkaufskraft von einer weniger Erfolgreichen? Auch heute noch eine sehr spannende Thematik. Wir hatten damals im Unternehmen eine hohe Fluktuation beim Verkaufspersonal und noch keine Testsysteme, die uns bei der Personalauswahl unterstützten. Umso fruchtbarer war es, dass wir eine Doktorarbeit begleiteten und so für uns wichtige Informationen gewinnen konnten. Auch heute empfehle ich, den Kontakt zu Universitäten und Fachhochschulen zu suchen oder zu halten. Der Theorie-Praxis-Transfer gewinnt immer mehr an Bedeutung.

Unsere damalige Befragung ergab, dass unter anderem die Frustrationstoleranz, der Optimismus und der Arbeitsstil wichtige Indikatoren einer erfolgreichen Verkaufskraft sind. Wir erstellten unseren ersten Auswahltest und konnten die Fluktuationsquote bei den Neueinstellungen im Vertrieb um circa 7,5 Prozent senken. Neben unserer sozialen Verantwortung gegenüber den neuen Mitarbeitenden senkten wir damit auch unsere Ausbildungskosten. Fehler bei der Personalauswahl sind neben dem Imageverlust auch mit hohen Kosten verbunden.

Wer gerne mit Zahlen arbeitet, findet im Folgenden eine vereinfachte Amortisationsrechnung (Ausbildungskosten – Branche Versicherungen): Nehmen wir der Einfachheit halber an, wir arbeiten in einem Unternehmen mit 2.000 Außendienstmitarbeitenden – von denen uns jedes Jahr 25 Prozent verlassen. In der Versicherungswelt waren leider solch hohe Fluktuationsquoten im Vertrieb keine Seltenheit. Um keinen Abrieb im Vertrieb zu haben, stellen wir daher jedes Jahr 500 Verkäufer neu ein. Von diesen 500 Neueinstellungen sind die Hälfte Branchenneulinge, die wir ausbilden müssen, die andere Hälfte bedarf einer weniger intensiven Einarbeitung.

Wir entscheiden uns für eine hybride Ausbildung, also Onlinetrainings gepaart mit Präsenzveranstaltungen. Die Branchenneulinge werden neben den Onlineangeboten zwei Wochen im Seminarhotel ausgebildet, während die Mitarbeitenden aus der Branche nur einer Woche Präsenztraining bedürfen.

- Tagespauschale Hotel: 140,- Euro
  (Übernachtung + Frühstück, Mittagessen, Abendessen und Getränke über den Tag)
- Montag und Freitag: An- und Abreisetag entfällt Frühstück oder Abendessen: 110,- Euro
- Reisekostenpauschale: 150,- Euro

Alle weiteren Kosten lassen wir unberücksichtigt und berechnen nun:

- Die Woche kostet pro Teilnehmer: 150,- + 3 x 140,- + 2 x 110,- = 790,- Euro.
- 250 Verkäufer ohne Ausbildung: 1.580,- Euro = 395.000,- Euro pro Jahr.
- 250 Verkäufer aus der Branche: 790,- Euro = 197.500,- Euro pro Jahr.

Das sind insgesamt 592.500,- Euro Ausbildungs- und Onboarding-Kosten pro Jahr. Senken wir nun die Fluktuation um 7,5% auf 17,5%, sparen wir 177.750,- Euro jedes Jahr ein.

Reflexion

Personalentwicklung kostet Geld. Die Gegenfrage lautet: Was es kostet, wenn wir nicht in unsere Mitarbeitenden und Führungskräfte investieren?

2.1 Fähigkeiten, Fertigkeiten und Mindset als Erfolgsschlüssel

Unter Kompetenzen verstehen wir etwas kompakter formuliert die **Kenntnisse, Fähigkeiten, Fertigkeiten und Einstellungen einer Person**, die dieser prinzipiell zur Verfügung stehen. Warum steht das Thema Kompetenzen in diesem Buch aber an erster Stelle?

Die Kompetenzentwicklung der Mitarbeitenden und Führungskräfte wird auf dem Weg von der Industrie- zur Wissens-/Digitalgesellschaft eine zentrale Stellschraube sein. Gelingt es den Unternehmen, die zukünftig notwendigen Kompetenzen zu identifizieren und bei ihren Mitarbeitenden und Führungskräften zu entwickeln, diese zu fördern, schaffen sie die Grundlage für einen nachhaltigen Unternehmenserfolg.

Aufgrund der Veränderungen in unserer Arbeitswelt liegt es auf der Hand, dass wir andere Fähigkeiten und ein stimmiges **Mindset** für unsere Arbeit benötigen, als dies noch vor wenigen Jahren im Rahmen einer industriellen Fertigung notwendig war. So sind heute kreatives Problemlösen und Innovationsbereitschaft wichtiger denn je. Ganze Organisationsstrukturen, ganze Führungsstrukturen haben sich verändert und erfordern andere Arbeits- und Führungstechniken. Agile Arbeitsmethoden spielen dabei eine wichtige Rolle. Wir werden in Kapitel 4.1 (Digitalisierung) näher darauf eingehen.

Am 28. Januar 2020 berichtete das bayerische Staatsministerium für Gesundheit und Pflege über den ersten Coronafall in Deutschland. Im Frühjahr 2020 stellte die Coronapandemie Unternehmen weltweit vor neue Herausforderungen. Die notwendige Kontaktreduzierung im Arbeitsalltag forderte kurzfristig begegnungsarme Formen der Zusammenarbeit. Mobiles Arbeiten und Homeoffice mit Telefon und Videokonferenzen ersetzten den persönlichen Austausch vor Ort. Vorlesungen und Trainings wurden kurzfristig von Präsenz auf online umgestellt. Kundenberatungen wurden nicht mehr vor Ort, sondern per Videochat durchgeführt. Von heute auf morgen waren andere Kompetenzen bei unseren Mitarbeitenden und Führungskräften, aber auch bei uns selbst gefragt. Wie unter einem Brennglas machte die Umstellung deutlich, dass wir verstärkt neue Fähigkeiten und Haltungen bei den Mitarbeitenden und Führungskräften berücksichtigen müssen.

Reflexion

- Haben Sie schon die aktuell erforderlichen Kompetenzen für die neuen Arbeitsplätze in Ihrem Unternehmen definiert?
- Entsprechen Ihre Kompetenzprofile dem gewünschten digitalen Reifegrad?

Zur Bestimmung des digitalen Reifegrades gibt es unterschiedliche Methoden. Zumeist werden die Themenfelder Strategie, Technologie, Produkte & Dienstleistungen, Organisation & Prozess sowie Personalkompetenzen herangezogen und beurteilt (Hellge, Schröder, Bosse, (2019), S. 19 f.). Zurzeit scheint der digitale Reifegrad in einigen Unternehmen noch eher gering ausgeprägt zu sein. So wird in einer gemeinschaftlichen Studie der Universität St. Gallen, dem Competence Centre for Innovations in Learning (scil) und der Deutschen Gesellschaft für Personalführung e. V. (DGFP) – Digitale Kompetenzen von Personalentwicklern – darüber berichtet, dass 42 Prozent der befragten Unternehmen noch keine klare Digitalisierungsstrategie vorweisen können. 54 Prozent haben noch keine klare Vorstellung davon, welche Kompetenzen zukünftig im Rahmen der fortschreitenden Digitalisierung überhaupt benötigt werden (Guggemos, Meier, Helfritz, Seufert, 2018, S. 2 f.). Wir haben im privaten wie im geschäftlichen Umfeld keinen Digitalisierungsschub erfahren, wir haben einen Digitalisierungsturbo gestartet. In Stein gemeißelte Glaubenssätze (»Homeoffice ist tabu« oder »Ich kaufe nicht online ein«) konnten wir teilweise überwinden. Für

Unternehmen ist es notwendig, diese Veränderungen in ihren Unternehmensstrategien sinnvoll zu gewichten.

Erste Untersuchungen geben uns weitere wichtige Hinweise. So liest man in einer Forsa-Umfrage, dass jeder vierte Befragte in Deutschland offen für einen neuen Job ist oder bereits konkrete Schritte eingeleitet hat (Human-Resources – Hohe Wechselbereitschaft als Chance fürs Recruiting, 20.04.2022). Im Rahmen eines Projektes zum betrieblichen Gesundheitsmanagement, welches ich im vierten Quartal 2021 durchgeführt habe, zeigt die Mitarbeiterbefragung, dass die subjektiv empfundene Bindung ans Unternehmen, die Bindung ans jeweilige Team und die empfundene Unterstützung durch Kollegen und Vorgesetzte durch das mobile Arbeiten sinken.

Alle soeben genannten Themen – Reifegrad, Mindset, mobiles Arbeiten, Bindung, gegenseitige Unterstützung, Digitalisierung, Führungsverhalten – haben auch etwas mit Kompetenzen zu tun. So sollten wir, bevor wir über notwendige zukünftige, auch digitale Kompetenzen sprechen, zunächst ein Gefühl und eine Einordnung finden, was wir unter Kompetenzen verstehen.

Stellenbeschreibungen und Bewerberprofile sind bei der Suche nach neuen, qualifizierten Mitarbeitenden für die zu besetzende Stelle in fachlicher und persönlicher Hinsicht sehr hilfreich. Da solche Profile keine tägliche Übung einer Führungskraft darstellen, sollte bei der Erstellung die Unterstützung durch einen Personalentwickler erfolgen. Zu berücksichtigen ist dabei, dass die Eigenschaften und Einstellungen einer Person als stabile Faktoren den Kern der Persönlichkeit bilden. Diese sind nur bedingt veränderbar und stellen somit die Basis für das Matching von Mensch und zu besetzender Position dar. Ein überzeugter Pazifist sollte also nicht unbedingt in einem Rüstungskonzern arbeiten.

Für den beruflichen wie auch den persönlichen Erfolg ist es wichtig, dass die Interessen der Bewerbenden zu den Aufgaben und Tätigkeiten passen. Das Interesse ist dabei zu verstehen als Aufmerksamkeit, die wir einem Menschen oder einer Sache schenken – und Interessen können geweckt werden. Allgemein gilt: Interessen und Verhalten eines Menschen sind beeinflussbar und können sich durch geeignete Entwicklungsmaßnahmen verändern. An dieser Stelle sind wir noch nicht wirklich bei den Kompetenzen, eher bei dem Mindset einer Person, welches die Kompetenzen wiederum beeinflusst.

Kompakt

Das Mindset beschreibt das Zusammenspiel der Glaubenssätze, Überzeugungen, Denkweisen, Werte und Prinzipien einer Person, die auf das Denken, Fühlen und Handeln Einfluss nehmen.

Das Mindset bestimmt die innere Haltung. Wenn das Mindset nicht mit den Werten des Teams und des Unternehmens zusammenpasst, wird es eher schwierig, gemeinsame Ziele zu finden. Die Herausforderung: Menschen tragen ihr Mindset nicht vor sich her. Wir benötigen Zeit, um die innere Haltung eines Menschen ebenso wie seine Fähigkeiten, die auch zum Unternehmen passen müssen, besser kennenzulernen. Abbildung 1 zeigt, dass wir auf Interessen und Verhalten mehr Einfluss haben als auf Einstellungen und Eigenschaften einer Person.

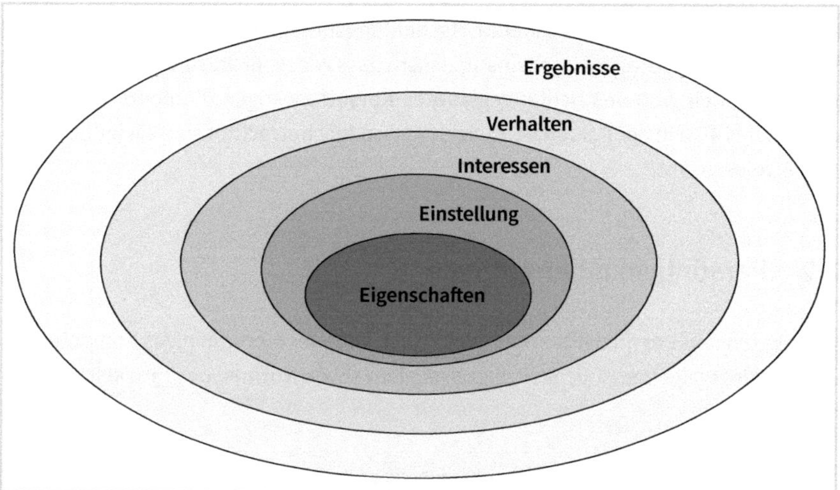

Abb. 1: Schwer veränderbare und leichter beeinflussbare Aspekte einer Person (frei nach Etzel, Fauler und Etzel, 2016).

Kompetenzprofile liefern uns den Ausgangspunkt, um festzustellen, ob der richtige Mitarbeitende am richtigen Platz ist. Die Grundeigenschaften und -einstellungen, das Mindset der Person sollten passen.

Wie heißt es so oft in der Personaldiagnostik: Wir stellen Menschen aufgrund ihrer fachlichen Kompetenzen ein und trennen uns wieder aufgrund der Persönlichkeit. Soll heißen, achten Sie unbedingt auf die Eigenschaften, Einstellungen und Interessen, die Fachlichkeit ist zumeist leichter zu trainieren. Wie Sie Kompetenzen durch ein strukturiertes Interview zielführend ermitteln, werde ich Ihnen in Kapitel 2.6 (Kompetenzen im Interview entschlüsseln) zeigen. Meine Studentinnen und Studenten finden diesen Part der Vorlesung immer besonders spannend. Zum einen erfahren sie, was in einem Bewerbungsprozess auf sie zukommen könnte. Zum anderen lernen sie, sich auf solche Gespräche vorzubereiten. Dazu betrachten wir im Verlauf des Buches die Stärkung des Selbstwertgefühls (Kapitel 2.3), die Ausstrahlung (Kapitel 6.2.1) und die Beeinflussung von Entscheidungstragenden (Kapitel 2.3). Vorweg: Der Mensch ist bei Weitem nicht so rational in seinen Entscheidungen, wie wir glauben oder es gerne hätten.

Die passende Auswahl von Mitarbeitenden – im Sinne eines definierten Kompetenzprofils – ist allerdings kein Allheilmittel für den Erfolg eines Unternehmens oder eines Projektes. Die Forschung zeigt uns, dass sich erfolgreiche Teams durch unterschiedliche Persönlichkeiten auszeichnen. Dabei wird Diversität verstanden als wertschöpfende Vielfalt. Und diese zeigt sich eben nicht nur in Fähigkeiten, sondern auch Einstellungen, Werten und der inneren Haltung. Gilt es zukünftig den Mitarbeitenden mehr Freiräume, mehr Entscheidungsbefugnisse einzuräumen und ihre Kreativität zu fördern, müssen wir aufpassen, dass wir sie nicht zu sehr durch unsere Vorgaben in ein von uns richtig geglaubtes Korsett zwängen. Kompetenzen unterstützen uns also in der Personalentwicklung, isoliert betrachtet sind sie jedoch noch kein Erfolgsgarant.

2.2 Persönlichkeitsmerkmale

Wir müssen den Begriff der Kompetenzen noch genauer einordnen. Als Kompetenzen werden einerseits Persönlichkeitseigenschaften sowie Normen der Tätigkeit verstanden.

Kompetenzen	
Persönlichkeit	**Normen der Tätigkeit**
• Kenntnisse • Fähigkeiten • Fertigkeiten • Einstellungen	• Berechtigungen • Pflichten • Zuständigkeiten

Tab. 1: Kompetenzen – Persönlichkeit vs. Normen der Tätigkeit

Wir gehen im Folgenden näher auf die Persönlichkeitseigenschaften ein. Sie erinnern sich, Erpenbeck und von Rosenstiel definieren Kompetenzen als »Fähigkeiten von Menschen, sich in offenen und unüberschaubaren, komplexen und dynamischen Situationen selbstorganisiert zurechtzufinden«. Verkürzter ausgedrückt: »Kompetenzen sind Dispositionen selbstorganisierten Handelns.« (Erpenbeck, v. Rosenstiel, 2007).

Möchten Sie also ein Kompetenzprofil für eine bestimmte Position erstellen, empfiehlt es sich, mit einer Aufgabenbeschreibung zu beginnen. Was sind die Tätigkeiten, die ein Mitarbeiter zukünftig erledigen soll? Aus der Aufgabenbeschreibung leiten Sie dann ein Anforderungsprofil ab. Welche fachlichen Qualifikationen sollten die Bewerbenden mitbringen, um die Aufgaben erfolgreich zu erledigen? Achten Sie darauf, dass Sie auch zukünftige Entwicklungen vorwegnehme. Anschließend beschreiben Sie die notwendigen persönliche Eigenschaften und Einstellungen. Während es uns zumeist leicht fällt, die fachlichen Qualifikationen zu spezifizieren, fällt es meist um so schwerer, die persönlichen Eigenschaften und Einstellungen einer Person zu beschreiben.

Der Kompetenzatlas von Erpenbeck & Heyse

Einen guten ersten Einstieg für das Erstellen von Anforderungsprofilen und den daraus abgeleiteten notwendigen Kompetenzprofilen bietet der Kompetenzatlas von Erpenbeck und Heyse (Abb. 2). Diese sehr umfassende und strukturierte Darstellung bildet eine gute Basis für das Erschließen eines neuen Themenfeldes.

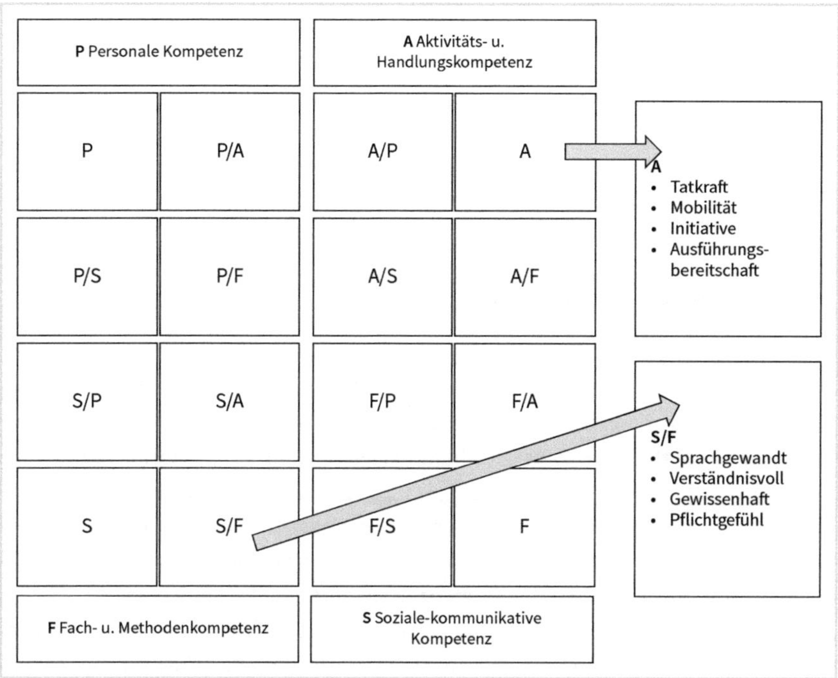

Abb. 2: Kompetenzatlas nach Erpenbeck und Heyse (eigene Darstellung)

Bei der Implementierung von Kompetenzprofilen in Ihrem Unternehmen sollten Sie darauf achten, dass diese für alle verständlich im Sinne der Transparenz zu formulieren sind. Achten Sie darauf, dass Ihre Personalentwickler sich nicht durch Fachjargon als besonders wichtig darzustellen versuchen. Ein gutes Beispiel für einfache Sprache ist Elon Musk. Er achtet sehr darauf, dass in seinen Unternehmen kein Fachchinesisch gesprochen wird. Er kennt den Erfolg von Transparenz und sorgt dafür, dass auch die Sprache diese gewährleistet beziehungsweise nicht verhindert.

In dem Kompetenzatlas werden vier Kompetenzgruppen (P,A,S,F) unterschieden, denen jeweils weitere sechzehn Teilkompetenzen zugeordnet sind:

Kompetenzgruppen des Kompetenzatlas nach Erpenbeck und Heyse	
Personale Kompetenz (P) • Loyalität • Normativ-ethische Einstellung • Glaubwürdigkeit • Eigenverantwortung	**Aktivitäts- und Handlungskompetenz (A)** • Tatkraft • Mobilität • Ausführungsbereitschaft • Initiative
Sozial-kommunikative Kompetenz (S) • Kommunikationsfähigkeit • Kooperationsfähigkeit • Beziehungsmanagement • Anpassungsfähigkeit	**Fach- und Methodenkompetenz (F)** • Fachwissen • Marktkenntnisse • Planungsverhalten • Fachübergreifende Kenntnisse
Die vier Schlüsselkompetenzen von Erpenbeck und Heyse werden häufig noch ergänzt durch die	
Interkulturelle Kompetenz • Kennen der Besonderheiten der eigenen und anderer Kulturen • Verständnis kultureller Zusammenhänge • interkulturelle Handlungskompetenz	**Emotionale Kompetenz** • Selbstmotivation • Selbstbewusstheit • Selbststeuerung • Soziale Kompetenz • Empathie

Tab. 2: Schlüsselkompetenzen/Kompetenzgruppen

Aus den Schnittmengen der vier Kompetenzgruppen ergeben sich weitere Teilkompetenzen. Hierzu gehören zum Beispiel bei personaler sowie sozial-kommunikativer Kompetenz (P/S) Humor, Hilfsbereitschaft, Delegieren und Mitarbeiterförderung.

Um also die erforderlichen Fähigkeiten und Fertigkeiten für einen Mitarbeiter auf einer bestimmten Position zu beschreiben, steht uns aus dem Kompetenzatlas ein buntes Portfolio von 64+2 Kernkompetenzen zur Verfügung. Hilfreich ist es in diesem Zusammenhang, wenn Sie zu der jeweiligen Kompetenz **Verhaltensanker** formulieren. Wie verhalten sich also Menschen, wenn sie diese Kompetenz im beruflichen Kontext leben?

Ein Beispiel: Wir suchen einen Mitarbeiter, bei dem die Kompetenz **Veränderungsbereitschaft** besonders ausgeprägt sein soll. Als mögliche Verhaltensanker würden wir formulieren:

- Er agiert proaktiv bei Veränderungen.
- Er sieht neue Aufgaben nicht als Bedrohung, sondern als Chance zur eigenen Weiterentwicklung.
- Er begeistert sich für neue Aufgabenstellungen und kann andere ebenfalls mitreißen.

Zu unterscheiden von Kompetenzen sind **Qualifikationen**. Diese sagen zunächst nichts über Kompetenzen aus, also über die tatsächlichen Fähigkeiten, in offenen, komplexen Situationen selbstorganisiert handeln zu können. Qualifikationen sind Fähigkeiten, die durch ein Studium, eine Ausbildung oder Erfahrungen erworben wurden, so zum Beispiel die Bedienung einer bestimmten Maschine oder die Anwendung einer bestimmten Programmiersprache. Leider werden die Begriffe im Alltag synonym verwendet. Doch wir sollten uns – im Sinne der Sprache als kommunikative Brücke – immer eines gemeinsamen Verständnisses versichern.

Wie erkennen wir, welche Kompetenzen bei einer Person vorliegen? Kompetenz drückt sich in verbaler und nicht verbaler Kommunikation aus. Hierdurch lässt sich mithilfe unterschiedlicher Maßnahmen der Status quo einer Person erfassen. So können in einem Assessment Center entsprechende Handlungen beobachtet werden. In einem Bewerberinterview lassen sich durch gezielte Fragen Hinweise herausarbeiten. Aus wissenschaftlichen Untersuchungen wissen wir, dass das eine oder andere diagnostische Verfahren eine hohe oder weniger hohe Validität erreicht (Tab. 3). Validität bedeutet, dass der Test das misst, was er messen soll. Obwohl zum Beispiel viele Intelligenztests eine hohe Validität erreichen, werden diese in Deutschland nur selten, in den Vereinigten Staaten vielfach eingesetzt. Und obwohl Assessment Center laut der Meta-Analyse von Schmidt und Hunter aus dem Jahr 1998 eine geringe Validität aufweisen und mit hohen Kosten verbunden sind, werden diese oft bei wichtigen zu besetzenden Positionen genutzt.

Auch ich habe Assessment Center bei meinem damaligen Arbeitgeber durchgeführt, obwohl diese zeit- und kostenintensiv waren. Erstens bin ich der Meinung, dass in ein gutes Assessment Center ein strukturiertes Interview integriert sein sollte (s. u.), zweitens haben solche Verfahren einen sehr hohen Aufmerksamkeitsgrad innerhalb des Unternehmens. In den Beobachtereinweisungen zum Assessment Center konnte ich immer wieder sehen, wie Mitarbeitende und Führungskräfte eher überrascht waren, dass die Unternehmenswerte und ihre Anforderungen tatsächlich auch in der Praxis Anwendung finden. Unterschätzen Sie die Strahlkraft dieser Verfahren ins Unternehmen nicht. Dies kann sich natürlich auch im negativen Sinne widerspiegeln, wenn Auswahlverfahren unprofessionell durchgeführt werden. Durch den Einsatz diagnostischer Verfahren bei der Stellenbesetzung im Unternehmen sorgen Sie für mehr Glaubwürdigkeit, da sie eine höhere Transparenz im Auswahlverfahren schaffen. Das Befördern über sogenannte Seilschaften, was zu hoher Demotivation bei Mitarbeitenden führen kann, wird hier deutlich gemildert beziehungsweise ausgeschlossen.

Auswahlinstrument für Bewerbende	Validität
Intelligenztest	0.51
Arbeitsprobe	0.54
Strukturiertes Interview	0.51
Unstrukturiertes Interview	0.38
Assessment Center	0.37
Referenzen	0.26
Graphologisches Gutachten	0.02

Tab. 3: Auswahlinstrumente (für Bewerbende) und deren Validität (frei nach Schmidt, Hunter 1998)

Mit Ihrem Auswahlverfahren geben Sie immer auch eine Visitenkarte Ihres Unternehmens ab. Die Wertschätzung den Bewerbenden gegenüber sollte selbstverständlich sein. Haben Sie einen guten Eindruck hinterlassen, besteht die Chance, dass die Bewerbenden Ihr Unternehmen im Bekanntenkreis positiv erwähnen. Bei einem negativen Erlebnis werden sie dies um ein Vielfaches in ihrem Bekanntenkreis berichten.

2.3 Übung: Selbsttest

Für alle, die bisher noch keine Berührungspunkte mit Kompetenzen hatten, biete ich an dieser Stelle eine kleine Übung an. Ich lade Sie ein, sich selbst auszuprobieren und zu sensibilisieren.

Tragen Sie in der folgenden Tabelle je Kompetenzfeld ein praktisches Beispiel aus der Vergangenheit, aus dem Berufs- oder Privatleben ein, welches Ihnen zu jeder der genannten Kompetenzen einfällt. Ihr Beispiel sollte verdeutlichen, warum diese Kompetenz bei Ihnen eher stark oder schwach ausgeprägt ist. Ihr eigenes Beispiel hilft Ihnen bei der Skalierung. Anschließend kreuzen Sie eine Zahl von 1 (schwach ausgeprägt) bis 6 (sehr stark ausgeprägt) an. Bitte beachten Sie: Es ist nicht entscheidend, möglichst überall eine besonders starke oder schwache Ausprägung zu haben. Es geht darum, ein realistisches Bild von Ihnen zu bekommen. Denn wenn Sie wissen, wie Sie ticken, sind Sie authentischer und überzeugender.

Ein Beispiel zur ersten Kompetenz »Glaubwürdigkeit«: Kollegen und Kolleginnen bestätigen in der Mitarbeiterbefragung, dass Sie sich auf Ihre Zusagen und Abstimmungen verlassen können. Da Sie in diesem Themenfeld gut sind, aber sicherlich noch besser werden können, bewerten Sie sich mit 5 Punkten.

Glaubwürdigkeit	1	2	3	4	5	6
Ich handele im Bewusstsein, ein Vorbild zu sein und motiviere auch andere dazu. Ich korrigiere meine Meinung beim Auftreten neuer Fakten oder guter Argumente. Ich stehe zu eigenen Fehlern und Schwächen und bin ein verlässlicher Partner. Meine Glaubwürdigkeit: …						
Digitale Kompetenz	1	2	3	4	5	6
Ich kenne nicht nur die digitalen Tools in meinem Arbeitsumfeld und kann diese anwenden, ich kenne auch die Wirkungsweisen und bewege mich sicher und aufmerksam in der digitalen Welt. Ich kenne die benötigten Kompetenzen und Handlungsweisen. Meine digitale Kompetenz: …						
Kommunikationskompetenz	1	2	3	4	5	6
Ich pflege eine gute Feedbackkultur. Es wird Feedback gegeben und Feedback genommen. Meine Sprache ist wertschätzend. Ich teile mein Wissen aktiv mit den anderen. Ich kommuniziere offen, transparent und angemessen. Meine Kommunikationskompetenz: …						
Ergebniskompetenz	1	2	3	4	5	6
Ich kenne meine eigenen Ziele, die Teamziele und die Unternehmensziele und habe diese im Blick. Zusätzlich zu den Zielen kenne ich die aktuellen Entwicklungsstände und weiß diese im Kontext einzuordnen. Meine Ergebniskompetenz: …						
Selbstführungskompetenz	1	2	3	4	5	6
Ich kann Ziele selbst formulieren und diese priorisieren. Ich treffe Entscheidungen selbstständig und reflektiere meine Handlungen. Ich kenne meine Stärken und Schwächen. Meine Selbstführungskompetenz: …						
Veränderungskompetenz	1	2	3	4	5	6
Ich bin offen gegenüber Veränderungen. Ich treibe den Wandel voran und bin in der Lage, andere Menschen mitzunehmen. Ich habe keine Angst, auch mal zu scheitern. Meine Veränderungskompetenz…						
Teamkompetenz	1	2	3	4	5	6
Ich besitze die notwendige Empathie, kommuniziere auf Augenhöhe, gehe respektvoll mit anderen um, bin offen für die Sichtweisen des anderen, achte auf gegenseitige Wertschätzung und Achtsamkeit. Im Sinne der Sensibilität gegenüber des anderen schaffe ich ein gegenseitiges Vertrauen. Meine Teamkompetenz: …						

Tab. 4: Übung – Einschätzung der eigenen Kompetenzen

Nachdem Sie Ihre Einschätzung durchgeführt haben, bitten Sie eine Person Ihres Vertrauens, die Skala ebenfalls auszufüllen, und zwar bezogen auf Sie (Fremdeinschätzung). Anschließend vergleichen Sie die beiden Werte. Denken Sie daran, es gibt kein richtig oder falsch. Es geht nur darum, dass Sie mehr über sich selbst erfahren. Je mehr das Selbst- und das Fremdbild übereinstimmen, desto besser können Sie Ihre Wirkung auf andere Menschen einschätzen und steuern. Durch den Austausch und die Diskussion mit Ihrer Vertrauensperson bekommen Sie ein Gefühl zum Thema (eigene) Kompetenzen und wie Sie sich diesem Themenfeld auch über eine Übung annähern können.

Vielleicht durften oder mussten Sie in den letzten Monaten im Homeoffice (Kap. 2.5) arbeiten. Die im Selbsttest genannten Kompetenzen sind in Zukunft sicherlich Kompetenzen, die die Personalentwicklung mehr in den Fokus rücken wird. Sofern diese Kompetenzen hoch ausgeprägt sind, fällt es dem Mitarbeiter, der Führungskraft leichter, aus dem Homeoffice heraus zu arbeiten und trotzdem im engen Austausch mit dem Team, mit den Kollegen und Kolleginnen zu bleiben.

2.4 Reduktion auf das Wesentliche – zwei Profile im Vergleich

Herausfordernd bei der Modellierung eines Kompetenzprofils ist die Reduktion auf das Wesentliche. Das macht der folgende Vergleich zweier Kompetenzprofile deutlich. Die aufmerksame Leserin wird zusätzlich bemerken, dass es sich um zwei Profile handelt, die eher vor dem Digitalisierungssprung verwendet wurden, sonst wäre wohl zumindest die digitale Kompetenz wie in unserem Selbsttest berücksichtigt. Die Auswahl soll verdeutlichen, wie wichtig es ist, Profile kontinuierlich auf die Bedarfe von heute und morgen anzupassen.

Reflexion

Welche Kompetenzen aus der Übung »Selbsttest« (Tabelle 4) würden Sie ersetzen, auf welche verzichten?

Ich empfehle, möglichst nicht mehr als zwölf Kompetenzen in einem Profil abzubilden. Wenn Sie mit einem Bewerber ein strukturiertes Interview durchführen möchten und Sie je Kompetenzfeld nur fünf Minuten einkalkulieren, sind Sie bereits bei einer Stunde. Mit der Aufwärmphase, den biografischen Fragen, der fachlichen Diskussion, der Motivation, den Werten und Einstellungen (Unternehmen – Bewerberin) sind Sie sehr schnell bei sehr zeitaufwendigen Interviews.

Das erste Kompetenzprofil ist das einer Führungskraft im Vertrieb, das zweite Profil ist das einer Verkäuferin. In unseren Beispielen ist eine bewerbende Person für diese Stelle geeignet, wenn sie mindestens die grau hinterlegte Ausprägung je Kompetenz erreicht. Sind die gewünschten Kompetenzanforderungen erfüllt und Sie stellen die Person ein, haben Sie durch das erstellte Profil direkt Hinweise darauf, an welchen Stellschrauben die neue Mitarbeiterin, der neue Mitarbeiter an sich arbeiten sollte.

Kompetenzprofil 1: Führungskraft im Vertrieb						
Personale Kompetenz						
Glaubwürdigkeit	1	2	3	4	5	6
Eigenverantwortung	1	2	3	4	5	6
Offenheit für Veränderungen	1	2	3	4	5	6
Delegieren	1	2	3	4	5	6
Ganzheitliches Denken	1	2	3	4	5	6
Handlungskompetenz						
Gestaltungswille	1	2	3	4	5	6
Entscheidungsfähigkeit	1	2	3	4	5	6
Tatkraft	1	2	3	4	5	6
Zielorientiertes Führen	1	2	3	4	5	6
Fach- und Methodenkompetenz						
Analytische Fähigkeiten	1	2	3	4	5	6
Marktkenntnisse	1	2	3	4	5	6
Organisationsfähigkeit	1	2	3	4	5	6
Projektmanagement	1	2	3	4	5	6
Sozial-kommunikative Kompetenz						
Konfliktlösungsfähigkeit	1	2	3	4	5	6
Kommunikationsfähigkeit	1	2	3	4	5	6
Problemlösungsfähigkeit	1	2	3	4	5	6
Beziehungsmanagement	1	2	3	4	5	6

Tab. 5: Kompetenzprofil 1 – Führungskraft im Vertrieb (Ordinalskala von 1 bis 6)

Wir können davon ausgehen, dass die **Führungskompetenzen** umso wichtiger werden, je mehr eine Führungskraft in ihrem Tätigkeitsfeld verantwortet. Das Kompetenzprofil einer Führungskraft verändert sich also mit der Führungsspanne und der Verantwortungsstufe im Unternehmen oder in der Organisation. Mit zunehmender Verantwortung steigen die Anforderungen der Führungskompetenzen, während die fachlichen Kompetenzen eher konstant bleiben beziehungsweise weniger Berücksichtigung finden.

Kompetenzprofil 2: Verkäuferin						
Personale Kompetenz						
Loyalität	1	2	3	**4**	5	6
Eigenverantwortung	1	2	3	**4**	5	6
Zuverlässigkeit	1	2	3	**4**	5	6
Ganzheitliches Denken	1	2	**3**	4	5	6
Handlungskompetenz						
Beharrlichkeit	1	2	3	**4**	5	6
Ergebnisorientiertes Handeln	1	2	**3**	4	5	6
Tatkraft	1	2	3	**4**	5	6
Optimismus	1	2	3	4	**5**	6
Fach- und Methodenkompetenz						
Fachwissen	1	2	3	**4**	5	6
Fleiß	1	2	3	**4**	5	6
Analytische Fähigkeiten	1	2	**3**	4	5	6
Sozial-kommunikative Kompetenz						
Kundenorientierung	1	2	3	**4**	5	6
Akquisitionsstärke	1	2	3	**4**	5	6
Beratungsfähigkeit	1	2	3	**4**	5	6
Gewissenhaftigkeit	1	2	3	4	5	6

Tab. 6: Kompetenzprofil 2 – Verkäuferin (Ordinalskala von 1 bis 6)

Im Beispiel der Verkäuferin haben sich die Kompetenzkriterien geändert – und genau das soll Ihnen beispielhaft zeigen, dass ein Profil flexibel angepasst und geändert werden kann beziehungsweise muss.

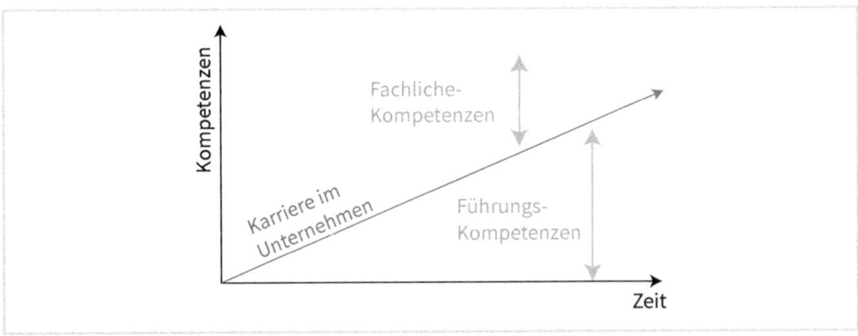

Abb. 3: Verhältnis von Fachkompetenzen zu Führungskompetenzen bei steigender Führungsspanne

Um die Ausprägung einer Kompetenz zu ermitteln, bieten sich Interviews, Persönlichkeitsfragebögen, das sogenannte 360°-Feedback oder Assessment Center an. Neben dem klassischen Assessment Center können auch Online-Assessments eingesetzt werden, mit denen ich sehr gute Erfahrungen gemacht habe. Sie sind weniger kosten- und zeitintensiv sowie ortsungebunden. Im Rahmen eines Online-Assessments werden Situationen mit Entscheidungsalternativen beschrieben, von denen die bewerbende Person eine auszuwählen hat. Aus einer Vielzahl von Fragen zu derselben Kompetenz wird die Höhe der Ausprägung einer Kompetenz ermittelt.

Beispiel: Online-Assessment – Selbstbewusstsein

Ein Kollege wird gebeten, auf einer kurzfristig anberaumten Tagung das Thema »Unsere Werte. Unsere Haltung.« zu präsentieren. Er sagt sofort zu: »Das ist kein Problem. Ich werde ein paar Folien anfertigen und überwiegend frei reden.«

Inwieweit würden Sie sich ähnlich verhalten (bitte nur eine Antwort auswählen):
- ☐ fast gar nicht
- ☐ überwiegend nicht
- ☐ eher nicht
- ☐ eher
- ☐ überwiegend
- ☐ fast vollständig

Es ist wichtig zu verstehen, wie man Kompetenzen in der Personalentwicklung definiert und wie man diese nutzt. Da man Kompetenzen operationalisiert, also der Ausprägungsstärke eine Zahl zuweist, ermöglichen sie die Erfolgsmessung von Maßnahmen. Ein Beispiel: Wir messen bei einer Teilnehmerin die Kompetenz *Teamfähigkeit* vor einem Seminar mit einer Ausprägung von 3, nach dem Seminar messen wir eine 5. Hier kann der Seminarleiter deutlich aufzeigen, dass sein Seminar einen signifikanten Beitrag zur Kompetenzentwicklung mindestens der einen Teilnehmerin geleistet hat. Bei einer solchen Messung sind natürlich die Instrumente sorgsam auszuwählen.

2.5 Homeoffice und die notwendigen Kompetenzen

Seit der Coronapandemie stellen Mitarbeitende, Führungskräfte und Unternehmen fest, was aus dem Homeoffice heraus alles geht und wo die Stolpersteine liegen. In Umfragen zur Coronakrise – wie der der Hans-Böckler-Stiftung: »Anteil der im Homeoffice arbeitenden Beschäftigten in Deutschland vor und während der Corona-Pandemie 2020 und 2021« – wird bestätigt, dass das Homeoffice beziehungsweise das mobile Arbeiten verstärkt die Option für Mitarbeitende sein wird. Viel Unternehmen prüfen zurzeit eine Kombination aus Büro und Homeoffice und diskutieren das bestmögliche Verhältnis (Tage im Büro/Tage im Homeoffice). Daher erhält das Thema ein eigenes Kapitel, denn neben ortsunabhängigen Kompetenzen sind im Kontext des mobilen Arbeitens teils völlig andere, häufig noch ungelernte Fähigkeiten sowie noch nicht erworbene Kenntnisse nötig.

Folgende Vor- und Nachteile werden in Umfragen und Artikeln benannt (vgl. unter anderem Umfrage der DAK Krankenkasse zu den Vorteilen von Homeoffice in Deutschland 2020/2021 sowie Forsa-Umfrage zu den Nachteilen von Homeoffice in Deutschland 2020/2021, die ich für Sie zusammengefasst habe):

	Mitarbeitende	**Unternehmen**
Vorteile von Homeoffice	• Zeitgewinn – Einsparung Arbeitsweg – weniger Dienstreisen – Meetings effizienter • höhere Vereinbarkeit von Beruf und Familie • produktiver aufgrund höherer Konzentration • höhere Arbeitszufriedenheit insgesamt • eigenes Gesundheitsmanagement • Unabhängigkeit vom Dienstsitz des Unternehmens • teils bessere Infrastruktur als im Büro	• Kosteneinsparung – kleinere Büroflächen – Dienstreisen nehmen ab – weniger Meetings • Attraktivität als Arbeitgeber steigt • steigende Produktivität • erweiterte Digitalkompetenzen • mehr potenzielle Mitarbeitende (Umfeld) • Nachhaltigkeit
Nachteile	• Trennung zwischen Arbeits- und Privatleben schwierig • schlechtere Infrastruktur als im Büro • fehlende soziale Beziehungen – Einsamkeit • weniger Feedback, weniger Anerkennung • Ängste (Karriere – Leistung) werden nicht gesehen • häufige Störungen, Ablenkung • schwierigere Abstimmung mit Kollegen und Führungskräften • ständige Erreichbarkeit (24/7) • fehlende Infrastruktur/fehlendes Gesundheitsmanagement (Wegfall Kantine, Angebote BGF, Suchtgefahren) • fehlende Struktur im Tages-/Arbeitsablauf • fehlende Unterlagen (nicht alles digital) • fehlender »kurzer Dienstweg«	• abnehmende Produktivität • Projektarbeit und agile Arbeitsformate erschwert • neues Kommunikationsgebaren • Bedarf neuer Strukturen • weniger Kreativität • technische Probleme • Investition in neue Infrastruktur • fehlende Betriebsvereinbarungen • Neid (Gleichbehandlung) • fehlende Kontrollmöglichkeiten • sinkende Unternehmensbindung • Führen auf Distanz überfordert einige Führungskräfte • fehlende Lernbereitschaft • neue Machtverteilung/tradierte Machtgefüge • sinkende Bindung an das Team

Tab. 7: Vor- und Nachteile Homeoffice/mobiles Arbeiten für Mitarbeitende und Unternehmen

Natürlich müssen die Rahmenbedingungen für einen Homeoffice-Arbeitsplatz geschaffen sein. Dazu gehören die technische Infrastruktur, die auch die Datensicherheit gewährleistet, sowie die Arbeitsplatzgestaltung, am besten ein separates Arbeitszimmer getrennt vom Wohnbereich mit ausreichend Licht und der Möglichkeit einer guten Klimatisierung. Schreibtisch und Stuhl müssen den ergonomischen Anforderungen genügen. Betriebsvereinbarungen sind mit Mitbestimmungsgremien abzustimmen und versicherungstechnische Fragestellungen zu berücksichtigen.

Doch welche persönlichen Kompetenzen sind besonders wichtig, wenn wir vermehrt von zuhause arbeiten, sofern es die Tätigkeit hergibt? Zunächst einmal ist das berufliche Fachwissen auch weiterhin die Basis, welche geschaffen oder vorhanden sein muss. Es bedarf der Anwenderkenntnisse hinsichtlich der technischen Möglichkeiten ebenso wie der Kenntnisse hinsichtlich des Datenschutzes und der Datensicherheit. Genannt werden im Zusammenhang mit Digitalisierung die Kompetenzen zu Big Data, Programmierung, KI, Interaktion Mensch-Maschine, Social Media und kollaboratives Arbeiten/Tools.

Bisher genannte Kompetenzen:

- **Digitale-Kompetenz.** Die Mitarbeitenden kennen nicht nur die Tools und können diese anwenden, sie kennen auch die Wirkungsweisen und bewegen sich sicher und aufmerksam in der digitalen Welt. Sie wissen um die benötigten Kompetenzen und Handlungsweisen.
- **Kommunikationskompetenz.** Die Mitarbeitenden pflegen eine gute Feedbackkultur. Es wird Feedback gegeben und genommen. Die Sprache ist wertschätzend. Wissen wird aktiv mit den anderen geteilt. Man kommuniziert offen, transparent und angemessen.
- **Ergebniskompetenz.** Die Mitarbeitenden kennen ihre eigenen Ziele, die Teamziele und die Unternehmensziele und habe diese im Blick. Zusätzlich zu den Zielen kennen sie die aktuellen Entwicklungsstände und wissen diese im Kontext einzuordnen.
- **Selbstführungskompetenz.** Die Mitarbeitenden sind in der Lage, Ziele selbst zu formulieren und diese zu priorisieren. Sie haben die Bereitschaft, eigenständig Entscheidungen zu treffen und sich selbst und ihre Handlungen zu reflektieren.
- **Veränderungskompetenz.** Die Mitarbeitenden sind offen für Veränderungen. Sie treiben den Wandel voran und sind in der Lage, andere Menschen mitzunehmen. Sie haben keine Angst, auch mal zu scheitern.
- **Teamkompetenz.** Die Mitarbeitenden besitzen die notwendige Empathie. Sie kommunizieren auf Augenhöhe, gehen respektvoll miteinander um, sind offen für die Sichtweisen des anderen, achten auf gegenseitige Wertschätzung und Achtsamkeit. Im Sinne der Sensibilität gegenüber den anderen schaffen sie ein gegenseitiges Vertrauen.

Zudem sind des Öfteren folgende weitere Kompetenzen benannt:

- **Kreativität.** Die Mitarbeitenden suchen aktiv den Erfahrungsaustausch als Quelle für Anregungen und neue Ideen. Sie denken über den sogenannten Tellerrand hinaus und suchen aktiv nach neuen, besseren Lösungsstrategien.
- **Emotionale-Intelligenz.** Die Mitarbeitenden sind sich der eigenen Emotionen und der ihrer Kollegen und Kolleginnen bewusst. Sie können ihre Emotionen kontrollieren und kommunizieren. Bei dem Gegenüber sind sie empathisch, arbeiten auf Augenhöhe und arbeiten wertschätzend mit anderen zusammen.
- **Analytische Fähigkeiten.** Die Mitarbeitenden sind in der Lage zu abstrahieren. Sie können sich auch bei komplexen Themen verständlich und fokussiert ausdrücken. Sie erfassen schnell (mögliche) auftretende Probleme und Sachverhalte und entwickeln eigenständige Lösungsvorschläge. Sie können priorisieren, unterscheiden Wesentliches von Unwesentlichem und sind in der Lage, die Informationsflut zu kanalisieren. Sie erkennen Entwicklungen, sehen Zusammenhänge und leiten richtige Schlüsse und Strategien ab.
- **Lernbereitschaft.** Die Mitarbeitenden verstehen ihre Arbeit als lebenslanges Lernen und ständige Weiterentwicklung. Sie nutzen Feedback zur Optimierung ihrer Verhaltensweisen. Sie zeigen sich offen für neue und alternative Ansichten anderer. Sie nutzen neue Aufgaben als Chance zur eigenen Weiterbildung.
- **Entscheidungsfähigkeit.** Die Mitarbeitenden sind in der Lage, zügig, sicher und auch bei Unsicherheit angemessene Entscheidungen zu treffen. Sie gehen durchaus auch kalkulierte Risiken ein. Sie bleiben sich selbst und den eigenen Wertmaßstäben treu.
- **Diversität und kulturelle Intelligenz.** Die Mitarbeitenden respektieren andere Meinungen und Ansichten der Gesprächspartnerinnen und Gesprächspartner als gleichwertig und ebenbürtig. Sie sehen »das Andere« als Bereicherung.

Mitarbeitende im Homeoffice benötigen einen strukturierten Tagesablauf. Führungskräfte müssen Routinen anbieten, damit Mitarbeitende sich im dezentralen Team wiederfinden und wissen, worauf es wann ankommt.

Reflexion

Wie gehen Sie mit der Aussage »Beziehung vor Arbeit« um?

Homeoffice ist kein Selbstläufer. Auch hier bedarf es geeigneter Angebote der Personalentwicklung. Führungskräfte müssen das Führen auf Distanz lernen – das Team muss lernen, wie es auch aus dem Homeoffice heraus gemeinsam effizient arbeitet. Die Mitarbeitenden benötigen Unterstützung in der Entwicklung der oben genannten Kompetenzen. Ersten Unternehmensbefragungen zufolge scheint die psychische Belastung bei Mitarbeitenden im Homeoffice gegenüber vorherigen Befragungen angestiegen zu sein. Hilfreich sind klar abgestimmte und gelebte Spielregeln, das Klären von gegenseitigen Erwartungshaltungen. Sorgen Sie für Klarheit und Akzeptanz.

Auch das soziale Miteinander leidet beziehungsweise wird vermisst. Mitarbeitende bestätigen, dass ihnen die Unterstützung durch die Kollegen fehlt, dass die Bindung an das Team und das Unternehmen sinkt. Wie könnte also im virtuellen Raum eine Bindungsmaßnahme aussehen? Hier sind Kreativität sowie die Kenntnis der konkreten Ängste und Hürden gefragt.

Ein Beispiel: Ein deutscher Softwareanbieter hat sich den sogenannten Fashion Friday ausgedacht. Man trifft sich gemeinsam in der Videokonferenz, verkleidet nach einem bestimmten Motto. Die einmalig gedachte Veranstaltung findet nun regelmäßig statt und hat großen Zulauf. Unterschätzen wir also nicht das Bedürfnis nach sozialer Nähe. Solche Maßnahmen unterstützen das Miteinander auf unterhaltsame Weise. Ebenso freuen sich Mitarbeitende, wenn ihnen ihr Arbeitgeber ein Päckchen nach Hause sendet, in dem eine schöne Tasse enthalten ist, um demnächst gemeinsam einen virtuellen Kaffee oder Tee zu trinken. Fügen Sie zum Beispiel ein Fitnessband hinzu. Zeigen Sie, dass Ihnen die Gesundheit der Mitarbeitenden wichtig ist. Zeigen Sie, dass Pausen gewünscht sind. Nichts ist kritischer als die Aussage: Meinem Arbeitgeber oder meiner Führungskraft ist meine Gesundheit nicht wichtig. Was kann ich von Mitarbeitenden dann noch erwarten? Wie hoch wird die Identifikation mit dem Team oder dem Unternehmen dann noch sein?

Doch egal, was Ihnen einfällt: Wichtig und richtig sind alle Maßnahmen, die die Mitarbeitenden spüren lassen, dass sie wertgeschätzt und ihre Gefühle von Ihnen gesehen werden.

Reflexion

Wann haben Sie das letzte Mal eine wertschätzende Aktion für eine Mitarbeiterin, eine Abteilung oder ein Team initiiert?

2.6 Kompetenzen im Interview entschlüsseln

Nicht jeder von uns hat tagtäglich Bewerberinterviews zu führen. Und so fehlt uns, fehlt Führungskräften die Erfahrung, wie man Fragen richtig stellt, ohne zu beeinflussen und um valide, ehrliche Antworten zu erhalten. So werden leider oftmals geschlossene Fragen, die als Antwort nur ein Ja oder Nein ermöglichen (und damit weder Ihnen noch der bewerbenden Person die Gelegenheit geben, in die Tiefe zu sehen beziehungsweise zu gehen) oder Suggestivfragen gestellt: »Sie sind doch veränderungsbereit?« Was soll ein Bewerber darauf antworten? Ja klar, ich bin Neuem gegenüber sehr aufgeschlossen. Leider haben Sie auf diese Weise voraussichtlich keinen echten Erkenntnisgewinn.

Das Verhaltensdreieck – das A & O des Interviews

Merken Sie sich das Verhaltensdreieck, es ist das A und O des Interviews. Es ist eine einfache und zugleich sehr wirksame Technik, um gute, strukturierte Interviews zu führen.

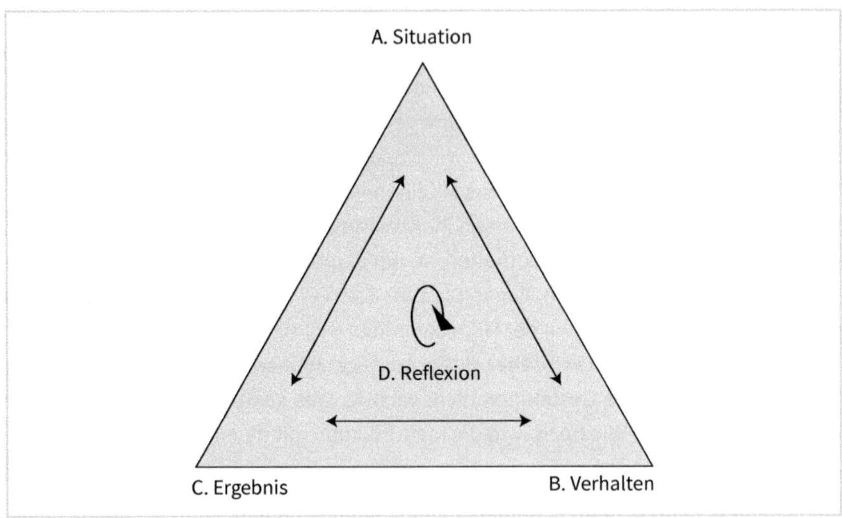

Abb. 4: Verhaltensdreieck

Das Vorgehen ist Folgendes: Lassen Sie Ihre Interviewpartnerin zu jeder Kompetenz, die Sie im Vorfeld für die zu besetzende Position definiert haben, ein Beispiel aus ihrer Vergangenheit erzählen.

»Nennen Sie mir bitte ein Beispiel aus der Vergangenheit, in dem Sie Ihre Veränderungsbereitschaft besonders gezeigt haben.«

- A. Beschreiben Sie mir bitte die damalige Ausgangssituation. Was waren die Herausforderungen?
- B. Was haben Sie getan, wie haben Sie gehandelt (Verhalten/Aktivitäten)? Aus welchem Grund haben Sie das so gemacht (Motivation)?
- C. Was war das Ergebnis/die Ergebnisse?
- D. Was haben Sie aus der Situation gelernt? Was würden Sie beim nächsten Mal anders machen (Reflexion)?

Jetzt hat Ihre Gesprächspartnerin klare Anweisungen. Sie braucht nicht zu konstruieren, was wäre, wenn und kann sich an bereits Geschehenem orientieren. Und Sie als Fragender erhalten ein konkretes Beispiel und damit eine gute Möglichkeit, die Ausprägung der Kompetenz anhand einer realen Situation und deren Schilderung zu beurteilen. Die Aktivitäten und Gründe für die damaligen Handlungen sowie deren Motivation geben dem Gespräch weitere Einblicke in die Kompetenzen der bewerbenden Person – ebenso wie die abschließende Reflexion durch die befragte Person. »Was würden Sie heute anders machen?« ist ein wunderbarer Abschluss für einen ebenso wertschätzenden wie umfassenden Gesprächsverlauf.

Verwenden Sie das Kompetenzprofil der ausgeschriebenen Position im Interview. Nach der Schilderung Ihres Gesprächspartners machen Sie eine kurze Pause und beurteilen die Ausprägung seiner Kompetenz. Notieren Sie sich all Ihre Gedanken. Sofern Ihnen in der Schilderung etwas unklar ist, fragen Sie nach. Nehmen Sie das Thema auf und schildern Sie, wie Sie es verstanden haben. So entsteht ein lebhaftes, interessantes Gespräch.

Mittels dieser einfachen Technik sind Sie ein kompetenter Interviewpartner und bekommen ein gutes Bild hinsichtlich der Kompetenzausprägung. Dabei soll nicht unerwähnt bleiben, dass Sie auch zwischen den Zeilen lesen sollten. Sind die Schilderungen authentisch oder wird spürbar auf den Putz gehauen? Nicht alles und jede wird man entlarven, aber wenn Sie sich einlassen, gewinnen Sie mit der Zeit ein immer besseres Gefühl für die verbale und vor allem auch die nonverbale Körpersprache.

2.7 Fazit Kompetenzen

- Kompetenzen sind das Fundament einer modernen Personalentwicklung. Sie helfen uns, die richtigen Mitarbeitenden zu finden und zielgerichtet zu fördern.
- Das Wissen um die richtigen Kompetenzen an den richtigen Positionen beziehungsweise bei den jeweiligen Mitarbeitenden unterstützt uns bei der Konzeption neuer Personalentwicklungsmaßnahmen, da sie für Zielklarheit sorgen und uns eine Erfolgsmessung ermöglicht, indem wir sie operationalisieren.
- Es empfiehlt sich, zu den Kompetenzen jeweils Verhaltensanker zu hinterlegen, um Klarheit zu schaffen.
- Auf dem Weg von der Industrie- zur Wissens-/Digitalgesellschaft werden agile und digitalen Kompetenzen eine zentrale Rolle einnehmen.
- Im Sinne der Transparenz sind Kompetenzen so zu formulieren, dass sie alle Mitarbeitenden des Unternehmens verstehen.
- Das Verhaltensdreieck als Interviewleitfaden ermöglicht uns tiefe Einblicke in die kommunikativen, persönlichen und fachlichen Fähigkeiten der befragten Personen.

Das nötige Verständnis von Kompetenzen sowie die Erkenntnis, dass sie die Basis für alle weiteren personellen wie personalstrategischen Entscheidungen sind, führen uns zu unserem nächsten Thema. Eine nachhaltige Personalentwicklung kann nicht ohne den zielgerichteten Einsatz von Kompetenzen funktionieren. Nur in einem Miteinander von Zuhören, Mitmachen und Offenheit für Feedback entsteht ein nachhaltiger Prozess, der eine stabile Unternehmensführung und Mitarbeiterförderung ermöglicht.

3 Personalentwicklung – eine Einordnung

Die Aufgaben der Personalentwicklung (PE) sind vielfältig. Wir finden in Unternehmen die unterschiedlichsten Ausgestaltungen. Sie unterscheiden sich in ihrem Wirkungsgrad, durch ihre Angebotspalette, die zur Verfügung gestellten Ressourcen und die Höhe des jeweiligen Budgets (Euro pro Mitarbeiter). Insbesondere aber unterscheiden sie sich in der Wertigkeit der Personalentwicklung im Unternehmen. Wer PE betreibt, beeinflusst immer auch die Kultur und die Werte eines Unternehmens, einer Organisation.

In der wissenschaftlichen Diskussion und der Literatur sind viele unterschiedliche Definition zur Personalentwicklung zu finden. Die hier gegebene Definition setzt sich aus drei verschiedenen Quellen zusammen (Becker 2013, Kap. 1, Wikipedia – Personalentwicklung, Meifert 2008, Kap. 1).

Begriffsklärung

- Personalentwicklung ist die auf die Bedarfe und Bedürfnisse der Mitarbeitenden und der Führungskräfte abgestimmte berufseinführende und berufsbegleitende Aus- und Weiterbildung im weitesten Sinne.
- Angebotene Maßnahmen sind konsequent abgeleitet aus den Unternehmenszielen und der Unternehmensstrategie. Sie sind zielgerichtet, systematisch und methodisch geplant, realisiert und evaluiert.
- Aspekte der Organisations- und Kulturentwicklung sowie die Bedürfnisse der verschiedenen Anspruchsgruppen des Unternehmens, beispielsweise Berufseinsteiger, Fachkräfte, High-Potentials werden berücksichtigt und mit den Stakeholdern abgestimmt.

Die Personalentwicklung von morgen braucht Transparenz und Partizipation, eine hohe Flexibilität und den ständigen Austausch. Was sind die Bedarfe der jeweiligen Zielgruppen, welche Aus- und Weiterbildungen benötigen sie und was leisten die jeweiligen Angebote? Wo werden neue Stellen geschaffen? Welchen Know-how-Verlust erwarten wir durch Abgänge in den Abteilungen? Was läuft gut, was läuft weniger gut im Unternehmen? Welche Kennzahlen werden benötigt, welche sind vorhanden? Wie schaffen wir es, dass die Angebote und deren Inhalte und Wirkung die Zielgruppen erreicht und diese auch dann vor Ort gefördert, eingesetzt werden? PE erfordert eine ganzheitliche Analyse:

- Wo steht das Unternehmen?
- Welche Ziele verfolgt die Unternehmensstrategie?
- Welchen Beitrag leistet die Personalentwicklung?

3.1 Die Arbeitswelt von heute – und morgen

Wir leben in einer Zeit, in der sich alles deutlich schneller verändert, in der sich innerhalb kürzester Zeit Märkte und Unternehmen, aber auch Mitarbeitende umorientieren und wandeln. Große Unternehmensmarken sind plötzlich vom Markt verschwunden, noch relativ junge Unternehmen haben neue Märkte erschlossen und nehmen dort eine Vormachtstellung ein. Mitarbeitende wechseln zu attraktiveren Arbeitgebern und haben teils völlig neue Ansprüche an ihr Arbeitsumfeld wie Mitbestimmung, Wahl von Zeit und Raum und Work-Life-Balance. Wir leben heute in einer Welt, die so komplex geworden ist und in der die Vorhersehbarkeit von Ereignissen immer mehr abnimmt. Wir leben in einer Arbeitswelt, in der eine Lösung auf viele Fragen nicht mehr passt. Wir leben in der sogenannten **VUCA-Welt**.

- **V**olatility (Volatilität, Unbeständigkeit)
- **U**ncertainty (Unsicherheit)
- **C**omplexity (Komplexität)
- **A**mbiguity (Mehrdeutigkeit)

Wir erleben umfassende Veränderungen in unserer Arbeitswelt in immer kürzeren Zeitintervallen. Das Auftreten der weltweiten COVID-19-Pandemie hat diese Dynamik beschleunigt. Wie unter einem Brennglas werden dringende Notwendigkeiten unter anderem in Schulen, in der landesweiten Infrastruktur und in den Unternehmen und Organisationen sichtbar. Um diesen Wandel in der Arbeitswelt und somit den notwendigen Wandel in der Personalentwicklung zu verdeutlichen, werden im Folgenden die alte Arbeitswelt (Maschinenzeitalter) und die neue Arbeitswelt (Digital- und Wissenszeitalter) aus der Perspektive des Personalentwicklers näher betrachtet.

3.1.1 Alte Arbeitswelt

Wir kommen aus einer Industriegesellschaft, dem Maschinenzeitalter. Damals mussten Menschen funktionieren, die Fachkompetenzen standen im Vordergrund. Führungskräfte hatten für reibungslose Arbeitsabläufe zu sorgen, im Vordergrund stand der maschinelle Prozess (Maschine–Mensch). Ein passendes Bild ist der Fließbandarbeiter, ein passendes Wortspiel beschreibt es ebenso anschaulich: »Ein Angestellter wird morgens angestellt und abends abgestellt, tagsüber passt die Führungskraft auf, dass er nichts anstellt.«

Gegenüber der heutigen VUCA-Welt war diese Arbeitswelt durch eine hohe Kontinuität und Sicherheit ausgezeichnet. Unternehmen konnten auf eine langjährige Unternehmensgeschichte zurückschauen, ein Arbeitsplatzwechsel kam für viele Angestellte nicht in Frage. »Einmal beim Daimler, immer beim Daimler«, hieß es. Darüber hinaus waren die Aufgaben meist überschaubar und die Herausforderungen eher eindimensional lösbar, wie das Haus der alten Arbeitswelt (Abb. 5) zeigt. Die Trennung zwischen dem Arbeitsleben und dem Privatleben war aufgrund der Arbeitsmittel einfacher – denken wir nur einmal an unsere

Laptops und Handys. Die Personalentwicklung stand für die Ausbildung und die fachliche Qualifikation der Mitarbeitenden. Personale Kompetenzen, Teams und Projektarbeiten standen nicht im Fokus der PE. In den Unternehmen gab es klare hierarchische Strukturen.

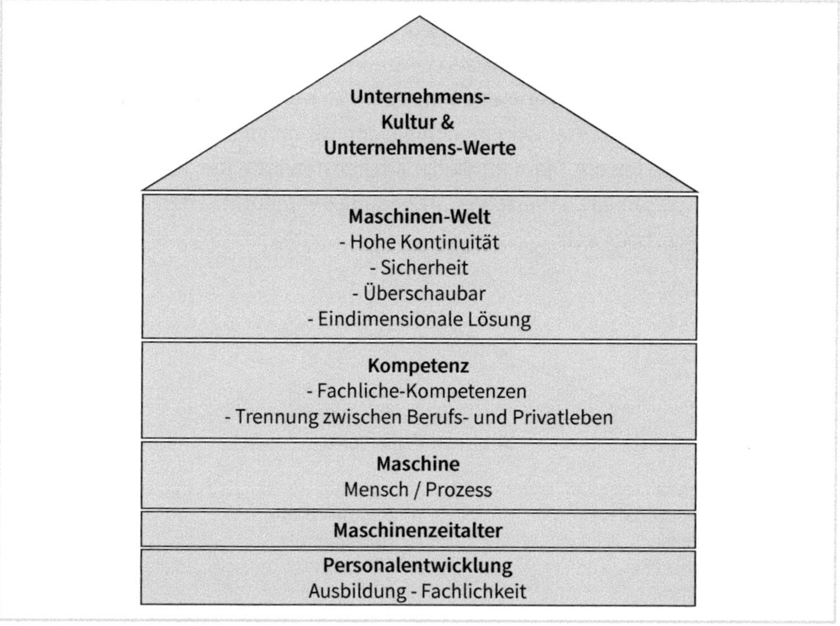

Abb. 5: Haus der alten Arbeitswelt

3.1.2 Neue Arbeitswelt

Es wird schwierig, mit Mitarbeitenden der alten Welt die Herausforderungen der neuen Welt zu lösen. Die alte Fleißgesellschaft, die Industriegesellschaft, ist überholt – wir gehen über beziehungsweise befinden uns in großen Teilen bereits in einer Wissens- und Digitalgesellschaft. Die Anforderungen an die Fachkompetenzen sind gestiegen – denken wir nur einmal an die Komplexität der heutigen Produktionsmaschinen. Hinzugekommen sind die personalen Kompetenzen, die entscheidend für die Zusammenarbeit, die Teamarbeit sind. Komplexe, mehrdimensionale Herausforderungen sind eher im Team lösbar. Die Transformation der Arbeitswelten (alt–neu) wird in Abbildung 6 und Tabelle 8 deutlich.

Nicht der maschinelle Arbeitsprozess steht mehr im Fokus, sondern der Mensch beziehungsweise das Team. Der maschinelle Prozess muss funktionieren. Eigene Ideen, Kreativität und Innovationen durch Teamleistungen gilt es zukünftig zu fördern, um den Unternehmenserfolg zu gewährleisten. Das heißt nicht, dass wir nicht auch weiterhin Prozesse definieren und Arbeitsabläufe festlegen. Das heißt nicht, dass wir nicht auch zukünftig einfache Tätigkeiten in unsere Arbeitswelt wiederfinden.

Es ist festzustellen, dass Kreativität, Innovationen und Teamarbeit einen viel höheren Stellenwert einnehmen. Untersuchungen wie das Forschungsprojekt »Aristoteles« von Google zeigen, dass Teams schneller Innovationen herbeiführen, schneller Fehler erkennen und bessere Lösungen anbieten. Sie erzielen tendenziell bessere Ergebnisse und erreichen eine höhere Arbeitszufriedenheit – wenn sie funktionieren. Es heißt, ein funktionierendes Team ist mehr als die Summe seiner Einzelteile (Duhigg, 2016). Vorweg: Teams funktionieren immer dann, wenn die Normen klar sind, die Kultur geklärt ist und die Werte übereinstimmen und wenn wir möglichst viele Informationen darüber haben, wie unsere Teammitglieder am liebsten arbeiten, was sie präferieren und wir ein gemeinsames Ziel verfolgen. Abbildung 6 verdeutlicht den Wandel von der alten in die neue Arbeitswelt.

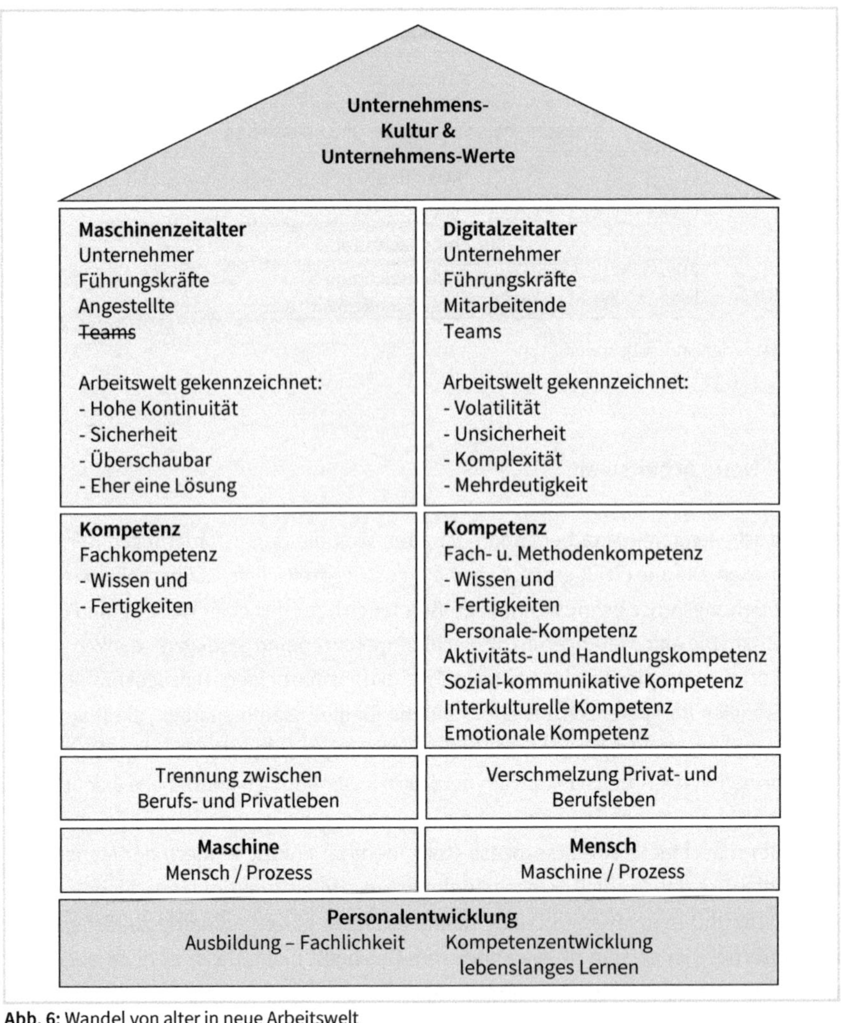

Abb. 6: Wandel von alter in neue Arbeitswelt

Mitarbeitende müssen lernen, sich selbst zu organisieren und sollten eine hohe Veränderungsbereitschaft mitbringen, die Veränderung als Chance begreifen. Sie müssen den eigenen Sinn in ihrer Arbeit erkennen (Warum tue ich was?) und Verantwortung für ihr Handeln übernehmen. Mitarbeitende sollten sich als Unternehmer im Unternehmen verstehen. Sie benötigen eine höhere soziale Sensibilität und Achtsamkeit gegenüber sich selbst und ihren Kolleginnen und Kollegen.

Oftmals treffen heute in einem Team verschiedenen Generationen aufeinander. Wie gehe ich als junge Führungskraft mit älteren Mitarbeitenden um? Ist Gleichbehandlung der richtige Ansatz? Bevor wir auf diese Fragestellungen eingehen, möchte ich darauf hinweisen, dass die Veränderungen sich zum Beispiel auch in den Werten der Millennials zeigen.

Werte der Generation Y/Why

• technikaffin • erkennbar größerer Wert auf Selbstverwirklichung • Sinnhaftigkeit der Arbeit wird stärker hinterfragt • angemessene Work-Life-Balance	• mehr Zeit, um zu sich selbst zu finden, • hohe Leistungsorientierung • Vielzahl an Millennials hat studiert und investiert viel Geld in die Ausbildung • hoher Anspruch an Arbeitgeber, freie Zeit zur Verfügung zu haben	• Job macht Spaß • nette Kollegen • sinnhaft leben • übernehmen weniger gerne Führungspositionen • Zeit mit der Familie, • sicherheitsorientiert

Tab. 8: Werte der Generation Y/Why

Während einige der Meinung sind, dass wir zukünftig in den Unternehmen keine Führungsstrukturen mehr benötigen, bin ich genau der anderen Meinung: Das Thema Führung wird durch mobiles Arbeiten eine noch viel zentralere Rolle einnehmen. Grundvoraussetzung: Der Führungsstil muss sich an die Situation und die Selbstständigkeit der Mitarbeitenden noch stärker anpassen (vgl. Bischof 2016, S. 28). Über Macht, Druck oder Laissez-faire zu führen, wird eindeutig in den Hintergrund treten.

Meine Recherchen haben ergeben, dass kleinere, überschaubare Unternehmen oftmals ohne Führung, ohne hierarchische Strukturen erfolgreich starten. Ab einer gewissen Größe (Anzahl Mitarbeitende) bedarf es einer Führungsstruktur, oftmals von den Mitarbeitenden selbst eingefordert. Zukünftig werden Inspiration, Motivation und Entscheidungstransparenz wichtig sein. Führungskräfte haben dafür Sorge zu tragen, dass der Handlungsrahmen zur Verfügung steht, damit die Mitarbeitenden ihr volles Potenzial abrufen können.

Gegenüberstellung der Arbeitswelten alt und neu

Der Übersicht halber sind die Herausforderungen der beiden Arbeitswelten noch einmal tabellarisch dargestellt. Ich erhebe an dieser Stelle nicht den Anspruch der Vollständigkeit. Es soll Ihnen helfen, mögliche erste Handlungsfelder zu identifizieren.

Thema	Arbeitswelt alt	Arbeitswelt neu
Gesellschaft	Industriegesellschaft	Wissens-/Digitalgesellschaft
Innovationszyklen	langfristig – Maschinen-Welt • kontinuierlich • sicher • überschaubar • eindeutig	kurzfristig – VUCA-Welt • volatil • unsicher • komplex • mehrdeutig
Arbeitsstil	Arbeiten nach Vorschrift	Kreativität, Innovation, Teamarbeit
Vernetzung	im unmittelbaren Umfeld	Global
Führungsstil	eher autoritär	werteorientiert = transformational, transaktional in Verbindung mit dem situativen Führen und der Bewusstseinsschaffung, Sinn, Beitrag zum Ganzen
Führungskraft	Macht, Angst	Wertschätzung, Inspiration, Motivation, Vorbild, Reifegrad und Why
Fehlerkultur	Streben nach Nullfehlertoleranz	zu definierende Fehlertoleranz
Warum (Arbeit)	Lebenszeit gegen Lohn	Sinn, Bewusstsein
Person	Trennung zwischen Berufs- und Privatleben	Verschmelzung zwischen Berufs- und Privatperson
Akteure	• Unternehmer • Führungskraft • Arbeiter/Angestellte	• Unternehmer • Führungskraft • Team • Mitarbeitende (Unternehmer/in im Unternehmen)
Ziel	Gewinnmaximierung	Sinn, Beitrag
Tätigkeit	Monotonie	Vielseitigkeit
Steuerung	Fremdsteuerung	Selbststeuerung
Work-Life-Balance	Trennung	schwierige Trennung

Tab. 9: Gegenüberstellung alte und neue Arbeitswelt

Personalentwickler sind angehalten, ihre Angebote, ihre Verfahren und Tools inhaltlich auf die neue Arbeitswelt anzupassen. Zuvor sollte eine Standortbestimmung erfolgen: Wie und wo ist die Personalentwicklung verortet (Vernetzung)? Die ersten Erkenntnisse aus der Coronakrise/Digitalisierung sind ebenfalls zu berücksichtigen.

3.2 Vernetzung der PE – innen und außen

Teilweise sind bereits heute ganz neue Organisationsstrukturen in den Unternehmen entstanden. Die jüngeren Generationen sind in einer vernetzen Welt aufgewachsen. Sie haben früh gelernt, Problemstellungen und mögliche Lösungen nicht nur in ihrem direkten Umfeld, sondern auch in ihren teilweise weltumspannenden Netzwerken zu diskutieren.

Unternehmen müssen klären, wie sie mit diesen Arbeitsformen umgehen wollen. Wann darf ich eine Fragestellung öffentlich diskutieren und wann ist eine Fragestellung ausschließlich innerhalb des Unternehmens zu beantworten? In diesem Zusammenhang ist zu betonen, dass Datenschutz und Datensicherheit eine immer wichtigere Rolle in den Unternehmen, aber auch in unserer Gesellschaft einnehmen.

Auch für die Personalentwicklung gilt es sich in diesen neuen Strukturen zu positionieren, um bei den identifizierten Herausforderungen einen Mehrwert leisten zu können. Sie muss die Menschen mitnehmen und auf die Neuerungen vorbereiten. Es ist wichtig, Einflüsse von außen und innen zu antizipieren. Die Personalentwicklung benötigt eine gute Vernetzung ins Unternehmen, um alle Bedarfe von innen zu kennen und eine gute Vernetzung nach außen, um Tendenzen frühzeitig zu antizipieren. Dies gelingt nur durch einen intensiven Austausch und die Einbindung möglichst vieler Informationsquellen. Die Personalentwicklung wird diese Herausforderungen nicht alleine lösen, aber sie kann die Menschen, die Führungskräfte und die Unternehmensleitung dabei unterstützen, dass die Aufgaben durch die handelnden Personen im Unternehmen bestmöglich umgesetzt werden. Personalentwicklung kann die zukünftig notwendigen Kompetenzen im Unternehmen stärken.

Um diesen Mehrwert zu leisten, bedarf es weiterer Informationsquellen. Das folgende Chart gibt einen guten ersten Überblick hinsichtlich deren Einbindung. Immer vom Kunden ausgehend sind Einflüsse der Gesellschaft, der Politik und der Branche zu berücksichtigen. Welche Unternehmenskultur, welche Lernkultur haben wir bereits im Unternehmen und wie sollte diese zukünftig aussehen? Welche großen Trends beeinflussen unser Unternehmen? Wer sind im Unternehmen die Ansprechpartner? Wer hilft, die notwendigen Informationen zu bekommen? Wer gibt Impulse? Wen müssen wir einbinden? Wer sind die Entscheidungstragenden?

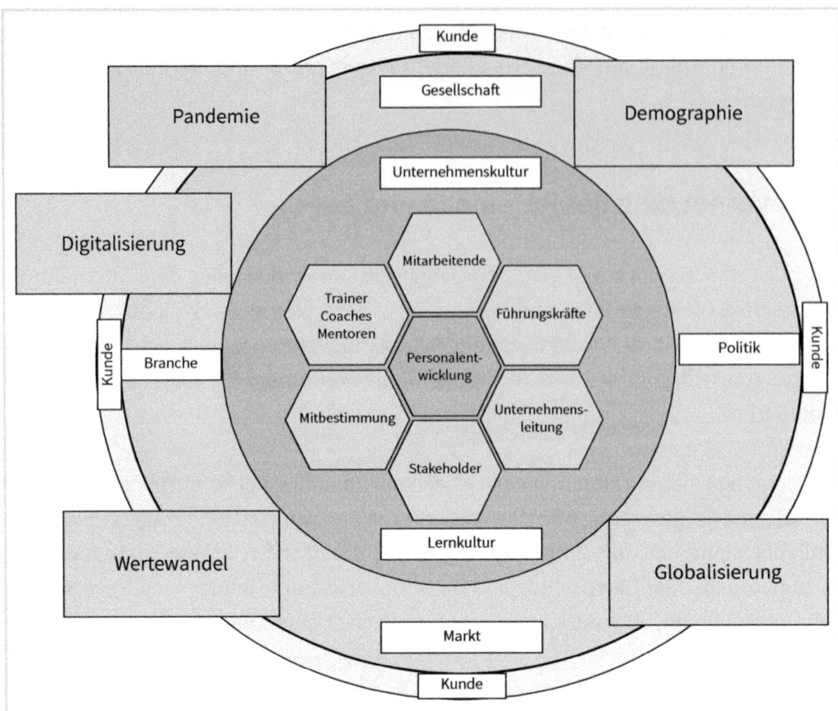

Abb. 7: Zu berücksichtigende Einflussfaktoren auf die Personalentwicklung

Der PE-Check°, den ich Ihnen in Kapitel 7 vorstelle und in Kapitel 8 anhand eines Praxisbeispiels anschaulich erläutere, hilft, dieses komplexe Gebilde im Sinne der Partizipation, der Vernetzung und der Ganzheitlichkeit zu durchdringen und einen Ist-Zustand darzustellen und zu visualisieren. Es ist wie bei einem verantwortungsvollen Arzt. Bevor wir eine Therapie, bevor wir ein Rezept ausstellen, bedarf es einer sorgfältigen Anamnese. Wo stehen wir? Wo wollen wir hin? Was läuft bereits sehr gut und wo können wir besser werden? Es gilt die richtigen Handlungsfelder mit dem größten Wirkungsgrad zu identifizieren. Die aufmerksame Leserin wird bemerkt haben, dass ich in der Darstellung das Feld »Pandemie« hinzugefügt habe. In der Einleitung sprachen wir von einem Neustart nach Corona beziehungsweise von einem Leben mit dem Coronavirus. An der Notwendigkeit einer fundierten Bestandsaufnahme, um strategisch intelligente Lösungen abzuleiten, verändert auch ein COVD-19 nichts, im Gegenteil, er verstärkt sie.

3.3 PE und ihre Aufgaben

In Zukunft müssen die Angebote der Personalentwicklung so vielfältig sein wie die Bedarfe der Mitarbeitenden und der Führungskräfte. Sie muss einen ganzen Strauß an Maßnahmen anbieten. Dabei kann es erforderlich sein, gleiche Lerninhalte für unterschiedliche Zielgruppen in verschiedenen Medien und Maßnahmen bereitzustellen. Mitarbeitende müssen entscheiden, welches Angebot für den nächsten Entwicklungsschritt für sie das Richtige ist. Sehr gut ist es, wenn die direkte Führungskraft bereits bei der Entscheidungsfindung eingebunden wird. So schafft sie Bindung, kann den Reifegrad des Mitarbeitenden besser beurteilen, ihn fordern und fördern und bei der Umsetzung des Erlernten besser unterstützen.

Wie wir in Kapitel 2, Kompetenzen, bereits gesehen haben, fängt die Personalentwicklung nicht erst bei der Aus- und Weiterbildung an. Sie beginnt bereits mit der Auswahl der richtigen Mitarbeitenden, der richtigen Führungskraft. Damit die Richtigen aber überhaupt auf die ausgeschriebenen Stellen und das Unternehmen aufmerksam werden, ist eine Mitgestaltung der Personalentwicklung beim **Personalmarketing** (Maßnahmen, um potenzielle Bewerbende gezielt anzusprechen) und dem **Employer Branding** (ganzheitliche, langfristige Strategie, um eine Arbeitgebermarke zu entwickeln) angeraten.

Auf der einen Seite identifizieren Arbeitgeber, wen sie benötigen. Um diese Mitarbeitenden aber auch zu gewinnen, müssen wir auf der anderen Seite wissen, was den Arbeitnehmenden heute wichtig ist. So können Unternehmen ihre Angebote prüfen und ihr Personalmarketing und das Employer Branding darauf abstellen. Tabelle 10 zeigt, welche Werte und Bedingungen Fachkräften heute in ihrem Job wichtig sind und ob/wie die Personalentwicklung eingebunden werden beziehungsweise Einfluss nehmen kann.

Was Fachkräften im Job wichtig ist	Einbindung PE
Betriebsklima	ja
Gehalt	ja – je nach Qualifizierung
Wertschätzung	ja
Jobsicherheit	ja – durch Qualifizierung
flexible Arbeitszeiten	
interessante Aufgaben	teilweise
Betriebliches Gesundheitsmanagement	Ja
Unternehmensimage	ja
mobiles Arbeiten	
Führung	ja – Führungskräfteentwicklung
Erreichbarkeit des Arbeitsplatzes	
Work-Life-Balance	ja – Achtsamkeit, Führung

Was Fachkräften im Job wichtig ist	Einbindung PE
betriebliche Zusatzleistungen	
Aus- und Weiterbildung	ja
modernes Arbeitsumfeld	teilweise
Weiterentwicklung (Karrierepfade)	ja
Arbeitsbedingungen	
Unternehmenskultur	ja

Tab. 10: Was Fachkräften im Job wichtig ist (ohne Priorisierung)

Wenn wir uns die Themenfelder in Tabelle 10 ansehen, stellen wir fest, dass die Personalentwicklung bei vielen Themenfeldern unterstützt oder diese verantwortet. Sie kann dazu beitragen, dass die Arbeitsinhalte sinnstiftend vermittelt werden, dass sie ein Bewusstsein beim Mitarbeiter schaffen, welchen Beitrag der einzelne Mitarbeiter leistet und welchen Sinn diese Tätigkeiten haben. Durch Teamentwicklungsmaßnahmen kann die Beziehungsebene gestärkt werden. Sie kann dazu beitragen, dass Teams funktionieren und dass Führungskräfte die Anforderungen und Ziele klar formulieren. Sie kann in ihren Bildungsprogrammen Entwicklungsmöglichkeiten aufzeigen und verschiedenste Weiterbildungsmaßnahmen darstellen. Personalentwicklung beginnt also bereits bei der Findung neuer Mitarbeitender und deren Auswahl. Anschließend begleitet sie deren Entwicklung möglichst über das gesamte Berufsleben hinweg.

Beim Start im Unternehmen spricht man oftmals vom sogenannten Onboarding-Prozess: die Einstellung und Aufnahme neuer Mitarbeitender sowie, ganz wichtig, alle Maßnahmen, welche die Eingliederung (Integration) fördern. Wie schnell gelingt es, dass Mitarbeitende an ihrem neuen Arbeitsplatz ihre Potenziale bestmöglich entfalten können? Nach dem Onboarding folgt die Begleitung der Mitarbeitenden und der Führungskräfte in ihren beruflichen Laufbahnen. Karrieremodelle und Potenzialentwicklung sind hier als wichtige Aspekte zu nennen.

Auch die Bindung der Mitarbeitenden nimmt eine immer wichtigere Rolle ein. Es zeigt sich, dass die Wechselbereitschaft bei Arbeitnehmenden stetig steigt und die Dauer der Unternehmenszugehörigkeit in den vergangenen Jahrzehnten deutlich sinkt. Allein die Coronakrise bewirkte kurzfristig eine geringere Bereitschaft, den Job zu wechseln. Neuste Untersuchungen zeigen, dass sich dieser Trend bereits wieder umgekehrt hat. So berichtet eine gemeinsame Studie der New Work SE und Forsa (2022), dass vier von zehn der befragten deutschen Arbeitnehmenden offen für einen neuen Job sind oder bereits erste Schritte eingeleitet haben. Bei den 30- bis 39-Jährigen sind sogar 48 Prozent bereit, das Unternehmen zu verlassen. Bei der Bindung von Mitarbeitenden spielen Führungskräfte eine wichtige Rolle. So lautet eine Schlagzeile nicht umsonst: »Schlechte Führung wird zum Risikofaktor.« (Human Resources Manager Magazin, 2022)

In dem Gallup Engagement Index 2018 wird berichtet, dass 71 Prozent der Mitarbeitenden nur noch ihren Dienst nach Vorschrift ableisten. Nur 15 Prozent haben eine hohe emotionale Bindung an ihr Unternehmen und 14 Prozent haben bereits innerlich gekündigt. Und wir wissen beziehungsweise es sollte uns klar sein, dass die Bindung der Mitarbeitenden und deren Arbeitszufriedenheit sehr stark von der direkten Führungskraft beeinflusst ist. Führungskräfte sollen Sinn stiften und den Zusammenhalt gewährleisten. Eine weitere Untersuchung besagt, 97 Prozent der Führungskräfte glauben, eine gute Führungskraft zu sein (Gallup, Engagement Index Deutschland 2016, Marco Nink). Doch ist dem wirklich so? 69 Prozent der Arbeitnehmenden antworten in dieser Umfrage auf die Fragestellung »Hatten Sie in Ihrer beruflichen Laufbahn schon mal eine schlechte Führungskraft?« mit JA.

Wenn die Bindung zum Unternehmen durch die direkte Führungskraft also beeinflusst wird, scheint hier Entwicklungspotenzial zu liegen. Glaubt man dem Engagement Index 2016, sind Selbstbild und Fremdbild bei den Führungskräften wichtige Wegbegleiter für Klarheit.

Personalentwicklung findet dann Anerkennung, wenn sie bezüglich ihrer Maßnahmen für

- Transparenz sowie
- Wirksamkeit und Qualität

gegenüber der Unternehmensleitung, den Führungskräften und ihren Teilnehmenden sorgt.

Denn warum sollte ein Vorstand Mittel zur Verfügung stellen, wenn er nicht weiß, was er dafür bekommt? Warum sollte eine Mitarbeiterin Zeit in eine Bildungsmaßnahme investieren, wenn sie nicht weiß, ob diese sich lohnt?

Wie also schaffen wir Transparenz? Wie messen wir die Wirksamkeit und Qualität einer Bildungsmaßnahme? Die Antwort liegt in der bereits beschriebenen Kompetenzentwicklung. So können wir den Ausprägungsgrad einer Kompetenz zum Beispiel vor und nach einer Maßnahme bei den Teilnehmenden messen. Weitere Indikatoren sind Bestehens-Quoten bei Prüfungen, die Mitarbeiterzufriedenheit, die Zielerreichungsquote, die Fluktuation und der Krankenstand. Und etwas weiter geblickt können auch die Kundenzufriedenheit und der Vertriebserfolg geeignete Gradmesser sein.

Kompakt

Personalentwicklung kostet Geld. Die Investition fällt den Entscheidungsträgern leichter, wenn Wirksamkeit und Qualität quantifiziert werden.

Für kleine Unternehmen ist es eher sinnvoll, Personalentwicklungsmaßnahmen extern einzukaufen. Ab einer bestimmten Unternehmensgröße verändern sich jedoch die Skalenwerte. Je größer ein Unternehmen ist, desto sinnvoller kann aufgrund der fallenden Skaleneffekte eine eigene Personalentwicklung sein. Oft wird mir die Frage gestellt, ob man die PE-Abteilung nicht besser outsourct. Meine Antwort gleicht eher der eines Anwaltes: Es kommt darauf an. Auch hier kann Ihnen der PE-Check° bei der Entscheidungsfindung helfen. Ich gehe davon aus, dass nach dem PE-Check° die Notwendigkeit einer eigenen PE deutlicher gesehen wird. Wenn überhaupt könnten eher Teilbereiche identifiziert werden, bei den es sinnvoll sein kann, diese extern zu vergeben.

Bei der Planung von Trainings sind viele Fragen im Vorfeld zu beantworten. Nur so schaffen wir eine Passung von Bedarf – Training – Teilnehmer. In dem »Lehrbuch der Personalpsychologie« von Heinz Schuler und Uwe Peter Kanning (2014) finden wir eine anschauliche Grafik zur Planung einer Personalentwicklungsmaßnahme. Vor jeder Maßnahme sind die dort genannten Themenfelder zu bestimmen. Erst dann

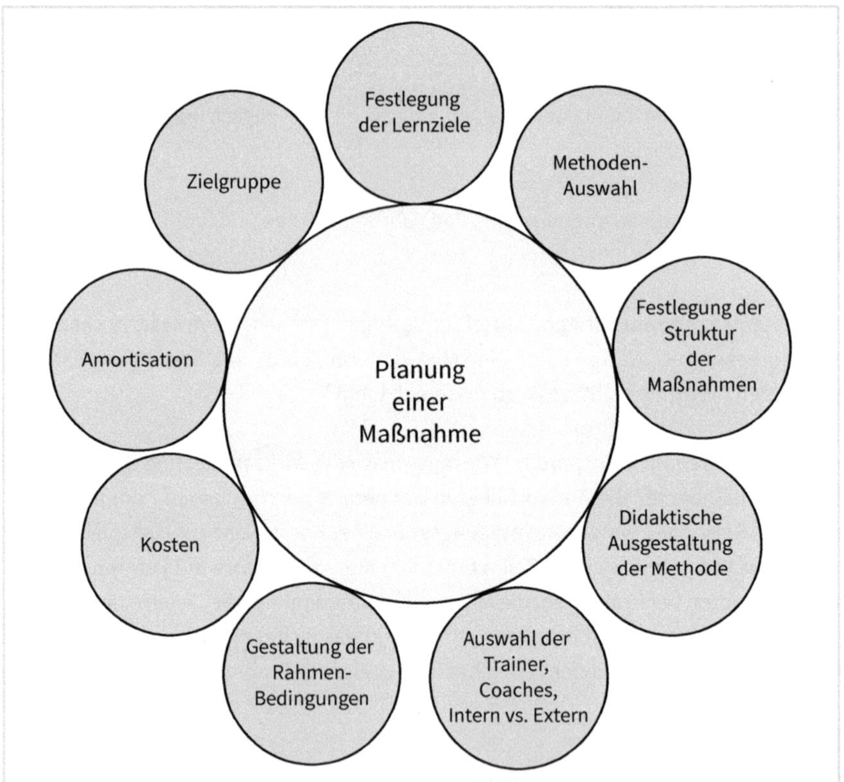

Abb. 8: Planung einer PE-Maßnahme (eigene Darstellung nach Schuler und Kanning, 2014)

sollte mit der Umsetzung begonnen werden. Achten Sie darauf, dass sich die einzelnen Themenfelder gegenseitig beeinflussen können. So sollte zum Beispiel bei einer zweitägigen Veranstaltung für Auszubildende eher ein Standardhotel ausreichen. Wenn Sie Ihre Top-Leistungsträger einladen, sollten Sie wohl eher einen höheren Standard wählen. Aber auch dies hängt natürlich von der jeweiligen Unternehmenskultur ab. Einem Vorstand oder einem Top-Manager einen Mentor zur Verfügung zu stellen, scheint wenig zielführend. Ein Coach könnte jedoch einen wirklichen Mehrwert leisten.

Zukünftig könnte Ihre unternehmenseigene Checkliste bei der Maßnahmenplanung so oder so ähnlich aussehen:

Welche Zielgruppe möchten wir ansprechen? • Auszubildende • Trainees • Mitarbeitende • Führungskräfte • externe Zielgruppen • gemischte Gruppen	Welche Lernziele, Themenfelder verfolgen wir? • Wissensvermittlung • Verhaltensänderungen, Verhaltensweisen • Selbstreflexion, Fremdreflexion • Teamentwicklung • Fachwissen • Entscheidungsfähigkeit • Handhabung von Maschinen oder Computern • Kommunikation • Teamfähigkeit
Welche Medien sind geeignet? • Literatur • Film • Lernsysteme • an einer Maschine • Face to Face	Wo soll die Maßnahme stattfinden? • am Arbeitsplatz • im Unternehmen • extern • Exklusivität/Rustikalität
Welche didaktischen Maßnahmen werden angewendet? • Coaching • Mentoring • Selbstlernen • Seminar • Blended Learning	Welchen zeitlichen Verlauf werden wir planen? • Blockunterricht • Modular • fixe Abläufe
Wann oder warum ist die Maßnahme zu besuchen? • vor Antritt einer neuen Aufgabe • Abbau von festgestellten Schwächen • Stärkung von Stärken	Wie lang dauern die einzelnen Einheiten? • Stunden • Tage • Wochen

Tab. 11: Maßnahmenplanung – beispielhafte Checkliste

Um Ihnen an dieser Stelle noch einmal den Wandel der Arbeitswelt, die Notwendigkeit der Vernetzung (welche Bedarfe, Entwicklungen?) und daraus abgeleitete Aufgaben zu verdeutlichen, möchte ich ein Beispiel vorstellen, welches den Ursprung im Gesundheitsmanagement hatte und dem Original recht nahekommt.

Es wurde festgestellt, dass die Möglichkeiten der Einflussnahme bei der täglichen Arbeit eher als gering empfunden wurden. Die Einflussnahme ist heute jedoch eine wichtige Größe, um erfolgreiche Zusammenarbeit zu gewährleisten. Die Bindung ans Unternehmen, ans Team, die Demotivation, der Dienst nach Vorschrift seien hier noch einmal benannt. Mit einem externen Anbieter wurde ein Workshop konzipiert. Die Fragestellung lautete: Wie können Führungskräfte und Mitarbeitende in Zukunft mehr Einfluss nehmen? Nicht jede Unternehmensleitung hätte einer solchen Fragestellung zugestimmt. In diesem Unternehmen trafen wir allerdings auf eine moderne, offene Führungs- und Lernkultur. Die zunächst einfache Bedarfsmeldung (Einflussnahme) erwies sich dann doch als komplexe Aufgabenstellung. Geht es doch wieder um die Themenfelder Persönlichkeit, Kommunikation, Führung, neue Arbeitswelten. Folgender Ablaufplan zum Workshop ist dabei entstanden.

Workshop: Meine Möglichkeiten der Einflussnahme

Welche Möglichkeiten der Einflussnahme habe ich in meinem Arbeitsalltag? Wie können wir Einfluss nehmen? Welchen Einfluss möchte ich haben? Wie wirke ich auf andere? Wie überzeuge ich andere? Was benötigen Teams?

In diesem Workshop erfahren Sie mehr über das Thema Selbstbild – Fremdbild. Sie werden sich Ihrer Kompetenzen bewusst. Ein Blick in die Diagnostik und die Arbeitswelt 4.0 begleitet diesen Workshop.

Zielgruppe: Führungskräfte und Mitarbeitende der Verwaltung

Ort: Trainingszentrum der Verwaltung – Seminarraum xy

Termine:

- Montag, tt.mm.jjjj, von 9.00–14.00 Uhr
- Mittwoch, tt.mm.jjjj, von 9.00–14.00 Uhr

Kompetenzen: Kommunikationskompetenz, Teamkompetenz, Veränderungskompetenz, Unternehmerisches Denken, Beratungskompetenz

Methoden: Impulsvortrag, Kleingruppenarbeit, Arbeit an einem Fallbeispiel, praktische Übungen, kollegialer Austausch, Reminder-Karten

Dauer	Inhalte	Methoden
20 Min.	**Wo, wann und wie** kann ich **Einfluss** nehmen?	Warm-up
40 Min.	**Selbstbild – Fremdbild** • Johari-Fenster • Eisberg-Modell	• Impulsvortrag • kollegialer Austausch
	Pause	
60 Min.	**Blitz-Interview** • Kompetenzen in der Personalentwicklung • Der Kompetenz-Atlas • Meine Kompetenzen	• Impulsvortrag • Kleingruppenarbeit
	Pause	
45 Min.	**Der Mensch, das rationale Wesen** • Unsere Wahrnehmung (sehen, hören, konstruieren) • Persönlichkeit – Werte, Einstellungen	• Impulsvortrag • kollegialer Austausch
45 Min.	**Feedback Übung I:** Richtig loben – Ablauf, Inhalte	• Impulsvortrag • Kleingruppenarbeit • Reminder-Karten
	Pause	
30 Min.	**Die VUCA-Welt** – Arbeiten 4.0 • Der stetige Wandel • Arbeiten 4.0	Impulsvortrag
30 Min.	**Aufgabe: Businessfall** Die Übertragung der Inhalte und Methoden auf konkrete betriebliche Problemstellung	• Kleingruppenarbeit • kollegialer Austausch
Part 2		
60 Min.	**Lösung Aufgabe** Businessfall	• Kleingruppenarbeit • kollegialer Austausch
	Pause	
60 Min.	**Team** • Unsere Werte als Leitplanken der Zusammenarbeit • Was benötigen erfolgreiche Teams (Google –Aristoteles) • 5 Phasen nach Tuckman • Spielregeln, Normen	• Impulsvortrag • kollegialer Austausch • Reminder-Karten

<table>
<tr><th>Dauer</th><th>Inhalte</th><th>Methoden</th></tr>
<tr><td>20 Min.</td><td>Perspektivwechsel
• Megatrends (Digitalisierung, Wertewandel Demografie, Globalisierung)
• Arbeiten 4.0</td><td>Impulsvortrag</td></tr>
<tr><td colspan="3">Pause</td></tr>
<tr><td>40 Min.</td><td>Kompetenzen II
• Meine Kompetenzen
• Diagnostik – Verhaltensdreieck
• Das Erstellen einer Erfolgsbilanz</td><td>• Impulsvortrag
• Kleingruppenarbeit
• Reminder-Karten</td></tr>
<tr><td colspan="3">Pause</td></tr>
<tr><td>60 Min.</td><td>Meine Wirkung
• Ausstrahlung
• 90-Sekunden-Pitch</td><td>• Impulsvortrag
• Kleingruppenarbeit
• kollegialer Austausch</td></tr>
</table>

Tab. 12: Workshop »Einflussnahme« (beispielhafter Ablauf)

In den bisherigen Kapiteln haben wir die Entwicklungen und die Einordnung der Personalentwicklung mit Aufgabenstellungen beleuchtet: von der eher abstrakten Betrachtung bis hin zur sehr praxisnahen Planung und Umsetzung eines kleinen Workshops. Bevor wir uns den einzelnen Personalentwicklungsthemen im Detail zuwenden und diese aus der Praxis heraus weiter erläutern, beleuchte ich im Folgenden vier Megatrends, die einen besonders großen Einfluss auf das Unternehmen und die Personalentwicklung haben.

4 Megatrends und ihr Einfluss auf die Personalentwicklung

Bereits vor dem Ausbruch des Coronavirus verging kein Tag, an dem wir nicht etwas über die Digitalisierung, die Globalisierung, den demografischen Wandel oder den stattfindenden Wertewandel der Generationen hörten, lasen oder sahen. Sie gehören zu den sogenannten Megatrends unserer Zeit. Aufgrund der weltweiten Pandemie werden diese Megatrends hinsichtlich der Handlungsfelder sicher neu zu bewerten sein. Aber was ist ein Megatrend, wann spricht man von einem Megatrend und welchen Einfluss haben diese auf die Personalentwicklung?

Definition Megatrends

Der DGFP-Expertenkreis (Deutsche Gesellschaft für Personalführung e. V.) definiert Megatrends durch folgende Merkmale (DGFP Studie, 7/2011, S. 4):

- Sie resultieren in der Regel aus technischen und/oder volkswirtschaftlichen Entwicklungen.
- Sie sind hinsichtlich ihrer tatsächlichen Konsequenzen und Entwicklungen noch nicht fassbar.
- Sie betreffen eine Vielzahl von Unternehmen.
- Sie haben einen Einfluss auf die Wettbewerbsfähigkeit des Unternehmens.
- Sie wirken sich langfristig auf das Unternehmen aus.
- Sie machen interne strukturelle Anpassungen notwendig.
- Sie sind nicht oder nur eingeschränkt mit gängigen Lösungsmustern zu bearbeiten.

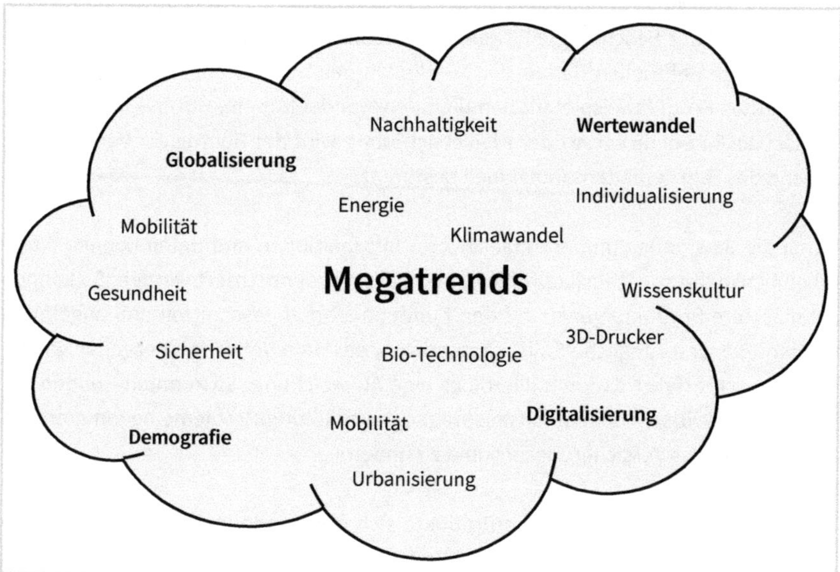

Abb. 9: Megatrends (eigene Darstellung)

Es gibt eine Vielzahl an Megatrends. Wir konzentrieren uns auf die vier genannten.

4.1 Die Digitalisierung

Unter Digitalisierung verstehen wir die digitale Transformation und Durchdringung der Wirtschaft, des Staates und der Gesellschaft. Dabei geht es um »die zielgerichtete Identifikation und das konsequente Ausschöpfen von Potenzialen, die sich aus digitalen Technologien ergeben« (Wikipedia, 2022). Wir erleben durch sie einen Wandel in der Arbeitswelt, einen Wandel in den Branchen und einen Wandel in den Unternehmenskulturen.

Mitarbeitende und Führungskräfte wünschen sich mehr Transparenz und Aufklärung. Die Digitalisierung bringt eine höhere Entwicklungsgeschwindigkeit mit sich und der Bedarf der Wissenstransformation steigt. Wissen muss folglich schneller und effizienter zum Zeitpunkt des Bedarfs abrufbar werden.

4.1.1 Digitalisierung am Beispiel der Versicherungswelt

Die Versicherungswelt bietet ein anschauliches Beispiel für den umfassenden Wandel aufgrund des digitalen Fortschritts. Deshalb sei diese Branche exemplarisch zum Thema »Digitalisierung und mögliche Veränderungen« herangezogen.

Die Anzahl der Versicherungsunternehmen nimmt stetig ab. Große Versicherungsnamen gehören der Vergangenheit an (Gerling, Hamburg-Mannheimer, Volksfürsorge, VICTORIA, ALBINGIA, Colonia). Die Anzahl der selbstständigen Vermittler sinkt, ebenso die Anzahl der Beschäftigten. Neue individualisierte Produkte, zugeschnitten auf den jeweiligen aktuellen Bedarf der Kundin werden angeboten. »Pay as you drive« ist ein gutes Produktbeispiel für den digitalen Wandel (Ameln, Hutfleß, Rosenbaum, adesso, 2018): Bei dieser Art der Kfz-Versicherung wird der Beitrag der Versicherung anhand des Fahrverhaltens individuell bestimmt.

Durch die Gewinnung immer detaillierterer Informationen und Daten können Wahrscheinlichkeiten sowie Risikoprofile immer besser prognostiziert werden. So können detailliertere Produkte genau auf den Kundenbedarf zugeschnitten und angeboten werden. Das ursprüngliche Solidaritätsprinzip, das dem Versicherungsgedanken zugrunde liegt, erfährt dadurch allerdings eine Aufweichung. So könnten Kunden mit bestimmten kritischen Merkmalsausprägungen zukünftig Probleme bekommen, ein für sie passendes Versicherungsprodukt zu finden.

Es bleibt abzuwarten, für welche Produkte sich der Kunde in Zukunft entscheiden wird. Sind es die Produkte, die einen umfassenden Rundumschutz gewährleisten, aber dafür einen höheren Preis bedingen oder sind es eher die Produkte, die genau auf den aktuellen Kundenbedarf zugeschnitten sind und aufgrund dessen einen Preisvorteil beinhalten, dafür allerdings immer wieder anzupassen sind?

Während sich Kunden früher durch ihren Vermittler beraten ließen, informieren sie sich heute zuvor im Internet über die Angebote und Produkte der Branche, bevor sie einen Berater oder das Unternehmen kontaktieren. Einfache Produkte schließen Kunden vermehrt im Internet ab, ohne mit einem Berater zu sprechen. Dieser Trend wird zunehmen. Nur erklärungsbedürftige Produkte werden auch weiterhin durch den Berater verkauft. Man spricht in diesem Zusammenhang vom aufgeklärten hybriden Kunden, der mehrere Kaufkanäle nutzt, um verschiedene Produkte zu erwerben. Ein Hinweis zu den Versicherungsverkäufern: Versicherungen als Produkt sind nicht wirklich sexy. Wir haben Versicherungen, weil wir sie benötigen, weil sie uns absichern. Wir gehen aber nicht los und sagen, wow, heute kaufe ich mir eine Haftpflichtversicherung.

Obwohl Versicherungen also für uns alle eine Selbstverständlichkeit sind, gekauft werden sie zumeist erst nach der überzeugenden Ansprache des Kunden durch den Verkäufer.

Viele verwaltende Aufgaben, die heute noch durch Sachbearbeiter in den Versicherungsunternehmen durchgeführt werden, werden zukünftig durch die IT (KI mit Algorithmen) abgelöst. Wer mit Mitarbeitenden, Vorständen, Managerinnen und Betriebsräten der Branche über die zukünftige Gestaltung der Arbeit spricht, bekommt einen drastischen Einblick in den anstehenden Wandel innerhalb der Versicherungsbranche (VersicherungsJournal.de, 2019). Ein Beispiel: Ein Unfallversicherer hat seine Daten mittels KI von Google analysieren und bearbeiten lassen. Bereits im ersten Anlauf traf der Computer mittels KI 85 Prozent der Entscheidungen, die auch ein Schadensbearbeiter getroffen hat (Pradetto, 2022). Wenn also die künstliche Intelligenz zukünftig solche Fälle bearbeiten kann, können sich die Mitarbeitenden auf die wirklich ausgefallenen, nicht standardisierten Fälle konzentrieren.

Noch sind die großen Internetkonzerne wie Google, Amazon oder Facebook wahrscheinlich aufgrund der für sie zu geringen Gewinnmargen und der stark regulierten Branche nicht aktiv in den deutschen Versicherungsmarkt eingedrungen. Zudem passt es nicht in ihre Unternehmensphilosophie, in einen Markt einzudringen, um nur die Prozesse zu professionalisieren. Meistens suchen sie disruptive Veränderungen. Damit ist hier das Konzept der Blue-Ocean-Strategie gemeint, welche von Kim und Mauborgne an der Insead Business School entwickelt wurde (Kim, Mauborgne, 2015): Unternehmen orientieren sich nicht am Wettbewerb, sie suchen innovative Wege, um neue Märkte zu schaffen.

Dass die künstliche Intelligenz die Prozesse in den Versicherungsunternehmen, die Produkte und die gesamte Abwicklung umfassend verändern wird, liegt auf der Hand. Dass große Internetkonzerne andere Möglichkeiten der Datenanalyse haben, ermöglicht ihre bisherige Vormachtstellung. Ihre disruptiven Strategien beobachten die Versicherungsvorstände somit mit Argusaugen. Dieser kleine Ausflug in die Versicherungswelt gibt uns ein Gefühl, vor welchen großen Herausforderungen ganze Branchen heute und in der Zukunft stehen werden. Doch welchen Einfluss hat die Digitalisierung auf den gesamten Arbeitsmarkt in Deutschland?

4.1.2 Einfluss der Digitalisierung auf den Arbeitsmarkt

In der BPM-Studie » Anforderungen der digitalen Arbeitswelt« (2018) geht man davon aus, dass zwölf Prozent der Arbeitsplätze eine hohe Automatisierungswahrscheinlichkeit aufweisen. Wie viele Arbeitsplätze aufgrund der Digitalisierung entstehen werden, bleibt noch abzuwarten. Digitalisierung bedeutet also für Unternehmen und Arbeitnehmer keinen Grund zur Panikmache. Sie müssen sich den Herausforderungen stellen, um auch weiterhin im Wettbewerb zu bestehen. Steingarts Morning Briefing (2019) beschreibt es so: »Auch im digital getriebenen Kapitalismus schläft der Mensch im Bett und nicht in der Cloud, er fliegt im Flugzeug und nicht im Videostream; auch das vernetzte Auto braucht Polstersitze, Klimaanlage und Motor – so wie bei Amazon online bestellt, aber analog geliefert wird.« Trotzdem stellen wir fest, dass ein Wandel hin zur Digitalgesellschaft deutlich sichtbar ist.

Tabelle 13 zeigt ebenfalls anschaulich den digitalen Wandel im Wirtschaftskreislauf. Die fünf größten Konzerne der USA sind heute Technologieunternehmen, während 1967 nur ein und 1917 noch kein Technologiekonzern unter den Top 10 zu finden war.

Bei den großen Playern wie Amazon, Facebook oder Google fragt man sich, ob die Märkte noch funktionieren oder ob sie nicht bereits den einen Markt selbst abbilden. Immer lauter werden Rufe nach einer möglichen Regulierung.

Aufstieg von Technologieunternehmen unter die Top 10 der USA		
1917	**1967**	**2017**
U.S. Steel (Stahl)	IBM (Technologie)	Apple (Technologie)
American Telephone & Telegraph (Telekommunikation)	American Telephone & Telegraph (Telekommunikation)	Alphabet (Technologie)
Standard Oil of N.J. (Öl & Gas)	Eastman Kodak (Film)	Microsoft (Technologie)
Bethlehem Steel (Stahl)	General Motors (Automobil)	Amazon (Technologie)
Armour & Co. (Nahrung)	Standard Oil of N.J. (Öl & Gas)	Facebook (Technologie)
Swift & Co. (Nahrung)	Texaco (Öl & Gas)	Berkshire Hathaway (Diversifiziertes Unternehmen)

Aufstieg von Technologieunternehmen unter die Top 10 der USA		
International Harvester (Heavy Equipment)	Sears (Einzelhandel)	Johnson & Johnson (Medizin)
E.I. du Pont de Nemours (Chemie)	General Electric (Diversifiziertes Unternehmen)	Exxon Mobil (Gas & Öl)
Midvale Steel & Ordance (Stahl)	Polaroid (Film)	JPMorgan & Co. (Finanzdienstleistungen)
U.S. Rubber (Gummi)	Gulf Oil (Gas & Öl)	WELLS FARGO (Finanzdienstleistungen)

Tab. 13: Digitaler Wandel – Aufstieg von Technologieunternehmen unter die Top 10 der USA

Die Innovationsgeschwindigkeit nimmt weltweit durch die Digitalisierung zu. Branchen wie die Raumfahrt waren bis vor wenigen Jahren ausschließlich Staaten vorbehalten (USA, Russland, China). Heute ist der Unternehmer Elon Musk mit seinem Unternehmen Space X ein ernst zu nehmender Konkurrent. Die Digitalisierung und der technische Fortschritt birgt Chancen und Risiken zugleich.

Eins sollten wir nicht tun: hoffen, dass es uns oder unser Unternehmen nicht betreffen wird. Wie schnell erfolgreiche Unternehmen ihre Marktstellung verlieren, sehen wir am Beispiel »Blockbuster versus Netflix«. Sie können sich vielleicht noch an die Zeit erinnern, in der wir Videos in der Videothek auf Videokassetten ausgeliehen haben. Blockbuster eröffnete 1985 die erste Videothek in den USA und unterhielt dort in der Spitze über 5.000 Ladenlokale. Im Jahr 2007 startete Netflix seinen Streamingdienst. 2010 hatte Netflix 900 Mitarbeitende, dafür aber 26.000.000 Streaming-Mitglieder. Blockbuster musste im September 2010 Insolvenz anmelden. Bleiben wir also wachsam, antizipieren wir Trends und haben wir den Mut, über unseren Tellerrand hinwegzusehen.

Reflexion

Welches Problem möchten Sie in Zukunft für Ihre Kunden mit Ihrem Unternehmen lösen? (So denkt zumindest nach Aussagen von Zukunftsforschern ein Elon Musk.)

Die Digitalisierung ermöglicht uns die Flexibilisierung der Arbeit hinsichtlich des Ortes und der Zeit. Schaut man sich moderne Büroarbeitsplätze an, so wurden offene Arbeitsplätze, Anlaufarbeitsplätze und sogenannte Arbeitsoasen geschaffen. Immer mehr projektbezogene Arbeiten, über die Abteilungsgrenzen hinweg, machen dies notwendig und sind eine logische Konsequenz. Unternehmen boten bereits vor der Coronakrise vermehrt Arbeitsplätze im Homeoffice an. Die notwendigen Kompetenzen haben wir bereits erläutert (Kapitel 2.5). Eine Anpassung der Strukturen sowie einer Veränderung der Führungskultur gehen mit diesen Veränderungen einher. Wie sagte ein Kollege hinsichtlich der neuen Arbeitsplatzgestaltung so treffend: »Welcome beim New Normal beziehungsweise bei New Work! Stühle und Steine haben wir bereits bewegt. Nur die Mitarbeitenden müssen wir noch mitnehmen.« Agilität wird oft im Zusammenhang mit diesen Arbeitsmethoden verbunden, was eine Veränderung der bisherigen Arbeitskultur bedeutet.

4.1.3 Agilität

Definition agil

In der Organisationstheorie wird *agil* wie folgt beschrieben: »Agil ist die Fähigkeit eines Unternehmens, sich kontinuierlich an seine komplexe, turbulente und unsichere Umwelt anzupassen.« (Goldman et al., 1995)

Veränderungen sollten möglichst rechtzeitig antizipiert werden. Die Organisation muss kontinuierlich lernen und ihr Wissen mit den relevanten Akteuren teilen (Häusling, Kahl, Römer, 2019). Agilität und agiles Arbeiten sind teilweise eine Antwort auf die Digitalisierung der Arbeitswelt. Agilität wird oftmals nur auf die Methoden reduziert. Dabei geht es vielmehr um die Unternehmenskultur, wie wir in Zukunft die Zusammenarbeit effizienter gestalten.

Die Unbeständigkeit der Märkte, die höhere Aufgeklärtheit der Kunden, steigende Produktvielfalt, neue Märkte, das Tempo an Innovationen und die Unvorhersehbarkeit von Ereignissen bedürfen einer hohen Reaktionsflexibilität der Unternehmen. Das alte Silodenken der Abteilungen ist förmlich Gift fürs Unternehmen. Agilität bedeutet also eine Unternehmenskultur in der Anpassung und Flexibilität bei Produkten und Prozessen funktioniert.

Wir stellen fest, dass wir uns alle auf die veränderten Arbeitswelten einstellen müssen. Der Wunsch nach und die Notwendigkeit von flexibleren Arbeitszeiten und Arbeitsplätzen sowie verschiedenste wechselnde Aufgabenstellungen bedürfen einer neuen Arbeitsorganisation und erweiterter Entscheidungskompetenzen. Mitarbeitende benötigen eine höhere Kooperationsfähigkeit und sie brauchen mehr Selbstverantwortung für sich und die Prozesse im Unternehmen. Der Wechsel von einer Welt der Fremdorganisation – jemand sagt uns, was zu tun ist – hin zu einer Welt der Selbstorganisation – wie priorisiere ich meine Aufgaben? – verlangt nach deutlich mehr Transparenz und (Eigen-)Verantwortung.

Neue Prozesse müssen schneller, flexibler und schlanker sein. Der moderne Prozess ist kundenorientiert und wechselt von einem eher linear organisierten Vorgehen, das bisher von der Führung her gesteuert wurde, hin zu einem iterativen Prozess, der durch das Team selbst gelenkt wird. Schnelligkeit, Selbstorganisation, Vernetzung und Vertrauen müssen aktiv gelebt werden.

Wie bereits in Kapitel 3.1.2 aufgezeigt, wissen wir heute, dass Menschen in Teams schneller und innovativer handeln. Sie erkennen schneller Fehlentwicklungen und finden im Team bessere Lösungen. Das Arbeiten in Teams erzeugt eine höhere Arbeitszufriedenheit und erzielt insgesamt bessere Ergebnisse. Erneut: Ein Team ist mehr als die Summe seiner Einzelteile. Unternehmenslenker benötigen in der heutigen komplexen Welt funktionierende Teams, die sie dabei unterstützen, die richtigen Unternehmensentscheidungen zu treffen.

Fünf Faktoren für erfolgreiche Teams

Google-Forscher haben in ihrem »Project Aristotle« von 2012 bis 2014 untersucht, welche Faktoren bei Google erfolgreiche Teams auszeichnen. Sie fanden folgende fünf priorisierte Themenfelder.

- **Vertrauen und Sicherheit** (psychologische Sicherheit)
  - Der mit Abstand wichtigste Faktor ist die wahrgenommene Sicherheit innerhalb des Teams und inwiefern die Mitarbeitenden glauben, bestimmte Risiken eingehen zu können, ohne dafür negative Konsequenzen befürchten zu müssen.
- **Zuverlässigkeit und Verlässlichkeit**
  - Wie sehr ist im Team aufeinander Verlass und wie sicher kann man sein, dass (auch) die anderen eine hohe Arbeitsqualität liefern?
- **Struktur und Zielklarheit**
  - Wie verständlich und eindeutig sind Ziele, Rollen und das Projektvorhaben?
- **Sinn** (warum tue ich es, das Why)
  - Die (persönliche) Bedeutung der eigenen Arbeit ist grundlegend für eine dauerhafte Motivation.
- **Wirkung** (was bewirkt mein Tun)
  - Wie bewertet ein Teammitglied die Auswirkungen seiner Arbeit.

Die Frage lautet im Folgenden: Welcher Kompetenzen bedarf es, wenn das Unternehmen eine Unternehmenskultur lebt, die in einer VUCA-Welt erfolgreich agiert und den Hinweisen bezüglich erfolgreicher Teamzusammenarbeit (Project Aristotles) folgt.

4.1.4 Agile Kompetenzen

Es ist bereits deutlich geworden, dass Agilität also nicht nur eine Methode oder eine bestimme Art der Zusammenarbeit beschreibt. Es steht die Frage im Raum, welche Kompetenzen Mitarbeitende in Zukunft benötigen, um in solchen Unternehmenswelten erfolgreich arbeiten zu können. Wie immer, wenn es um Kompetenzprofile geht, müssen diese aus dem Unternehmen heraus erarbeitet und aufgestellt werden. Die Branche, die Größe des Unternehmens und viele weitere Einflussfaktoren sind dabei zu berücksichtigen.

Dessen ungeachtet möchte ich Ihnen an dieser Stelle die Kompetenzen eines Scrum Master benennen, welche in der Publikationsreihe des BPM – Agile HR – dargestellt sind. Zusätzlich habe ich die Teamanforderungen (Google) und die Hinweise einer agilen Unternehmenskultur (erhebt nicht den Anspruch auf Vollständigkeit) in der folgenden Tabelle aufgezählt.

Kompetenzen (Agile HR)	Agile Arbeitswelt	Google (Aristotle)
hier: Scrum Master • Agile-Methoden-Kompetenz • Veränderungskompetenz • Kommunikationskompetenz • Teamkompetenz • Ergebniskompetenz • Selbstführungskompetenz • laterale Führungskompetenz (Führung ohne disziplinarische Macht) • unternehmerisch integrative Denk- und Handlungskompetenz **Folgende Kompetenzen könnten zusätzliche Klarheit schaffen:** • Achtsamkeit • Struktur und Zielklarheit • Empathie • Gestaltungswille • Kritikfähigkeit	Benötigt eine Unternehmenskultur die sich auszeichnet durch: • Kundenorientierung • Schnelligkeit • Flexibilität • Vernetzung • Selbstorganisation • Vertrauen • Kooperationsfähigkeit • Selbstverantwortung • Transparenz • offene Kommunikation • Methodenwissen • neue Führungskultur • unternehmerisches Denken	• psychologische Sicherheit • Zuverlässigkeit und Verlässlichkeit • Struktur und Zielklarheit • Sinn • Wirkung

Tab. 14: Agilität in Verbindung mit Kompetenzen, der Unternehmenskultur und der Teamperformanz

Stellt man die Themenfelder Unternehmenskultur, Teamperformanz und Kompetenzen gegenüber, erkennen wir erneut die Komplexität der Entscheidungsfindung. Welche Unternehmensstrategie sichert die Zukunft der Unternehmung? Welche Kompetenzen sind zielführend? Welche Strukturen sind erforderlich, damit Teams sich entfalten, die Kompetenzen gelebt werden und ein wirklicher Mehrwert für das Unternehmen entsteht? Es bedarf einer Netzstruktur und weniger einer Hierarchie, mehr Miteinander, weniger Silodenken. Bereits vielerorts gelungen sind die zeitliche Flexibilisierung, das projektbasierte Arbeiten, das sinnstiftende Arbeiten und auch die örtliche Flexibilisierung. Was besonders schwerfällt: die alten Organisationsstrukturen aufzubrechen, die durchaus tradierten Machtgefüge, den Neid untereinander zum Beispiel beim Thema Arbeitszeit und -ort. Bestehendes Silodenken und das ganze Thema »Führung/Führungskultur« werden als besondere Herausforderungen genannt.

Ein Beispiel aus der Praxis

Doch was funktioniert in der Praxis? Was kann unternommen werden, um diese Herausforderungen zu meistern? Dazu möchte ich eine Veranstaltung von Anfang Juni 2019 hinzuziehen. Dort präsentierten Kollegen der Chassis System Control der Robert Bosch GmbH rund 40 Teilnehmenden der BPM-Veranstaltung »HR in Motion« ihre überzeugenden Maßnahmen. Auch bei den Kollegen wurde der Bedarf sichtbar, dass sich aufgrund verändernder Rahmenbedingungen (VUCA) das Unternehmen und die HR selbst wandeln müsse. Ergebnis: eine konsequente Fokussierung der Personalarbeit auf Stärken, Potenziale und Ressourcen der Menschen und der Organisation.

Auch hier: Kulturveränderung funktioniert nur dann, wenn die Geschäftsleitung dieses aktiv fördert und die Veränderungen wirklich umsetzen möchte. Lippenbekenntnisse sind toxisch für solche Prozesse. Achten Sie darauf, dass Sie Feedback geben dürfen, wenn Führungskräfte nicht mitziehen. Sie müssen sich der Rückendeckung sicher sein und eventuell sind auch einmal Personalentscheidungen notwendig.

Interessant war, dass die Kollegen zuerst einmal darauf achteten, ein positives Menschenbild in den Köpfen aller zu festigen:

- Menschen können und wollen beitragen.
- Menschen machen nur das, was sie machen wollen.
- Menschen (unser Gehirn) ist auf Lustmaximierung und positive Stimulationen aus.
- Menschen lernen vor allem von Menschen, mit denen sie zusammenarbeiten oder -leben.
- Menschen verändern sich nur, wenn sie auf der Ebene ihrer emotionalen Vorstellungen und Motive erreicht werden und mit der Veränderung eine Belohnung verbunden ist.
- Menschen streben nach Selbstbestimmung, Perfektionierung und Sinnerfüllung in dem, was sie tun.

Für mich einer der wichtigsten Bekenntnisse: »Wir machen das nicht, damit sich alle wohlfühlen, sondern ausschließlich, um erfolgreich zu sein.« Dass es sich hier aber trotzdem um eine Win-Win-Strategie handelt, zeigen erste Ergebnisse. Es wurde von mehr Einsatz, mehr Leistung, stärkerer Bindung und qualitativ besseren Arbeitsergebnissen berichtet. Die Mitarbeiterzufriedenheit steigt, Mitarbeitende fühlen sich wohler und motivierter. Solche Kulturveränderungsprozesse bedingen einen langen Atem und Angebote verschiedenster Ausprägung.

Lassen Sie uns an dieser Stelle noch einen Schritt weiter und praxisnäher in die Personalentwicklung einsteigen. Kulturveränderungsprozesse, wie oben beschrieben, bedürfen einer guten Feedbackkultur (ICH, DU) sowie Teamkultur (WIR). Feedback geben und Feedback nehmen sind aber keine Selbstläufer. Es muss eingeübt werden. Deshalb erlauben Sie mir, dass ich Ihnen an dieser Stelle Hinweise zum Thema Feedback gebe. Anschließend folgen zwei Übungen. Die Erste ist eine Feedbackübung. Ich beginne gern mit einem positiven Feedback. Das Ausprobieren, das Einüben fällt den Teilnehmenden dann leichter. Ich verbinde diese Übung zusätzlich mit dem Ablauf eines guten Lobes. Die zweite Übung betrifft das Team und die psychologische Sicherheit. Wie festigen wir diese im Team?

Feedback

Feedback bezieht sich immer auf hilfreiche oder störende Verhaltensweisen. Die positiven Wirkungen von Feedback liegen darin, eigene störende Verhaltensweisen zu korrigieren und die Zusammenarbeit effektiver zu gestalten. Feedback ist keine einfache Angelegenheit. Es kann manchmal wehtun, peinlich sein, Abwehr auslösen oder neue Schwierigkeiten heraufbeschwören, da niemand leichten Herzens akzeptiert, in seinem Selbstbild korrigiert zu werden. Auch muss der offene Umgang mit Gefühlen, um die es beim Feedback meist geht, häufig erst erlernt werden. Umso wichtiger sind ein wertschätzender Ton und eine bewusste Wahl der Worte, um zu vermitteln, dass es um eine Verbesserung im Hinblick auf das gemeinsame Ziel geht (Sachebene) und nicht um einen persönlichen Angriff (Persönlichkeitsebene).

Welche Ziele verfolge ich, wenn ich Feedback gebe?

- Ich möchte den anderen darauf aufmerksam machen, wie ich sein Verhalten erlebe und was es für mich bedeutet (im positiven wie im negativen Sinn).
- Ich möchte die andere über meine Bedürfnisse und Gefühle informieren, damit sie darüber informiert ist, worauf sie besser Rücksicht nehmen könnte. So muss sie sich nicht auf Vermutungen stützen.
- Ich möchte den anderen darüber aufklären, welche Veränderungen in seinem Verhalten mir gegenüber die Zusammenarbeit mit ihm erleichtern würde.

Das bringt richtiges Feedback

- Kritische Auseinandersetzung mit dem eigenen Verhalten,
- eine offene und vertrauensvolle Atmosphäre,
- Bedürfnisse und Erwartungen werden transparent,
- Informationsdefizite werden transparent,
- grundsätzliche Veränderung der Kommunikation und des generellen Verhaltens.

Darauf sollten Feedbackgeberin und Feedbacknehmer achten

Die Feedbackgeberin …

- … formuliert die Beobachtungen in Ich-Botschaften.
- … klagt nicht an, bewertet nicht und verurteilt nicht.
- … verbalisiert Emotionen. Diese können nicht in Frage gestellt werden, da sie vorhanden sind.
- … erklärt genau die Situation, aus der die Feststellung stammt.
- … hält Blickkontakt zum Feedbacknehmer.

- ... gibt Feedback nur unmittelbar/zeitnah zur Wahrnehmung.
- ... formuliert klar, kurz und nachvollziehbar.
- ... verletzt niemals!

Der Feedbacknehmer ...
- ... versteht Feedback als Geschenk – nicht als Angriff.
- ... hört zu und schweigt.
- ... rechtfertigt sich nicht.
- ... hält Blickkontakt.
- ... stellt ausnahmslos Klärungsfragen.

Übung 1: Geben Sie positives Feedback, loben Sie eine Kollegin

Ihre Kollegin hat für Sie eine Reise nach Berlin organisiert. Der Flug von Köln nach Berlin war gut terminiert. Der Transfer zum Hotel hat gut geklappt. Der Besprechungsraum im Hotel hatte das richtige Ambiente und das Kundengespräch ist erfolgreich verlaufen. Das Abendessen mit dem Kunden hat die Bindung an die Firma gefestigt. (Woher wusste sie, dass er vegane Gerichte bevorzugt?)

Denken Sie bitte daran: Lob – wie auch Kritik – beziehen sich auf ein Verhalten, nicht auf eine Motivation. Es sollte zeitnah erfolgen, damit man sich gut an die Situation erinnern kann. Kündigen Sie an, dass Sie nun Feedback geben, schaffen Sie Aufmerksamkeit. Anschließend geben Sie der Feedbacknehmerin Zeit, sich darauf einzustellen. Jetzt beschreiben Sie die Beobachtung konkret, was gut, was nicht so gut war. Beschreiben Sie die Wirkung des Verhaltens für Sie und für das Unternehmen. Geben Sie Zeit zum Verarbeiten der Nachricht. Bleiben Sie fokussiert auf die Person.

Loben fördert die Wertschätzung. Üben Sie das Gespräch mit einem Kollegen oder, wenn Sie sich noch unsicher fühlen, zunächst vor dem Spiegel. Achten Sie auf die genannten Hinweise und die Abfolge.

Menschen, die sich bemühen, etwas Neues zu lernen, benötigen die Wertschätzung ihres Umfeldes. Erinnern Sie sich, wie gut es jedem von uns tut, wenn wir für unsere Anstrengungen gelobt werden. Wir geben viel zu selten positives Feedback, obwohl es so wichtig für uns und unser Umfeld ist. Wenn wir loben oder Lob empfangen, schüttet unser Körper positive Botenstoffe aus. Es fühlt sich gut an. Die Kraft der Botschaft, die Motivationswirkung, das Herstellen von Verbindlichkeit und Anerkennung nutzen wir viel zu selten.

Übung 2: Psychologische Sicherheit im Team

Psychologische Sicherheit beschreibt eine Atmosphäre, in der sich die Menschen sicher genug fühlen, um zwischenmenschliche Risiken einzugehen und Bedenken, Fragen oder Ideen zu äußern (Edmonson, 2020).

Inwieweit stimmen Sie diesen Aussagen auf einer Skala von 1 bis 6 zu, wobei 1 für eher schwach ausgeprägt und 6 für stark ausgeprägt steht.

Heute	Wenn ich einen Fehler mache, wird mir das nicht vorgeworfen. Wir suchen nach Lösungen.	1	2	3	4	5	6
Wunsch (künftig)		1	2	3	4	5	6
Heute	Es fällt mir leicht, andere Teammitglieder anzusprechen, wenn ich Hilfe benötige.	1	2	3	4	5	6
Wunsch (künftig)		1	2	3	4	5	6
Heute	Konflikte können bei uns offen angesprochen werden.	1	2	3	4	5	6
Wunsch (künftig)		1	2	3	4	5	6
Heute	Die Teammitglieder wissen, wie ich am liebsten arbeite.	1	2	3	4	5	6
Wunsch (künftig)		1	2	3	4	5	6

Die Diskussion über dieses sensible Thema fällt uns leichter, wenn wir auf eine Zahl zeigen können. Nehmen Sie die Frage mit der größten Diskrepanz und besprechen Sie zunächst in einer kleinen Gruppe das Thema. Was würde Ihnen helfen, um den Wert zu verbessern? Gemeinsam sollten Sie Lösungswege besprechen, Hinweise sammeln, was Sie gemeinsam optimieren können. Stellen Sie fest, dass es keine Diskrepanzen gibt und die psychologische Sicherheit in Ihrem Team gut ausgeprägt ist, feiern Sie zusammen das schöne Ergebnis.

Agiles Arbeiten bedingt flachere hierarchische Strukturen. Dementsprechend haben immer noch viele Führungskräfte Angst, ihren Einfluss (Macht) und ihren Führungsanspruch zu verlieren. Die Personalentwicklung kann auch hier unterstützen. Auch Führungskräfte müssen mitgenommen und begleitet werden. Es muss aufgezeigt werden, dass und warum ihre Aufgaben sich verändern, ihre neue Wirkungsweise aber einen viel höheren Stellenwert einnimmt. Es gilt die Klaviatur der Führungsstile und der Führungsinstrumente anzuwenden.

4.1.5 Digitale Führung

Digitale Führung inkludiert den Gedanken des Führens auf Distanz. In Kapitel 6.2, Führung, werde ich das Thema dezidiert aufgreifen. Zurzeit hören wir verstärkt die Rufe vieler Unternehmenslenker (so der Vorstandsvorsitzende der Telekom »Kommt zurück in die Büros, FAZ.NET 22.08.2022), die Mitarbeitenden mögen wieder im Unternehmen präsent sein, statt im Homeoffice zu bleiben. An dieser Stelle (Megatrend »Digitalisierung«) folgt ein kurzer Gesamtblick auf das Thema Führung und sinnvolle Angebote vonseiten der Personalentwicklung aus dem Blickwinkel der Digitalisierung.

Führungskräfte müssen, wie im vorherigen Kapitel benannt, **agile Kompetenzen** besitzen. Je nach Position und Aufgabenstellung bedingen sie einer höheren Ausprägung, als dies bei den Teammitgliedern der Fall sein sollte (Kapitel 2, Kompetenzen und deren Ausprägungen). Hinzu kommt die **agile Führungskompetenz**. Darunter verstehen wir das Führen der eigenen Person und das Führen anderer. Führungskräfte sollten sich als Unterstützende verstehen. Sie haben den Handlungsrahmen so zu gestalten, dass ein bestmögliches Arbeiten für den Einzelnen und für das Team möglich ist. Sie haben das Unternehmensziel und die Einzelziele anschaulich und motivierend zu vermitteln. Sie müssen Transparenz hinsichtlich der Abläufe und Entscheidungen schaffen.

Schauen wir uns Führungstheorien an, so erscheint mir eine Kombination aus der transformationellen und transaktionalen Führung als zielführend. Wir nennen diese oftmals **werteorientierte Führung**. Hinzu kommt, dass die Führungskraft den sogenannten Reifegrad seiner Mitarbeitenden einzuordnen weiß, um die notwendigen Aufgaben angemessen zu verteilen. Gemeint ist hier, dass der Führungskraft bewusst ist, was er dem Mitarbeiter zutrauen kann und was ihn überfordern würde. Werteorientiert, weil der Führungsstil mit den Unternehmenswerten kontinuierlich abgeglichen wird. Entwicklungsgespräche, 360°-Analysen, Assessment Center etc., alle eingesetzten Tools liegen die eigenen Unternehmenswerte zugrunde.

Darüber hinaus hat eine Führungskraft dafür Sorge zu tragen, dass die Mitarbeitenden wissen, wofür das Unternehmen, wofür das Team steht. Welchen Beitrag leiste ich mit meiner Arbeit zum großen Ganzen? Das Thema »WHY – Warum tun wir es«, welches von Simon Sinek in seinem Golden Circle (Why, How, What) anschaulich beschrieben wird, hat eine zentrale Bedeutung. Situatives Führen und das Konzept des Servant Leadership sollte jede Führungskraft kennen. Das Konzept erscheint zunächst widersprüchlich – dienen versus führen –, wird aber immer häufiger in der Führungskräfte-Entwicklung berücksichtigt.

In einer Hays-Studie von 2014/2015 definierten 665 Führungskräfte aus dem deutschsprachigen Raum mehrere konkrete Maßnahmen bezüglich der Führungskräfte-Entwicklung als zielführend. Sie können auch heute noch als Anleitung verstanden werden, welche Fertigkeiten in der Führungskräfte-Entwicklung trainiert werden sollten.

Priorisierte Maßnahmen in der Führungskräfte-Entwicklung:

- Feedbackkultur,
- Motivation der Mitarbeitenden sowie Erkennen der eigenen Motivationsquellen,
- Aufzeigen von Entwicklungsmöglichkeiten für die Mitarbeitenden,
- Führen regelmäßiger Mitarbeitergespräche,

- Agieren als Ansprechpartner – offenes Ohr für die Belange der Mitarbeitenden,
- Gewährung von Freiräumen bei den Aufgaben der Mitarbeitenden – delegieren, loslassen,
- Förderung der Beschäftigungsfähigkeit der Mitarbeitenden,
- Gestaltung von Beziehungen im Team/in der Abteilung,
- Aufgabenkoordination, Aufgabenkontrolle,
- Gewährung von Möglichkeiten für die Vereinbarkeit von Beruf und Lebenssituation,
- Führung unterschiedlicher Generationen und deren Zusammenarbeit,
- Management des Tagesgeschäfts.

Wenn Mitarbeitende verstehen, wofür sie etwas tun, welchen Beitrag ihre Arbeit hat, erleben wir eine Verschmelzung der privaten Person mit der beruflichen. Mit dem Bewusstsein-Schaffen kommt die Sinnfrage hinzu. Mitarbeitende sollten das Gefühl haben, dass ihre Arbeit sinnvoll ist, das heißt, dass sie verstehen müssen, was das Unternehmen tut, wohin die Reise gehen soll und welchen Beitrag das Unternehmen in der Gesellschaft leistet. Und das muss in der Unternehmensmission verständlich und eindeutig formuliert werden. So lautet die Mission von Google: »Committed to significantly improving the lives of as many people as possible.« Und wer möchte nicht in einem Unternehmen arbeiten, das sich verpflichtet, die Welt so vieler Menschen wie möglich zu verbessern?

Unternehmenslenkende und Führungskräfte haben die Verantwortung, ihre Unternehmensmission erlebbar zu gestalten. Ganz so neu ist diese Erkenntnis nicht. Bereits Antoine de Saint-Exupéry (frz. Schriftsteller und Flieger, 1900–1944) formulierte: »Wenn du ein Schiff bauen willst, dann trommle nicht Männer zusammen, um Holz zu beschaffen, Aufgaben zu vergeben und die Arbeit einzuteilen, sondern lehre die Männer die Sehnsucht nach dem weiten, endlosen Meer.«

Spätestens an dieser Stelle des Buches muss eine Abgrenzung der Begriffe Vision, Mission, Unternehmensstrategie sowie -leitbild erfolgen. Zumeist werden diese Begriffe in der Literatur wechselseitig verwendet.

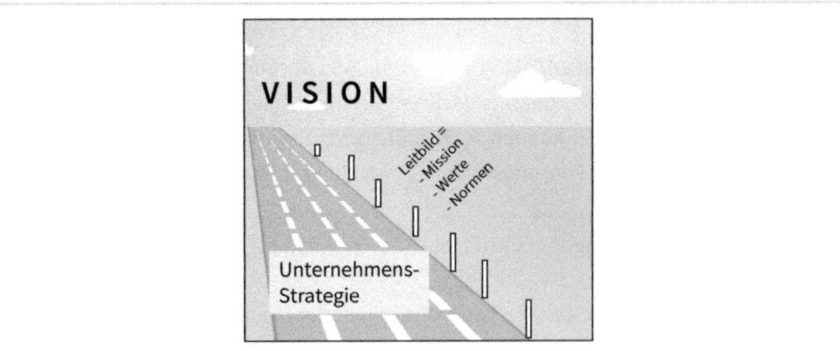

Abb. 10: Das Zusammenspiel von Vision, Mission, Leitbild und Strategie

- Die **Unternehmensvision** ist ein konkretes Zukunftsbild. Sie ist zeitlich gesehen nahe genug, um als realisierbar angesehen zu werden – und gleichzeitig fern genug, um bei Führungskräften und Mitarbeitenden Begeisterung zu wecken, gemeinsam an einer neuen, besseren Zukunft zu arbeiten.
- Die **Unternehmensmission** beschreibt wesentliche Bestandteile des Geschäftsmodells. Sie beschreibt, wie das Unternehmen von seinen Kunden, eventuell auch von der Gesellschaft, gesehen werden soll. Die Unternehmensmission ist im Gegensatz zur Vision zukunfts- und gegenwartsbezogen.
- Die **Unternehmensstrategie** beschreibt den Weg, wie das Unternehmen seine Ziele erreichen wird.
- Ein **Unternehmensleitbild** beschreibt in verständlicher Form die Mission und die Werte. Sie sind sozusagen die Leitplanken der Unternehmensstrategie hin zur Vision.

Abschließend noch ein paar Tipps zu digitaler Führung

- Prüfen Sie, ob die technische Infrastruktur für eine reibungslose Zusammenarbeit steht. Wenn nicht, schaffen Sie Abhilfe.
- Wer benötigt ein Training bzgl. Handhabung der Tools? Bieten Sie diese Unterstützung aktiv an, teilweise zieren sich Mitarbeitende, ihren Bedarf zu benennen.
- Schaffen Sie für sich Klarheit, was digitales Führen für Sie und Ihr Team bedeutet. Schenken Sie dieser Aufgabe Ihre volle Aufmerksamkeit. Bringen Sie Ihre Gedanken auf Papier. Schaffen Sie für sich und Ihr Team Klarheit.
- Wie ein Fußballtrainer sollten Sie Ihre Mannschaftsaufstellung prüfen. Sind die Spielregeln, die Rollen, die Aufgabenverteilung weiterhin klar und richtig?
- Wie stellen Sie sicher, dass das Gefühl des Einflussnehmens eines jeden Teammitglieds weiterhin bestehen bleibt. Achten Sie auf die Rollen und Aufgabenstellung (Partizipation).
- Wie gewährleisten Sie, die gegenseitige Unterstützung im Team? Eine offene Kommunikation macht deutlich, wer wann von wem Unterstützung benötigt.
- Wie schaffen Sie Nähe zum Unternehmen, zum Team und zu Ihnen? Achten Sie auf das Miteinander auf die Zugewandtheit.
- Prüfen Sie mit Ihrem Team, ob die Spielregeln der Zusammenarbeit angepasst, ergänzt werden sollten (Teammeeting online immer mit Kamera?). Fördern Sie den aktiven Austausch im Meeting – was läuft gut, was läuft weniger gut?
- Prüfen Sie im Team, ob alle mit den eingesetzten Tools einverstanden sind. Es geht um Akzeptanz und Abholen der Teilnehmenden.
- Stellen Sie sicher, dass alle im Team von Ihnen gesehen werden. Schaffen Sie notwendige neue Rutinen, seien Sie erreichbar.
- Achten Sie auf neue Konflikte aufgrund der Distanz – gehen Sie diese an. Seine Sie wachsam.

- Schenken Sie Vertrauen und bleiben Sie nah am Menschen. Verhalten Sie sich authentisch, interessieren Sie sich für den Menschen.
- Prüfen Sie Ihre Kommunikationsstruktur. Ist ein hoher Informationsgrad gegeben, ohne dass eine digitale Informationsflut Ihre Mitarbeitenden von der eigentlichen Arbeit abhält?

Oftmals sind es ganz einfache Übungen oder Hinweise, die der Personalentwicklung helfen, Führungskräfte auf ihren Führungsalltag vorzubereiten. Eine kleine Auswahl an Themenfeldern sind in Kapitel 8.7 als Führungskräfte-Reminder (Führungskalender) aufgeführt. Denn Führung hat immer auch Einfluss auf das Wohlbefinden der Mitarbeitenden. Gemeint sind keine Wohlfühloasen, sondern ein Umfeld, in dem sich Mitarbeitende entsprechend ihrer Potenzialen bestmöglich einbringen und entfalten können und dabei auf ihre Ressourcen achten.

4.1.6 Gesundheitsmanagement

Ich habe es bereits dargestellt: Die technischen Möglichkeiten verändern sich rasant und somit auch unsere Arbeitswelt. Wir müssen aufpassen und es zu einer zentralen Aufgabe in der Personalentwicklung machen, dass wir unsere Mitarbeitenden, unsere Führungskräfte mitnehmen und den Wandel gemeinsam mit ihnen gestalten. Früher ging der Arbeiter um 6.00 Uhr zur Arbeit und war gegen 18.00 Uhr wieder zu Hause. Die Arbeit fand an einem festen Ort in einem festen Zeitrahmen statt. Heute haben wir oftmals mobile Arbeitsgeräte und flexible Arbeitszeiten. Es fällt Mitarbeitenden und Führungskräften schwerer, Arbeitszeit und Freizeit voneinander zu trennen. Mitarbeitende empfinden bei der Arbeit einen bisher eher unbekannten Optionsstress, da sie selbst ihre Arbeitspakete priorisieren müssen. Sie erfahren durch ihre Führungskräfte eine höhere Leistungsorientierung, der Output ist das Maß aller Dinge, nicht die Anwesenheitszeiten. Der Anstieg der psychischen Erkrankungen, welche sich von 2005 bis 2015 mehr als verdoppelt haben, sind Indikatoren, vor welchen Herausforderungen Unternehmen und unsere Gesellschaft stehen (vgl. BKK Gesundheitsreport 2016). Mitarbeitende empfinden teilweise einen Anstieg der qualitativen, quantitativen und kognitiven Anforderungen. Läuft es dann mal nicht rund, hat dies direkten Einfluss auf unser Gesundheitsempfinden.

Die Entwicklungen zeigen, dass das betriebliche Gesundheitsmanagement (BGM) mitberücksichtigt werden sollte. Erste Untersuchungen im Rahmen des deutschen Siegels Unternehmensgesundheit weisen darauf hin, dass die Work-Life-Balance und die direkte Führungskraft großen Einfluss auf das Wohlbefinden der Mitarbeitenden haben. Die Personalentwicklung kann diese Informationen bei der Entwicklung neuer Angebote berücksichtigen: Was heißt gesundes Führen? Wie gehen wir mit Stressoren um? Wie organisieren wir uns selbst? Wie trennen wir die Arbeitswelt von der privaten

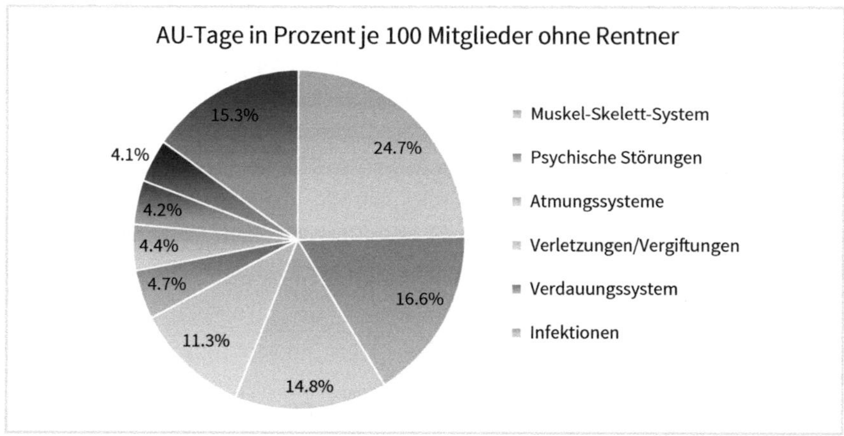

Abb. 11: Prozentualer Anteil der psychischen Störungen bezogen auf AU-Tage gesamt (eigene Darstellung, Quelle: BKK Dachverband, 2018)

Welt, wenn man eigentlich permanent erreichbar sein könnte? Die Wirksamkeit und der Nutzen von Gesundheitsförderung finden wir zum Beispiel in dem iga.Report40. Es wird deutlich, dass sich Investitionen in die Gesundheit der Mitarbeitenden wirtschaftlich für ein Unternehmen rechnet.

4.1.7 Digitalstrategie

Die Digitalisierung hat Einfluss auf das gesamte Unternehmen. Um eine passgenaue eigene Digitalstrategie zu entwickeln, sollten Unternehmen zunächst ihren digitalen Reifegrad bestimmen. Dies ist eine Methode, die den Ist-Stand bezüglich der Digitalisierung im Unternehmen misst. Darauf aufbauend kann eine fundierte Digitalstrategie mit konkreten Handlungsfeldern entworfen werden. Anschließend werden notwendige Maßnahmen abgeleitet. Handlungsempfehlungen entstehen, Themen und Aufgaben werden priorisiert, Verantwortlichkeiten und Teams gebildet sowie ein Kommunikations- und Lernkonzept entwickelt.

4.1.7.1 Der digitale Reifegrad

Zur Bestimmung des digitalen Reifegrades werden zumeist folgende Themenfelder herangezogen und beurteilt (Helge, Schröder, Bosse, 2019, S 19 f.):

- Strategie,
- Technologie,
- Produkte & Dienstleistungen,
- Organisation & Prozess sowie
- Personalkompetenzen.

Glaubt man Umfragen aus dem Bereich HR, scheint der digitale Reifegrad in einigen Unternehmen noch eher gering ausgeprägt zu sein. So wird in der Studie »Digitale Kompetenzen von Personalentwicklern« (2018) darüber berichtet, dass 42 Prozent der befragten Unternehmen noch keine klare Digitalisierungsstrategie und 54 Prozent noch keine klare Vorstellung davon haben, welche Kompetenzen zukünftig im Rahmen der fortschreitenden Digitalisierung überhaupt benötigt werden (Guggemos, Helfritz, Meier, Seufert, 2019, S. 2). Einen ersten Überblick habe ich bereits gegeben. Und so wie das Unternehmen eine Digitalstrategie benötigt, sollte auch die Personalentwicklung einen digitalen Plan haben.

4.1.7.2 Digitalstrategie der Personalentwicklung

Die digitale Welt verändert auch das Lernen. Digital unterstütztes Lernen verspricht, die individuelle Lernmotivation zu steigern, Lerninhalte und -tempo besser an persönliche Bedürfnisse anzupassen und vielen den Zugang zu Bildung zu ermöglichen. Viele zuvor ausschließliche Präsenzmaßnahmen können durch eine sinnvolle Kombination aus Online- und Präsenzlernen verkürzt werden. Damit verbunden sind Einsparpotenziale sowie ein höherer Lernerfolg. Trotzdem gilt: Digitales Lernen ist nur eine Facette aus einem ganzen Strauß an Weiterbildungsmaßnahmen und keinesfalls ein Selbstläufer.

Zur Erstellung einer PE-Digitalstrategie empfehle ich die zuvor beschriebene Vorgehensweise. Stellen Sie sich vor, die Personalentwicklung sei ein Dienstleistungsunternehmen im Unternehmen. Analysieren Sie ebenfalls zuerst den eigenen digitalen Reifegrad.

- **Strategie**
  Ausgehend von der Unternehmensstrategie, sofern vorhanden, leiten Sie die HR/PE-Strategie ab.
- **Technologie**
  Welche Technologie wird wie und wo im Unternehmen eingesetzt? Wie sehen die Arbeitsplätze aus, welche Infrastruktur ist bereits vorhanden (Lernmanagement)?
- **Produkte & Dienstleistungen**
  Dies umfasst alle Angebote der Personalentwicklung, vom kleinsten Seminarbaustein bis hin zu Kompetenzmodellen und Karrierewegen.
- **Organisation & Prozess**
  Dies umfasst die Darstellung der jeweiligen PE-Prozesse, zum Beispiel die Anmeldung eines Teilnehmers zu einem Onlineseminar mit Blick auf Rollen und Berechtigungen.
- **Personalkompetenzen**
  Sie umfassen die digitalen Kompetenzen der Mitarbeitenden im Unternehmen sowie der eigenen Mannschaft.

Aufbauend auf dem Reifegrad kann die Strategie mit den Maßnahmen abgeleitet werden. Meine Erfahrungen zeigen, dass es gerade bei der Digitalisierung innerhalb der Personalentwicklung wichtig ist, die Trainerinnen und Coaches frühzeitig einzubinden.

Wichtige Fragen sind:

- Hat die Personalentwicklung bereits eine eigene Digitalstrategie?
- Stimmt die Personalentwicklungsstrategie mit der Unternehmensstrategie überein?
- Findet ein kontinuierlicher Abgleich von Bedarf und Angebot statt?
- Wie befähigen wir die Mitarbeitenden und Führungskräfte zum selbstgesteuerten Lernen?
- Werden neue Lernformate genutzt?
- Werden Trainerinnen auf ihre neue Rolle vorbereitet?
- Werden Führungskräfte und Stakeholder auf ihre neue Rolle vorbereitet?
- Werden agile Methoden und die jeweiligen Rollen trainiert?
- Gibt es einen ständigen Austausch, ein funktionierendes Netzwerk mit Bildungsanbietern, um Entwicklungen zu antizipieren?
- Welche Lernformate passen zu welchem Thema?
- Wie sehen neue Teamentwicklungsprozesse aus?
- Wie vermeiden Sie innere Kündigungen, wie schaffen Sie Motivation?

4.1.8 Fazit Digitalisierung

Wir stehen vor großen, spannenden Herausforderungen. Wichtig ist, dass wir die Augen nicht davor verschließen, sondern die notwendigen Schritte einleiten. Die neuen Lernmethoden, die Erkenntnisse aus den Neurowissenschaften bezüglich des Lernens sind Errungenschaften unserer Zeit. Wir sollten diese nutzen. Digitales Lernen ermöglicht die Reduktion der Bildungskosten. Teilweise entfallen Reisekosten und Reisezeiten, teilweise können die Seminarzeiten deutlich reduziert werden, was wiederum die Ausfallzeiten der Teilnehmenden reduziert. Beim digitalen Lernen sind oftmals beliebige Teilnehmerzahlen möglich. So ermöglicht beispielsweise der Einsatz eines Lernvideos nun jedem das Erleben von Top-Referenten, der eventuell zuvor nur einem ausgesuchten Teilnehmerkreis zugänglich war. Digitales Lernen bedeutet Lernen zu jeder Zeit an jedem Ort.

Die Akzeptanz der Lernenden steigt. Wir entlasten die eigenen PE-Ressourcen und nutzen Lernmethoden am Puls der Zeit. Die Lernkurve steigt weiterhin exponentiell ebenso wie die Entwicklungsgeschwindigkeit. Der Bedarf an Wissenstransformation steigt folglich, somit muss Wissen schneller, effizienter zum Zeitpunkt des Bedarfs abrufbar sein. Verbindet man Lernen mit der praktischen Arbeit, sind wir nachhaltiger. Virtuelles beziehungsweise computerunterstütztes Lernen steigert den Lernerfolg, was an einer Grundschule in New York deutlich unter Beweis gestellt wurde (Bertelsmann Stiftung – New Classrooms).

Virtuelle Chemielabore (siehe TED-Talk »This virtual lab will revolutionize science class«) ermöglichen die Ausbildung von Menschen, die diesen Zugang sonst womöglich nicht bekommen würden. Das MIT stellt seine Vorlesungen online zur Verfügung. Die Technologie der Augmented Reality wird lernen, einen weiteren Entwicklungsschub versetzen (siehe TED-Talk Chris Milk: The birth of virtual reality as an art form). Der Coronaeffekt hat den Prozess der Digitalisierung in der PE noch einmal beschleunigt. Nutzen wir diese Entwicklung konstruktiv, kreativ – und vor allem gemeinsam.

4.2 Der Wertewandel

Mich fragte kürzlich eine Ärztin, warum denn die Auszubildenden von heute so ganz anders sind als die Auszubildenden von früher. Haben sie eine andere Arbeitseinstellung? Erwarten sie eine andere Zuwendung, andere Arbeitsbedingungen? Sind sie weniger verlässlich, weniger wissbegierig, weniger kundenorientiert? Was sind ihre Ziele und wie glauben sie, diese zu erreichen? Einen Aspekt soll Abbildung 12 darstellen: Es geht immer mehr jungen Menschen darum, dass man ihnen auf Augenhöhe begegnet und nicht einfach nur definierte Aufgaben vor die Nase setzt.

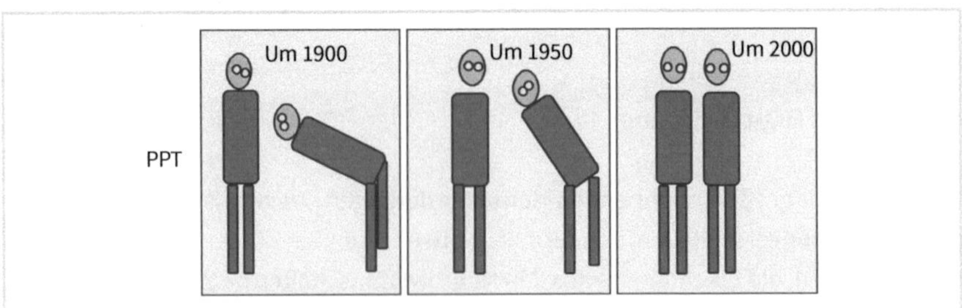

Abb. 12: Wertewandel – auf Augenhöhe begegnen

Sehen wir uns die Ziele und Wünsche der Generationen im Folgenden genauer an.

4.2.1 Ziele und Wünsche bei der Arbeitgeberwahl

Auf der einen Seite stelle ich fest, dass tatsächlich eine Veränderung bei den Werten der Generationen stattgefunden hat. So wird zum Beispiel ein gesundes Verhältnis zwischen Arbeitszeit und Freizeit aktiv eingefordert. Viel konsequenter werden von den jüngeren Generationen ihre Wertvorstellungen verfolgt. Immer öfter höre ich von meinen Studenten, dass sie den Arbeitgeber wechseln wollen, weil ihre Wertvorstellungen nicht mit denen ihrer Arbeitgeber übereinstimmen. Auf der anderen Seite zeigen Untersuchungen, dass sich die Wünsche, was ein Arbeitgeber bieten sollte, sich gar nicht in so großem Maße verschoben haben. Ich habe bereits in Kapitel 3.3. (PE und ihre Aufgaben) aufgezeigt, was Fachkräften im Job wichtig ist.

So zeigt der Deloitte Studenten Monitor (04/2016), worauf Studierende bei der Wahl ihres zukünftigen Arbeitgebers achten:

- gute Bezahlung,
- inhaltlich interessanter Arbeitsplatz,
- angenehmes Arbeitsklima,
- sicherer Arbeitsplatz,
- spannende Aufgaben,
- flexible Arbeitszeit,
- gute Aufstiegsmöglichkeiten,
- gute (Verkehrs-)Anbindung,
- Weiterbildungsangebote,
- innovatives Unternehmen.

Je nach Quelle und Zielgruppe zeigen sich unterschiedliche Gewichtungen, jedoch sind die genannten Auswahlkriterien meist konstant oder sehr ähnlich. Was ist also so anders, wo können wir Veränderungen feststellen? Die bereits dargestellten veränderten Rahmenbedingungen in unserer Arbeitswelt und die sich damit verschiebenden Kompetenzen und Strukturen sowie Arbeitsweisen und Führungsstile haben sicherlich Einfluss auf unsere Wahrnehmung. Bei zwei Werten kann ich eine signifikante Veränderung feststellen.

4.2.2 Generationen – Freizeit und Achtsamkeit

Wenn wir über Generationen sprechen, finden wir zumeist folgende Cluster (Quelle: Statistisches Bundesamt):

Generationen	Jahrgang
Nachkriegsgeneration	1946–1955
Babyboomer	1956–1965
Generation X	1966–1980
Generation Y/Millennials	1981–1995
Generation Z	1996–2009
Generation Alpha	ab 2010

Tab. 15: Generationenübersicht

Freizeit

Bei den Generationen Y und Z ist festzustellen, dass das Gut »Freizeit« einen höheren Stellenwert bekommen hat (vgl. Weckmüller, 2013, S. 112). Wir reden von Erbengenerationen, denen mehr Geld zur Verfügung steht, die Freizeit, das Leben nach den eigenen Wünschen zu gestalten. Auch die Angebotspalette für (immer ausgefallenere) Aktivitäten hat sich erweitert.

Achtsamkeit

Bei dem Wert »Achtsamkeit« ist ebenfalls eine höhere Bewertung festzustellen, gegenüber sich selbst (Selbstachtsamkeit), aber auch gegenüber den Mitmenschen. Unter Achtsamkeit verstehen wir den sorgsamen Umgang mit unseren psychischen und physischen Ressourcen. Eine Professorin sagte einmal zu mir: »Die jungen Generationen sind vielleicht klüger als unsere Generation (Babyboomer). Sie wissen, dass sie viel länger arbeiten müssen und gehen vielleicht deshalb achtsamer mit ihren Ressourcen um.« Der Wandel von der Handarbeit zur Kopfarbeit fordert von uns, sorgsamer mit den uns zur Verfügung stehenden, eigenen Ressourcen umzugehen. Die bereits genannten Anstiege bezüglich psychischer Erkrankungen sind ein Hinweis. Das Umfeld, die sozioökonomischen Bedingungen haben sich von Generation zu Generation gemäß den jeweiligen Möglichkeiten verändert.

Täglich hören oder lesen wir vom Fachkräftemangel und der gestiegenen Wechselbereitschaft der Mitarbeitenden und der Führungskräfte. Mitarbeiterbindung steht bei vielen Unternehmen zurzeit ganz oben auf der To-do-Liste, denn es hat sich ein Wechsel von einem Arbeitgeber- hin zu einem Arbeitnehmermarkt vollzogen. Der Fachkräftemangel macht es für Arbeitssuchende einfacher, ihren zukünftigen Arbeitgeber mit ihren eigenen Zielen und Wünschen abzugleichen. Hinzu kommt der verstärkte Einsatz von Arbeitnehmenden mit Migrationshintergrund mit teilweise anderen kulturellen Wurzeln und Wertvorstellungen, die ohne Zweifel die heimischen Blickwinkel beeinflussen.

Wir stellen fest, dass

- Arbeit nicht mehr als Pflicht, sondern als ein wichtiges Gut angesehen wird,
- das Gut »Freizeit« eine Aufwertung erfährt,
- Achtsamkeit gegenüber sich selbst und den Mitmenschen aktiv eingefordert werden. Es geht hierbei auch um Wertschätzung,
- die Bindung an ein Unternehmen abnimmt,
- der Anspruch in Bezug auf die Selbstverwirklichung gestiegen ist,
- Gleichheit und Gleichberechtigung eingefordert werden,
- das Thema der eigenen Gesundheit einen höheren Aufmerksamkeitsgrad bekommen hat,
- das Verhältnis zwischen Führungskraft und Mitarbeiter eher auf Augenhöhe eingefordert wird.

4.2.3 Wertewandel durch den Coronaeffekt

Durch den Coronaeffekt haben sich die Prioritäten, haben sich unsere Werte, bedingt durch die nachhaltigen Eindrücke, kurzfristig verschoben. Wie anhaltend dieser Wandel sein wird, kann nur die Zeit zeigen. Dennoch erleben wir eine Neuausrichtung hinsichtlich des gesellschaftlichen Miteinanders, das ich als eine permanentere Entwicklung einstufe. Für uns bisher selbstverständlich erachtete Werte werden wohl einen höheren Stellenwert, eine höhere Aufmerksamkeit bekommen. Entwicklungen, von denen wir glaubten, dass sie noch einen gewissen Zeitraum benötigen, werden schneller umgesetzt. Als Beispiel sei der Abstimmungsprozess zwischen Arbeitgeber und Arbeitnehmervertretungen bezüglich des Verhältnisses von Homeoffice und Arbeiten im Büro genannt. Wie bereits dargestellt zeigen erste Befragungen, dass auch nach der Pandemie eine Vielzahl an Mitarbeitenden sich zukünftig mehr Homeoffice-Möglichkeiten wünschen. Auch wenn uns das Miteinander mit den Kollegen fehlt, haben wir das Homeoffice schätzen gelernt. Dort, wo es möglich sein wird, wird man sich auf ein Verhältnis zwischen Homeoffice und Office einigen. Das bedingt das Prüfen unserer bisherigen Prozesslandschaften in den Teams und Unternehmen. Bestimmte Wirtschaftsbereiche werden langfristig mit den Auswirkungen des Coronaeffektes zu kämpfen haben (Gastronomie/Personalmangel), andere werden schneller ihren wirtschaftlichen Erfolg dokumentieren können (Luftfahrt/Lufthansa). Ich beobachte zurzeit am Arbeitsmarkt keine gravierenden Veränderungen, er hat durch den Fachkräftemangel bereits wieder den Arbeitnehmermarkt eingenommen.

Grundsätzlich ist unser Wertesystem sehr stabil, weshalb ich nur kurzfristige beziehungsweise marginale Verschiebungen bei den individuellen Werten erwarte. Trotzdem sollten Unternehmen ihre Unternehmenswerte sorgfältig prüfen und diese mehr nutzen, um mit den Mitarbeitenden und Führungskräften einen gemeinsamen Konsens herbeizuführen, welche Ziele man gemeinsam verfolgt. Denn Werte geben uns Orientierung, Werte geben uns unseren Handlungsrahmen vor.

4.2.4 Unternehmenswerte

Und was bedeutet dieser Wandel hinsichtlich der Werte für die Personalentwicklung? Was sind Werte eigentlich? Prof. Dr. Stefan Etzel formulierte in einem Vortrag (2019) zum Thema Werte Folgendes:

»Werte sind Zielzustände, die angestrebt werden und weitergehen als Bedürfnisse, die sich nur auf das Ich beziehen. Werte beziehen sich auf ein gemeinsames und verbindendes Wertegerüst – auf ein Wir – und die gemeinsame Überzeugung, das anzustreben, wofür es sich zu kämpfen lohnt. Sie sind also handlungssteuernd, insbesondere in komplexen Situationen. Sie definieren in einem Unternehmen den Markenkern und legen fest, was einem wichtig ist. Man könnte auch von Glaubenssätzen oder Überzeugungen sprechen. Typische Werte sind Respekt, Weisheit, Stärke, Echtheit oder Lebendigkeit. Werte definieren, was wertvoll ist. Sie schaffen Vertrauen in einem Unternehmen, weil man weiß, nach welchen Prinzipien der andere handelt. Außerdem beantworten sie auch die Frage nach dem Warum. Davon sprechen wir doch heute alle: Von der Sehnsucht nach Sinn und Leadership. Wir wollen ein Haus bauen, in dem andere sich wohlfühlen.«

Schaue ich mir Unternehmen mit ihren Unternehmenswerten an, stelle ich fest, dass bestimmte Unternehmenswerte immer wiederkehren.

Abb. 13: Wiederkehrende Unternehmenswerte in Deutschland

Warum sind Werte so wichtig? Unternehmenswerte sind förmlich eine Einladung zur Identifikation mit dem Unternehmen. Sie geben uns Orientierung, sie geben unseren Zielen Bedeutung. Werte drücken aus, was uns wirklich wichtig ist. Mit einem gemeinsamen Werteverständnis fällt es uns leichter, den gewünschten Handlungsrahmen nach innen und nach außen zu beschreiben. Sie gelten für das Management, die Mitarbeitenden ebenso wie für Geschäftspartnerinnen und Kunden. Sie sagen uns, was man tut und was man nicht tut.

Werte machen Strategien wirksam. Unternehmen, die ihre Werte leben, sind erfolgreicher. Auch für die Personalentwicklung sind Werte ein Fundament. Wir suchen Menschen, die sich mit unseren Unternehmenswerten identifizieren. Für unsere Personalentwicklungsmaßnahmen sind sie ein geeignetes Vehikel. Wir haben weiter oben gesehen, was Teams erfolgreich und was Führung ausmacht. Wir haben verstanden, welche Maßnahmen hilfreich sind. Es hat immer etwas mit unseren Gefühlen und unseren Werten zu tun. Menschen sprechen nicht so gerne über ihre Gefühle, insbesondere nicht im beruflichen Kontext. Menschen fällt es leichter, über Empfindungen und Emotionen zu sprechen, wenn sie sich an einer Zahl, an einem Schaubild erklären können. Daher empfehle ich in der Personalentwicklung, die Unternehmenswerte beispielsweise anhand einer Befragung zu operationalisieren und so die Bewertung einfacher zu machen. Im anschließenden Kapitel 4.2.5, Team-Kalibrierung, stelle ich Ihnen den Prozess der Operationalisierung vor.

Werte helfen uns dabei, Spielregeln im Umgang miteinander festzulegen. Sie helfen uns, unser gemeinsames Wofür-stehen-Wir zu definieren. Sie helfen uns bei der Achtsamkeit unserer Kollegen gegenüber. Werte bilden damit eine wichtige Grundlage zur Mitarbeitergewinnung und -bindung. Führungskräfte sind bezüglich der Wirkung von Werten zu sensibilisieren. Personalentwicklerinnen sind angehalten, ihre Angebote, ihre Verfahren und Tools inhaltlich auf die Passgenauigkeit in Verbindung mit den Unternehmenswerten zu prüfen.

Hilfestellung geben folgende Fragen:
- Für welche Werte steht das Unternehmen?
- Werden die Werte gelebt oder gibt es im Verborgenen Subkulturen?
- Haben Sie die Werte in Ihrem Selbstverständnis, in der Personalentwicklung berücksichtigt?
- Sind in den Trainings Werte und deren Bedeutung berücksichtigt?

4.2.5 Team-Kalibrierung in der Praxis

Zurzeit pilotiere ich gemeinsam mit meinem Team ein Verfahren, welches die Zusammenarbeit im Team stärkt. Wir nennen es Team-Kalibrierung beziehungsweise Agentur-Kalibrierung. Es basiert auf der Beurteilung der Qualität und Wirksamkeit der Zusammenarbeit. Mittels einer GAP-Analyse (Soll-/Ist-Vergleich) zu den Themenfeldern Werte, Teams, Identifikation, Führung, Persönlichkeit und Digitalisierung liefert die Analyse einen umfassenden Einblick. Wir sehen, was bereits sehr gut läuft und wo eventuell Handlungsbedarf besteht. Unsere Kernfragen dazu: Wie werden die einzelnen Werte/Themenfelder aktuell gelebt und wie sollten sie in Zukunft gelebt werden? Wir identifizieren die größten Handlungsfelder und können punktuell das Team durch gezielte Maßnahmen unterstützen.

Die Vorteile der GAP-Analyse/Team-Kalibrierung für PE
- Sie schaffen Transparenz.
- Sie schaffen ein gemeinsames Verständnis, ein Wirgefühl.
- Ihre Mitarbeitenden erfahren Partizipation und Wertschätzung.
- Sie fördern die Lernkultur, den Austausch untereinander.
- Sie steigern die Arbeitszufriedenheit und die Motivation.
- Sie festigen die Beziehungsgestaltung und die Feedbackkultur.
- Sie reduzieren das Silodenken.

Der Ablauf ist wie folgt vorgesehen.

1. **Impulsvortag**

In einem Impulsvortrag erläutere ich den Teilnehmenden das Zusammenspiel zwischen Unternehmenswerten, Kompetenzen, Teams und Führung. Ich zeige auf, warum Menschen, Teams und Unternehmen erfolgreicher agieren, wenn sie ihre Werte aktiv leben. So schaffe ich eine hohe Akzeptanz hinsichtlich der folgenden anonymen Befragung.

2. **GAP-Analyse: ein Soll-/Ist-Vergleich**
In einer Befragung wird ermittelt, wie die Themenfelder aktuell im Unternehmen, im Team umgesetzt werden und wie man sich es in der Zukunft wünscht.

3. **Ergebnispräsentation und Ergebnisbericht**
Die Ergebnisse der Befragung werden anschaulich in verschiedenen Diagrammen dargestellt. Abbildung 14 zeigt die Gesamtsicht.

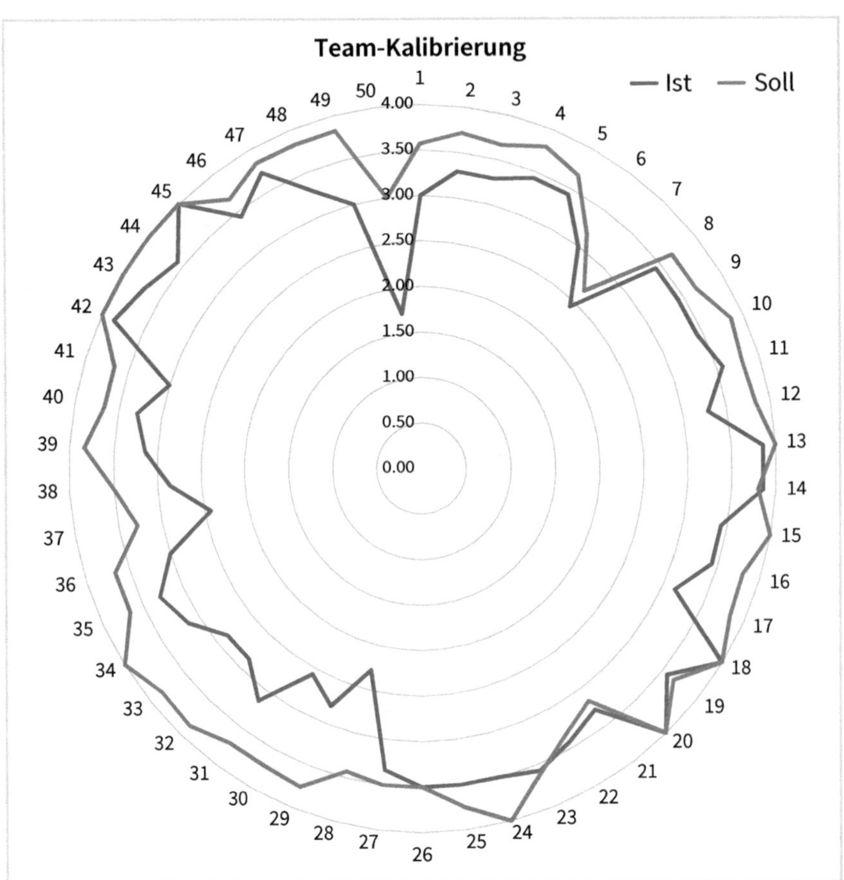

Abb. 14: Team-Kalibrierung – Gesamtsicht Soll-Ist-Vergleich

Das Netzdiagramm stellt die Auswertung von 50 Einzelfragen dar auf einer Skala von 0 = schwach ausgeprägt bis 8 = stark ausgeprägt. Der hellgraue Graph beschreibt die Ausprägung in der Gegenwart, der dunkelgraue Graph die gewünschte Zukunft. Die Antworten auf die einzelnen Fragen werden mit dem jeweiligen Durchschnittswert dargestellt.

4. **Ergebnisworkshop**
In einem Ergebnisworkshop werden die Ergebnisse präsentiert und erste Themenfelder diskutiert. Durch die Darstellung von Ist und Wunsch fällt es Mitarbeitenden leichter, ihre Bedürfnisse und Lösungsvorschläge einzubringen. Einige der folgende Handlungsfelder sind regelmäßig vorzufinden: Werte/Mindset, Selbstverständnis, Spielregeln, Selbstbild/Fremdbild, wertstiftendes Feedback, Kompetenzen, Flow und Führung.

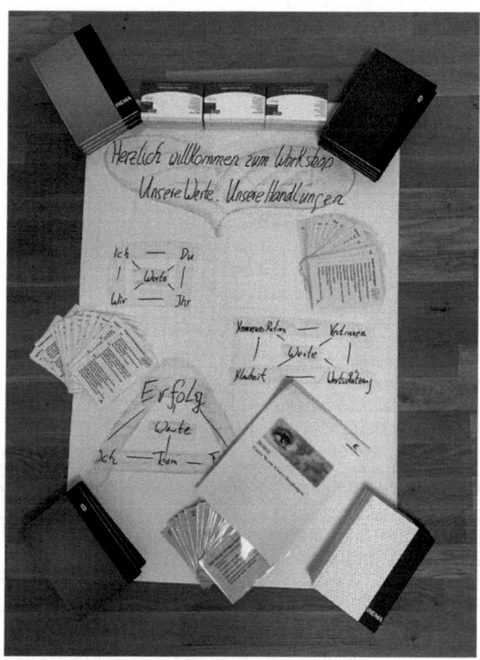

Abb. 15: Ergebnisworkshop – Handouts, Ergebnisbericht, Charts

Mit einem geringen Zeitaufwand festigen Sie die Themenfelder, die effektive Teams benötigen. Nutzen Sie die Unterstützung der Skalen in der Kommunikation, so fällt es den Teilnehmenden leichter.

4.2.6 Fazit Wertewandel

Das Thema Unternehmenswerte hat nie an Aktualität verloren. An dieser Stelle erlauben Sie mir die Wiederholung der Aussage, weil ich sie für so wichtig erachte: Werte geben Orientierung und Sicherheit. Sie sagen uns, was man tut und was man nicht tut. Sie sorgen für Bindung und zeigen auf, wofür das Unternehmen steht. Sie sind für die Mitarbeitenden, für die Führungskräfte, eine Einladung zur Identifikation mit dem Unternehmen.

Die folgenden Abbildungen verdeutlichen noch einmal das Zusammenspiel von Werten, Normen, Kompetenzen und deren Wechselwirkung in der heutigen und alten Arbeitswelt. Sie sind zum einen das Fundament, welches uns Sicherheit gibt, den notwendigen Wandel anzunehmen. Sie sind unumstößlich und können bei der Zielfindung wichtige Begleiter sein. Wir können auf ihnen immer wieder neu aufbauen und unser Handeln danach ausrichten. Zum anderen sind die Werte unser Dach, unter dem wir uns versammeln – Gleichgesinnte mit einem gemeinsamen Ziel und dem Wissen der kontinuierlichen Veränderungsnotwendigkeit.

Maschinen-Welt
Unternehmer
Angestellte
Team
Hohe Kontinuität, Sicherheit
(Einmal beim Daimler...)
überschaubar, eher eine Lösung

Corona-Welt
Sicherheit
Orientierung
Abstand
Digital
Werte
Neue Bewertung

Wissens-Welt / VUCA-Welt
Unternehmer
Mitarbeiter
Team, Führungskraft
V = volatil, U = unsicher,
C = komplex, A = mehrdeutig

Maschine – Mensch / Prozess
„Der Angestellte wird morgens angestellt, abends abgestellt und tagsüber, passt einer auf, dass er nichts anstellt."

Mensch – Maschine / Prozess
Ein Team ist mehr als die Summe seiner Einzelteile.

Vom **Maschinenzeitalter** zum **Wissenszeitalter** bzw. **Digitalzeitalter**

Kultur und Werte
Es ist leichter, über unsere Gefühle zu sprechen, wenn wir auf eine Zahl zeigen können.

Abb. 16: Arbeitswelt – Werte

Werte, Normen, Spielregeln, Feedback
Geben Orientierung, Struktur, Zielklarheit - Sagen uns was man tut, bzw. was man nicht tut.

Kompetenzen - Maschinenzeitalter
Fachlichkeit / ~~Persönlichkeit~~ –
Trennung zwischen Berufs- und Privatwelt

Kompetenzen - Wissenszeitalter
Fachlichkeit / Persönlichkeit
Verschmelzung der Arbeits- und Berufswelt
(Work-Life-Balance)

Mitarbeiter
- Kreativ & innovativ
- Selbst organisieren
- Selbst priorisieren
- Mitdenken
- Verantwortung übernehmen
- Eigenen Sinn entwickeln
- Teamfähigkeit
- Kommunikativ
- Unternehmerisches Denken
- Ergebnisorientiert
- Veränderungskompetenz
- Digitale-Kompetenzen

Agile Teams
- Psychologische Sicherheit (Vertrauen u. Sicherheit)
- Verlässlichkeit, Zuverlässigkeit
- Struktur und (Ziel)Klarheit
- Sinn (warum/ für was tue ich es)
- Wirkung (Beitrag zum Ganzen)

Innovativer, finden bessere Lösungen, erzielen bessere Ergebnisse, höhere Arbeitszufriedenheit, sehen schneller Fehler, Fehlentwicklungen
$\sum$ IQ größer wenn messbar

Führungspersönlichkeit
- Klare Vision
- Feste Werte
- Klare Ziel
- Präsenz
- Stimmig in Wort und Tat

97% der Führungskräfte glauben sie sind eine gute Führungskraft / Gallup 2018: 14% innere Kündigung, 71% Dienst nach Vorschrift, 15% haben eine hohe Emotionale Bindung zum Unternehmen

Führungsstil
Transformational,
Transaktional
& Why

- Vorbild
- Wertschätzung
- Reifegrad
- Motivation & Inspiration

- Sinn / Beitrag zum Ganzen

- Positiv Leadership

Abb. 17: Werte, Normen, Spielregeln, Feedback

4.3 Der demografische Wandel

Jeder kennt die Charts und Statistiken zum demografischen Wandel in Deutschland, spätestens seit der politischen Diskussion bezüglich der Verlängerung der Lebensarbeitszeit.

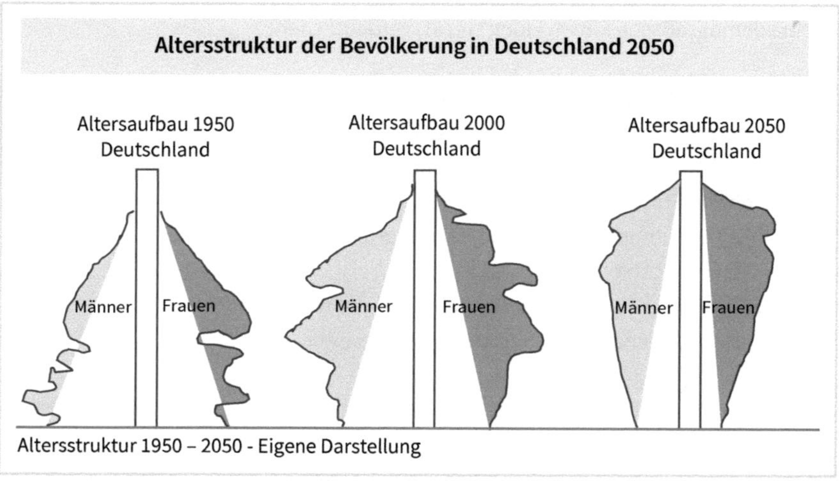

Abb. 18: Altersstrukturen 1950 – 2000 – 2050 (Quelle: Statistisches Bundesamt)

Zwischen 2020 und 2050 kommt es zu großen Umschichtungen in den Altersstrukturen der Arbeitskräfte in Deutschland. Der Anteile jüngerer Arbeitskräfte nimmt ab, das Durchschnittsalter der Mitarbeitenden steigt. Der Kampf um die wenigen jungen Talente wird somit auch nach der Coronakrise anhalten. Die Generationen Y und Z lösen die Babyboomer ab und sensibilisieren uns hinsichtlich ihrer Erwartungen. Bereits 2025 werden 75 Prozent der Arbeitnehmenden der Generation Y angehören.

Unterschätzen Sie bitte nicht die Komplexität des Themas Demografie für ihr Unternehmen. Im Folgenden werde ich ihnen zielführende Fragen an die Hand geben. Um die vielfältigen verbundenen Themenfelder greifbarer zu machen, möchte ich aus persönlicher Erfahrung berichten. Erste berufliche Berührungspunkte mit dem Thema demografischer Wandel machte ich im Jahre 2010, der damalige Arbeitstitel: Demografischer Wandel im Vertrieb. Zunächst hatten wir damals eine Altersstrukturanalyse durchgeführt, die deutlich aufzeigte, dass in den kommenden Jahren erhebliche Abgänge im Vertrieb unausweichlich waren. Wir wurden damit beauftragt, das Thema Demografie in der Fläche zu präsentieren, um alle für die Wichtigkeit des Themas zu sensibilisieren. Des Weiteren galt es, einen Management-Förderkreis aufzubauen, um den Führungsnachwuchs für die Leitungsfunktion zu sichten und zu qualifizieren (vgl. Kapitel 8.6, Management-Förderkreis). Ein neues Bewerberverwaltungstool sollte angeschafft werden, Nachfolgekonzepte für die Agenturen waren zu erstellen, der Internetauftritt und das Thema Bewerbergewinnung war zu prüfen und neu zu gestalten. Ein Projekt »Frauen für den Vertrieb« wurde initiiert, die Rekrutierungsprozesse wurden analysiert, Seminare sollten auf altersgerechte Vermittlung hin geprüft werden, ein Gesundheitsmanagement für den Vertrieb galt es zu implementieren. Diese komprimierte Darstellung soll Ihnen die Komplexität sowie den Chancenreichtum, der im Thema demografische Entwicklung steckt, verdeutlichen.

Die Folgen des demografischen Wandels liegen auf der Hand. Folgende Themen werden wiederkehrend in Artikeln zu Demografie benannt:

- der Fachkräftemangel in den Unternehmen,
- ein höherer Frauenanteil,
- mehr Mitarbeitende mit Migrationshintergrund,
- längere Erwerbsbiografien,
- vermehrt führen junge Führungskräfte ältere Mitarbeitende und
- teileweise steigende Krankheitstage je Mitarbeiter.

Viele Unternehmen haben sich diesen Erkenntnissen gestellt, bereits die Auswirkungen des demografischen Wandels im Unternehmen geprüft und ihre Strategien festgelegt. In der Strategie zur Demografie finden wir zumeist diese vier Handlungsfelder, die auch in unserm Praxisbeispiel zu finden sind:

1. **Recruitment.** Aufgrund der Anzahl der Mitarbeitenden, die in den Ruhestand wechseln, haben das Employer Branding – die Darstellung des Unternehmens nach innen und außen – und das aktive Sourcing einen hohen Stellenwert bekommen.
2. **Karrieremöglichkeiten.** Zum einen in Verbindung mit dem Abgang von Führungskräften und Stakeholdern, zum anderen in der Darstellung als attraktiver Arbeitgeber mit Perspektive.
3. **Aus- und Weiterbildung.** Überprüfung, welcher Wissenstransfer zukünftig notwendig wird. Kann bedeuten, dass aufgrund mangelnder Mitarbeitergewinnung selbst mehr in die Ausbildung der Mitarbeitenden investiert werden muss.
4. **Gesundheitsmanagement.** Minimierung der AU-Tage, Wertigkeit des Arbeitgebers, steigendes Durchschnittsalter (iga.Report 40).

Folgende Fragen sind zielführend, wenn es um das Demografie-Management geht (Demografiemanagement, Eine Publikationsreihe des Bundesverbandes der Personalmanager):

- Wie verändert sich die Altersstruktur im Unternehmen?
- Wie sichern wir den Wissenstransfer?
- Verändert sich die Geschlechterstruktur?
- Verändert sich das Qualifikationsniveau im Unternehmen?
- Werden vermehrt ausländische Mitarbeitende eingestellt?

- Verändert sich die Wertestruktur und damit unsere Unternehmenskultur?
- Verändern sich die Kompetenzen?
- Welche Bereiche sind wie stark vom demografischen Wandel betroffen?

Für die Personalentwicklung heißt dies unter anderem:

- Wie können wir die Karrieremöglichkeiten im Unternehmen für jung und alt optimieren?
- Wie gelingt es, das abwandernde Wissen im Unternehmen zu halten?
- Braucht es ein verändertes Gesundheitsmanagement?
- Müssen Führungskräfte sensibilisiert werden?
- Passen die diagnostischen Tools aufgrund neuer Rekrutierungsstrategien?
- Bedarf es aufgrund der Altersstruktur veränderter Qualifizierungsangebote?

Die Personalentwicklung hat fortlaufend zu prüfen, ob ihre Maßnahmen greifen und strategisch sinnvoll sind. Früher wurden oftmals Mitarbeitende ab 55 Jahren von PE-Maßnahmen ausgeschlossen oder zumindest wurde es ihnen freigestellt, an eigentlich verbindlichen Maßnahmen teilzunehmen. Doch mit der beschriebenen demografischen Entwicklung in Deutschland muss anders gedacht und argumentiert werden. Die Bereitschaft für lebenslanges Lernen muss erzeugt und aufrechterhalten werden. Die folgende Tabelle soll verdeutlichen, dass Mitarbeitende und Führungskräfte verstanden haben, dass sie sich zukünftig kontinuierlich – auch im Alter über 54 Jahre – fortbilden müssen. Die Werte sind der Studie »Gebrauchsanweisung fürs lebenslange Lernen« (Vodafone Stiftung Deutschland, Oktober 2016) entnommen.

Ich weiß, dass ich neue Dinge lernen muss, da sich die Anforderungen ändern.	
Alterscluster	**prozentuale Zustimmung**
unter 21 Jahre	98 %
21–35 Jahre	97 %
36–50 Jahre	98 %
51–60 Jahre	98 %
über 60 Jahre	97 %

Tab. 16: Die Notwendigkeit des Lernens im beruflichen Kontext (Quelle: Vodafone Stiftung Deutschland, Oktober 2016

Die aufmerksame Leserin wird festgestellt haben, dass viele Frage einhergehen mit einem möglichen Kulturveränderungsprozess. Was heißt es, wenn wir zukünftig Teams haben, die altersdurchmischt sind und eine jüngere Führungskraft die Leitung übernimmt? Wenn mehr Frauen zum Beispiel in der Fertigung arbeiten und zunehmend auch Mitarbeitende mit einem anderen kulturellen Background im Team einzubinden sind?

Auf zwei Themenfelder möchte ich dezidierter eingehen. Einmal die höhere Generationendurchmischung: Es werden mehr ältere Teammitglieder in den Teams sein. Zum anderen das Thema, dass junge Führungskräfte ältere Mitarbeitende führen. Verkürzt finden wir hier die Überschriften »Jung führt Alt«. Während der Anteil der jungen Erwerbstätigen relativ konstant bleibt, wird der Anteil der älteren Erwerbstätigen steigen (Demografie Portal des Bundes). Viel Personalverantwortliche sehen hier eine Erhöhung des Konfliktpotenzials. Durch die Digitalisierung (Annahme: Junge Arbeitnehmer sind technikaffin) scheint sich dieser Prozess zu beschleunigen. Im Folgenden klären wir, was junge Führungskräfte beachten sollten und was Teams benötigen, um diesen Wandel erfolgreich zu nutzen.

Jung führt Alt

Oftmals tun sich jüngere Führungskräfte schwer, ihre Rolle als Führungskraft zu finden, wenn sie auch ältere Mitarbeitende haben. Anweisungen, Vorgaben, der Umgang miteinander stellt sie oftmals vor größere Herausforderungen. Das Thema ist wenig erforscht, jedoch zeigen erste Befragungen, dass es älteren Mitarbeitenden eher schwerfällt, Anweisungen von jüngeren Vorgesetzten anzunehmen. Gleichzeitig scheinen sich jüngere Vorgesetzte eher unwohl zu fühlen, wenn sie Anweisungen an deutlich ältere Mitarbeitende geben müssen (vgl. Felfe, van Dick, 2016).

In unserer Sozialisation werden wir in jungen Jahren von älteren Menschen, unseren Eltern und Großeltern, begleitet, die uns sagen, was man tut und was man nicht tut. Die uns beratend zur Seite stehen und uns in unserer Entwicklung unterstützen. Sie sind unser Fels in der Brandung. Erreichen unsere Eltern oder Großeltern ihren sogenannten Lebensabend, werden die Rollen plötzlich getauscht. Nun benötigen unsere Eltern unsere Unterstützung bei ganz alltäglichen Dingen. Wir sind plötzlich gefordert, Entscheidungen für unsere Eltern zu treffen. Plötzlich drehen sich die Dinge. Die Jungen sagen den Alten, was zu tut ist und was nicht mehr geht. Viele von uns haben in der Familie heute das Thema Pflege vor sich oder sind bereits davon betroffen und kennen die Herausforderungen – ganz unabhängig davon, ob wir nun Führungskraft oder Mitarbeitende sind. Plötzlich sind wir gefordert, Verantwortung in der Familie zu übernehmen. Manch einer von uns kennt daher aus diesem Kontext die Problemstellung »Jung führt Alt«.

Wir als Personalentwickler sollten daher junge Führungskräfte an dieses Thema heranführen und sie auf ihrem Weg begleiten. Dabei sollten wir immer daran denken, dass beide Seiten vor Herausforderungen stehen. Meine Empfehlung lautet: Sprechen Sie als junge Führungskraft das Thema offen an. Meistens ist das der erste, verbindende Schritt, da es dem Mitarbeitenden ja nicht anders geht. Durch Offenlegung der Empfindungen finden sich erste Gemeinsamkeiten. Sie können dies im Mitarbeitergespräch oder bei den ersten Teambesprechungen thematisieren. Eventuell kann auch eine Prise Humor das Eis schmelzen lassen. Haben Sie keine Sorge, dass Sie eine Schwäche zeigen. Es ist, ganz im Gegenteil, eine Ihrer Stärken, anspruchsvolle Themen anzusprechen.

Sie sollten dabei immer einen respektvollen und wertschätzenden Umgang pflegen. Dies gilt natürlich für alle Mitarbeitenden, aber bei den älteren Menschen ist eventuell eine besondere Sensibilität hinsichtlich der Kommunikation notwendig. Achten Sie auf Ihre Sprache, die ein mächtiges Instrument im positiven wie im negativen Sinne sein kann. Oftmals sind Ihre Mitarbeitenden bereits viele Jahre im Unternehmen. Sie haben einen großen Erfahrungsschatz, den sie für Sie bereithalten, wenn sie eingebunden werden. Womöglich hat eine Mitarbeiterin schon sehr lange dazu beigetragen, dass das Unternehmen heute so erfolgreich ist und Ihre heutige Abteilung benötigt.

Trauen Sie sich, Fragen zu stellen und ihre Mitarbeitenden einzubinden. Fragen Sie nach deren Meinung, nach ihrer Einschätzung. Dabei sollten Sie beachten, dass Sie nicht in die Schülerrolle verfallen. Es muss im Dialog klar sein, dass Sie an den Meinungen und dem Input interessiert sind, um die beste Lösung zu finden. Die Entscheidungen treffen dennoch Sie als Führungskraft. Sie tragen die Verantwortung. Sollte ein älterer Mitarbeiter dies nicht erkennen, sprechen Sie es offen an. Grenzen sind wichtig.

Oftmals wirken sehr erfolgreiche Führungskräfte eher wie bescheidene Persönlichkeiten. Sie treten nur dann bestimmend auf, wenn dies notwendig wird, dann aber sehr überzeugend. Sie sind sich ihrer Wirkung, ihrer Handlungen bewusst. Nutzen Sie dies auch für sich selbst. Seien Sie bescheiden, bleiben Sie bescheiden – und achten Sie gleichzeitig darauf, dass Sie das große Ganze steuern und dafür verantwortlich sind. Scheuen Sie nicht den Konflikt – lösen Sie ihn. Seien Sie darauf vorbereitet, dass ältere Teammitglieder hartnäckiger oder auch mal lauter Ihnen gegenüber auftreten als jüngere Mitarbeitende. Hier sind unterschiedliche Erfahrungshorizonte oftmals die Lösungseinleitung.

Das Wichtigste: Bleiben Sie als junge Führungskraft authentisch. Bleiben Sie Sie selbst und lassen Sie sich nicht verbiegen, nur weil Sie glauben, dass andere das von Ihnen erwarten. Auch hier gilt: Generationengespräche und Konfliktsituationen können eingeübt werden. Nutzen Sie die Angebote der Personalentwicklung zur Stärkung Ihrer diesbezüglichen Kompetenzen.

Als Führungskraft sind Sie immer dann erfolgreich, wenn Ihr Team erfolgreich ist. Was Teams benötigen, haben wir bereits besprochen und wollen es noch etwas vertiefen – und dabei den demografischen Hintergrund nicht vergessen.

Altersdurchmischte Teams

Über erfolgreiche Teams wissen wir bereits, dass die Faktoren psychologische Sicherheit, Zuverlässigkeit & Struktur, Übersichtlichkeit, die Bedeutung und die Auswirkungen wichtige Faktoren für ihren Erfolg sind. Übersetzen wir diese Themen in eine Team-Checkliste, sollten darin folgende Punkte berücksichtigt werden, die uns helfen, konstruktiv zusammenzuarbeiten. Eventuell sind die Aspekte gerade für altersdurchmischte Teams noch zielführender.

- **Erfolgreiche Teams haben ein gemeinsames Ziel.** Für unsere Themenstellung heißt das, dass wir ein Ziel-Committment gefunden haben. Wofür steht das Unternehmen, wofür steht die Abteilung? Nehmen wir noch einmal das Beispiel der Mission von Google. Was für eine mächtige Mission, wer möchte nicht daran mitwirken? Was könnte nun die weitere Zielsetzung für Ihr Team sein, wenn Sie zum Beispiel die Personalentwicklung bei Google leiten? Ziel ist die Identifikation mit dem Unternehmensziel und ihrem Beitrag. So könnte eine Ergänzung lauten: »Wir befähigen unsere Mitarbeiterinnen und Mitarbeiter durch die beste Aus- und Weiterbildung, um unsere Mission tagtäglich erfolgreich umzusetzen.« Ein Kommittent wird nicht durch eine einfache Vorgabe erzeugt. Ich empfehle Ihnen, in einem Workshop das Thema mit den Teammitgliedern zu bearbeiten. Wofür stehen wir, wie wollen wir gesehen werden, was ist unser Beitrag, sind zielführende Fragestellungen. Dieses Thema ist ein Prozess, eine einmalige Zusammenkunft reicht hier nicht aus.
- **Erfolgreiche Teams haben emotionale Gemeinsamkeiten.** Was läuft gut, was läuft gerade nicht so gut, was bewegt mich, uns zurzeit? Emotionen sind wichtig. Denken Sie an das einfache Eisberg-Modell. Vieles sehen wir nicht auf Anhieb (der Mensch, das rationale Wesen). Wir wünschen uns oftmals, im beruflichen Kontext rational unterwegs zu sein. Wer aber einen Blick auf die Hirnforschung wirft, wird feststellen, dass viele unserer Handlungen, Entscheidungen nicht so rational sind, wie wir es uns wünschen oder wie wir es glauben. An dieser Stelle empfehle ich die Publikationen von Hans-Georg Häusel.
- **Erfolgreiche Teams haben ein umfangreiches Wissen über den jeweils anderen.** Sie wissen, was ihn zurzeit bewegt, wie es ihm geht. Sie wissen, wie er am liebsten arbeitet, was er benötigt, um bestmöglich seinen Beitrag im Team zu leisten. Sie wissen, was ihn motiviert oder eher demotiviert. Dies gelingt immer dann, wenn wir einen intensiven Austausch und eine offene Kommunikationskultur pflegen, uns gegenseitig wertschätzen und achtsam mit uns selbst und dem anderen umgehen. Die Fragen lauten: Was benötige ich, um bestmögliche Leistungen zeigen zu können? Was benötigst du von mir, was benötige ich von dir? Achten Sie darauf, dass auch ein informeller Austausch stattfinden kann. Der Regel »Wissen über den anderen« folgt der Grundsatz: Beziehung vor Aufgabe. Nur wenn die Beziehung und die Bedürfnisse klar sind, können wir gemeinsam Hochleistungen erzeugen. Falls Sie an dieser Stelle denken mögen, dass es um die Ausbeutung von Ressourcen geht, sage ich ganz klar Nein. Wir suchen unseren Flow, wie wir am besten

zusammenarbeiten, wie wir gemeinsam erfolgreich unterwegs sind, jeder mit seinem Beitrag. Das ist gut fürs Team, aber auch gut für jede einzelne. Wir wollen alle in unserem Tun erfolgreich sein, suchen Anerkennung und Wertschätzung. Somit stimmen unsere Ziele überein und wir haben eine Win-Win-Situation. Erfolg macht Spaß, Erfolg ist wichtig für unser Wohlbefinden. Etwas despektierlich ausgedrückt: Erfolg macht sexy.

- **Erfolgreiche Team haben eine klare Aufgaben- und Rollenverteilung.** Wir können nur dann erfolgreich miteinander agieren, wenn wir wissen, was unsere Aufgabe und unsere Rolle ist. Diese können variieren, müssen aber für die jeweilige Aufgabenstellung geklärt sein. Führungskräfte müssen hier von dem Grundsatz Wollen – Sollen – Können – Dürfen geleitet sein. Der Grundsatz bedarf eines ständigen Dialogs, ist keine Einbahnstraße. Mitarbeitende müssen klar kommunizieren, was es aus ihrer Perspektive bedarf, um ihre Rolle und Aufgabe erfolgreich umzusetzen. Führungskräfte müssen delegieren und die notwendigen Ressourcen zur Verfügung stellen.
- **Erfolgreiche Teams haben ein Auge darauf, dass sie sich gegenseitig unterstützen.** Prinzipiell freuen wir uns mit Menschen, die eine Aufgabe erfolgreich meistern. Neid sei hier einmal ausgeblendet. Wenn wir das Gefühl haben, dass wir uns gegenseitig unterstützen, zu unseren Erfolgen wie zu unseren Fehlern stehen, sind wir gut aufgestellt. Eine gute Fehlerkultur ist hier eine wichtige Größe. Unterstützung bekommen, aber auch Unterstützung geben tut uns gut. Wir haben bereits darüber gesprochen, wie positiv sich zum Beispiel das Ermöglichen gesellschaftlicher Aktivitäten auswirken kann.
- **Erfolgreiche Teams haben den Grundsatz: Als Team wissen wir mehr als jeder Einzelne.** Wenn wir unser Wissen miteinander teilen, sind wir erfolgreich. Es gibt den Spruch: Wissen ist das einzige Gut, welches sich vermehrt, wenn man es teilt. Kommunikation, der Austausch ist wichtig. Wer benötig welche Informationen? Hier ist insbesondere die Führungskraft gefordert. Immer wieder stelle ich fest, dass relevante Informationen nicht weitergegeben wurden beziehungsweise vom Empfänger nicht verarbeitet werden. In Kapitel 6.2.4.1 stelle ich Ihnen das Führungsrad von Malik vor: Der Kern von Führung ist die Übernahme von Verantwortung, das zentrale Werkzeug eine gute Kommunikation.
- **Erfolgreiche Teams haben das Committment, dass sie sich gegenseitig unterstützen und stärken.** Wie schaffen wir ein Wirgefühl? Prüfen Sie also zum Beispiel mittels der Team-Kalibrierung, wo Sie stehen, welche Stellhebel für das Team zurzeit wichtig sind. Hier sei der Teamentwicklungsprozess nach Tuckman mit den fünf Phasen Forming, Storming, Norming, Performing, Adjusting kurz erwähnt. Diese idealtypische Beschreibung der Bildung eines Teams ist kein linearer Prozess. Eventuell sind Schleifen notwendig und müssen bestimmte Phasen noch einmal wiederholt werden.
- **Erfolgreiche Teams haben eine klare Struktur für: Kommunikation – Rollen – Fähigkeiten.** Zu schnell sind wir manchmal der Meinung, dass wir diese in unseren

Teams bereits haben. Prüfen Sie immer wieder, ob alle die gleiche Wahrnehmung dieser drei Bausteine haben. Feedback, Fragen und der Abgleich sind ständige Begleiter.

- **Erfolgreiche Teams haben den Anspruch, dass Konflikte offen angesprochen werden.** Konflikte sind wichtig, erfolgreiche Teams benötigen unterschiedliche Sichtweisen. Konflikte sind also ein Mehrwert, auch wenn es uns schwerfällt, dies zu akzeptieren. Dem einen fällt es leichter, Konflikte anzusprechen, dem anderen eher schwer. Bei bestimmten Teammitgliedern hat man womöglich den Eindruck, dass sie den Konflikt suchen. Regel Nummer Eins: Konflikte lösen sich nicht von selbst. Regel Nummer Zwei: Wenn Sie nichts tun, kann es passieren, dass ein Konflikt nur noch mit großen Aufwänden gelöst werden kann. Friedrich Glasl (2004) beschreibt bei Konflikten drei Eskalationsstufen. Zu Beginn gibt es die Möglichkeit der Win-Win Beziehung. Daran anschließend folgt die Konfliktstufe Win-Lose. Hier ist bereits ein Schaden entstanden. Schlimm, wenn wir die dritte Stufe erreicht haben, in der es nur noch Verlierer gibt – Lose-Lose. Erneut: Konflikte sind wichtig. Wenn sie entstehen, bilden sich Strömungen in den Teams. Also müssen Konflikte immer konstruktiv angegangen und sollten rechtzeitig aufgelöst werden. Scheuen Sie sich nicht, Hilfe einzufordern, zum Beispiel von einem Kollegen aus der Personalentwicklung, der die Rolle des Mediators einnimmt.
- **Erfolgreiche Teams haben Spaß und feiern ihre Teilerfolge.** Achten wir also auf eine positive Grundstimmung. Ich hatte das Glück, als Führungskraft ein Team führen zu dürfen, bei dem zumeist eine gute, freundliche, positive Stimmung vorherrschte. Meine Kollegen sagten oftmals, bei dir in der Abteilung ist immer eine gute Stimmung, es wird viel gelacht und man wird freundlich empfangen. Dies klappt nur, wenn Sie emotionale Bindungen schaffen.
- **Teammitglieder müssen ihre eigenen Grenzen akzeptieren.** Hier ist von der Führungskraft konsequentes Handeln gefordert. Als Führungskraft ist es Ihre Aufgabe, Menschen zu entwickeln, sie zu fördern. Dabei sind Spielregeln wichtig. Machen Sie Ihren Mitarbeitenden klar, worum es Ihnen geht. Akzeptieren Sie aber auch, dass gute Leute Sie eventuell verlassen werden beziehungsweise Sie in der Hierarchie überholen. Fällt Ihnen das schwer, sprechen Sie mit einem Coach darüber und klären Sie Ire Ziele.

Der Megatrend Demografie ist also für Unternehmen wie für die Personalentwicklung kein Randthema. Er beeinflusst unsere Strategien. Personalentwickler sind gefordert, Lernmethoden und Lernangebote auf die jeweiligen Zielgruppen hin zu prüfen. Insgesamt stelle ich fest, dass das Thema lebenslanges Lernen bei den Mitarbeitenden und Führungskräften in der Wirtschaft einen hohen Stellenwert einnimmt. Obwohl sich bereits ein Generationenwechsel vollzogen hat, sind viele Angebote weiterhin berufsfeldbezogen. Bei der Konzeption sollte die Zielgruppe stärker berücksichtigt werden.

4.4 Die Globalisierung

Als die akademie4u GmbH im Jahre 2017 gegründet wurde, machten wir erste Erfahrungen mit dem Thema »Globalisierung«, da wir ein Firmenlogo benötigten. Wieso Globalisierung, mögen Sie sich jetzt fragen, das ist doch eine typische Aufgabe für Werbeagenturen, Webdesignerinnen und Marketingfachleute. Ja, aber wir haben damals keinen dieser Menschen jemals persönlich kennengelernt.

Abb. 19: Firmenlogos der akademie4u GmbH

Wir fanden online ein Unternehmen mit Sitz in Australien, das solche Designaufträge weltweit ausschreibt inklusive einer guten Anleitung für Erst-User, einer hohen Entwicklungsgeschwindigkeit und vergleichsweise niedrigen Preisen. In unseren Rahmenbedingungen legten wir unter anderem Folgendes fest: Wir möchten eine Verbindung zum Thema Akademie und zum videobasierten Training in unserem Logo wiederfinden. So entstand der Playbutton. Abends stellten wir unsere Ziele und Wünsche ein. Bereits am nächsten Morgen erhielten wir erste Vorschläge und wir waren verwundert über die Geschwindigkeit, die Vielfalt und die gute Qualität. Bereits vor der Coronapandemie war uns klar, dass das Online-Lernen einen höheren Stellenwert einnehmen wird. Dass der Coronaturbo das Thema so beschleunigt, hatten wir nicht auf dem Schirm.

Für unser Start-up war das ein tolles Angebot. Innerhalb kurzer Zeit standen Logo, Visitenkarten und Briefbögen zur Verfügung. Unser kleines Beispiel macht deutlich, dass wir heute im internationalen Wettbewerb stehen. Bei unserer Ausschreibung zum Logo bewarben sich deutsche Designer in Konkurrenz zu Designern aus der ganzen Welt. Teilweise ist dieser Wettbewerb nicht ad hoc sichtbar. Wir müssen unsere Mitarbeitenden und Führungskräfte sensibilisieren, dass wir zumeist in einem internationalen Wettbewerb stehen.

Ja, die Welt ist in gewisser Weise und primär aufgrund von Internet und Social Media zu einem Dorf geworden. Durch den technischen Fortschritt ist die Menschheit in vielen Belangen tatsächlich näher zusammengerückt. Globalisierung heißt aber auch steigender Wettbewerb und höherer Kostendruck aufgrund günstigerer oder besserer Produktionsstandorte. Und Globalisierung bedeutet eine Bereicherung durch das Zusammentreffen verschiedener Kulturen, schnellere effizientere Entwicklungszyklen, mehr Know-how-Transfer, mehr Vielfalt, mehr Auswahlmöglichkeiten.

Die Chancen und Risiken der Globalisierung haben Einfluss auch auf die Aufgabenstellungen der Personalentwicklung (DGFP-Studie Megatrends 2015, S. 10). Das unternehmerische Denken muss gestärkt werden – es geht um das Bewusstmachen des Andersseins. Welches Wirtschafts-, Rechts- und politische System finden wir in den Ländern vor, in denen Kolleginnen und Kollegen desselben Unternehmens tätig sind oder sein werden? Welche Religion, Bildung und Sprache wird gelebt? Welche Werte und Normen liegen zugrunde? Wie sind die Einstellungen zu den Themen Arbeit, Zeit, Status und Individualität? Was motiviert die Menschen, welches Committment benötigen sie? Eine erste gute Orientierung geben uns geografische Kulturcluster wie beispielsweise Hofstedes Wertedimensionen: Machtdistanz, Unsicherheitsvermeidung, Individualität, Gender und Langzeit-/Kurzzeitorientierung (Rosenstiel, Regent, Domsch (Hrsg.), 2020, S. 585 ff.).

Bereits in Kapitel 4.3, der demografische Wandel, stellten wir fest, dass Menschen aus unterschiedlichen Kulturen vermehrt aufeinandertreffen, dass Führungskräfte vermehrt mit virtuellen Teams arbeiten, dass wir flexiblere Belegschaftsstrukturen vorfinden und dass die Themen Diversity, internationale Rekrutierung, interkulturelle Trainings sowie das Thema Expatriate Management zunehmen. Dies zeigt einmal mehr, wie unterschiedliche Themenfelder die Personalentwicklung beeinflussen. Je nach Unternehmensaufstellung, je nach Branche variiert die Intensität des Einflusses. Kernaufgabe der Personalentwicklung ist es, die Entwicklungen im Unternehmenskontext zu identifizieren und entsprechende Angebote abzuleiten. Der Coronaeffekt verändert nicht die dargestellten Aufgaben. Unternehmen werden sicherlich prüfen, inwiefern eine globale Abhängigkeit in den Prozessketten weiterhin zielführend ist. Lagerhaltungen, lokale Zulieferungen werden die Unternehmen in naher Zukunft neu bewerten und in ihren Strategien berücksichtigen. Die Produktionsprozesssicherheit ist gegen Kostenvorteile abzuwägen, systemrelevante Produkte werden neu bewertet. Für die Personalentwicklung bleibt die Aufgabenstellung bestehen. Sie muss allerdings ebenso flexibel auf die neuen Bedingungen reagieren wie alle anderen Beteiligten und die passenden Angebote für neue Kontexte haben.

5 Digital unterstütztes Lernen

Ein Professor berichtete auf einem Symposium in Köln zum Thema Gesundheitsmanagement, dass sich der Notendurchschnitt seiner Vorlesung im letzten Semester verbessert habe, ohne dass er an seiner Vorlesung, den Unterlagen oder dem Schwierigkeitsgrad der Klausur etwas verändert habe. Er wurde neugierig und befragte seine Studierenden. Sie erklärten ihm, dass sie zusätzlich zur Vorlesung sein Skript als Hörbuch besprochen hätten. Somit wurde die Nachhaltigkeit des Lernstoffes durch die Möglichkeit des wiederholten Hörens erhöht. Wahrscheinlich war dies ursächlich für die besseren Noten.

Die Erkenntnis: Zusätzliche Lernmethoden können den Lernerfolg erhöhen. Die Personalentwicklung muss an diesem Punkt prüfen, ob eine weitere Investition in den zusätzlichen Lernerfolg den Nutzen der zusätzlichen Erstellungskosten übersteigt (Abb. 20).

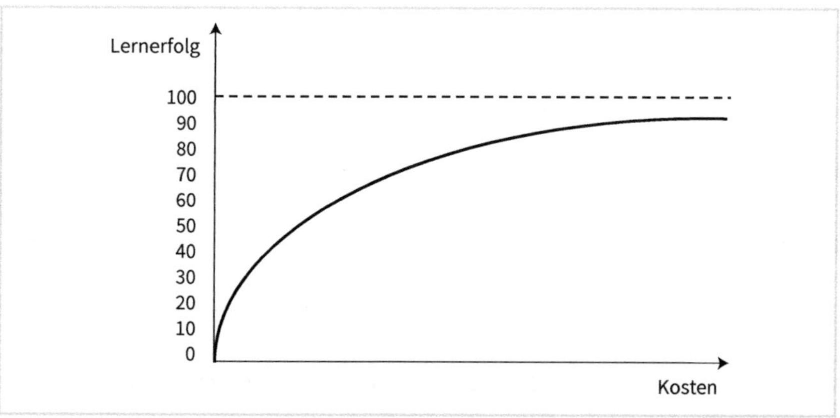

Abb. 20: Abnehmender Grenznutzen – Mitteleinsatz zu Lernerfolg

Schritt 1: Lernmanagement-System (LMS) – das richtige Tool wählen

Wie funktioniert nun digital unterstütztes Lernen? Zunächst einmal benötigt man eine Lernplattform, auf der man den Lernenden die Inhalte (Content) zur Verfügung stellt. Als ein Standard sei exemplarisch ILIAS genannt. ILIAS ist eine Open-Source-Anwendung, die in der Wirtschaft, der Verwaltung und an Schulen/Hochschulen als Lernplattform eingesetzt wird und alle Standardfunktionalitäten eines professionellen Lernmanagement-Systems anbietet. Schenken Sie dem Thema Lernmanagement (LMS) sowie der Auswahl des geeigneten Tools Ihre höchste Aufmerksamkeit. Über das LMS werden Sie bestenfalls das gesamte Bildungsmanagement des Unternehmens steuern können.

Dafür ist eine ausführliche Analyse erforderlich. Ich empfehle meinen Kunden stets, mit dem Anbieter eines LMS einen Workshop durchzuführen, in dem die konkreten Anforderungen erarbeitet werden. Es müssen alle Prozesse der Personalentwicklung abgebildet werden, es gilt alle beteiligten Personen zu identifizieren und ihre Rollen (Trainerin, Teilnehmer, Führungskraft etc.) festzulegen. Wer darf sich zu einem Seminar anmelden, wer wird darüber informiert und wie lange wird die Teilnahme am Seminar dokumentiert? Sie müssen von der Darstellung der Schulungsangebote über die Einladung, die Abrechnungen, die Feedbacks bis hin zu statistischen Auswertungen alles einmal berücksichtigen, um einen guten Anforderungskatalog an das LMS zu erstellen. Selbst wenn Ihr Lernmanagementsystem extern gehostet wird, werden Sie viele Schnittstellen zur IT Ihres Unternehmens haben. Ohne die Kollegen der IT geht hier wenig. Um der Annahme, »mal eben schnell ein Lernmanagementsystem einzukaufen«, etwas entgegenzuwirken, möchte ich die Headlines eines Workshops zur Ermittlung des Bedarfes anführen. Suchen Sie sich Ihren Anbieter mit Bedacht aus. Sie werden langfristig zusammenarbeiten.

1. Projektsteuerung (Rollen, Budget, Entscheidungswege incl. Eskalationsstufen)
2. Projektplan und Projektgenehmigung
3. Technische Infrastruktur (intern, extern: Was ist vorhanden, muss übernommen oder weiterhin genutzt werden?
4. Einbindung von Mitbestimmung und weiteren Stakeholdern (Betriebsrat, Datenschutz, Rechtsabteilung, Zielgruppen)
5. Benutzer und Unternehmensstruktur (Zielgruppen, besondere Strukturen im Unternehmen)
6. Schnittstellen (Welche Schnittstellen zu anderen IT-Systemen haben wir, werden wir haben?)
7. Design (Welche Vorgaben gibt es von der Unternehmensseite)
8. Bildungsmanagement (Was wird bisher wie angeboten?)
9. Gesetzliche Vorgaben (Gibt es zum Beispiel Qualifikationen, die nachgewiesen werden müssen oder gibt es von Seiten des Gesetzgebers Weiterbildungsverpflichtungen, zum Beispiel Anzahl Weiterbildungsstunden pro Jahr?)
10. Prozesse (Welche Abläufe sind bisher vorhanden – Beispiel: Buchung eines Trainings für eine ganze Gruppe?)
11. Kosten (Wie werden Kosten erfasst, Rechnung gestellt oder beglichen, Thema Buchhaltung)?
12. Analysen (Welche Auswertungen sollen möglich sein, welche müssen möglich sein, welche dürfen nicht möglich sein.)
13. Schulungen (LMS ist kein Selbstläufer. Wer benötigt welche Schulungen, damit das LMS auch genutzt wird?)

Bedenken Sie bitte immer dabei, dass Sie den Ist- und den Soll-Zustand erheben. Der PE-Check° (s. Kapitel 7 und 8) liefert viele dieser notwendigen Informationen. Durch eine Kombination aus Unternehmensbefragung, Mitarbeiterbefragung und dem Hinzuziehen der Unternehmenskennzahlen entsteht eine Informationsmatrix über den aktuellen Ist-Zustand der Personalentwicklung.

Schritt 2: Lerninhalte definieren und zur Verfügung stellen

Ist die Lernplattform gewählt und installiert, folgt die Erstellung beziehungsweise das Anbieten der Lerninhalte. Eine reine Transformation von Inhalten (Bücher, Präsentationen, Dokumentationen) in die digitale Welt wird nicht ausreichen. Ich bin jedoch der Überzeugung, dass wir auch dem Wunsch nach Literatur zum Selbststudium Aufmerksamkeit schenken sollten. Die nachfolgende Aufzählung gibt einen aktuellen Stand der verschiedenen digitalen Möglichkeiten (Studie des Bildungsministeriums: »Digitale Medien in Betrieben«, 2016). Je nach Zielgruppe muss die jeweils geeignete Maßnahme identifiziert werden (Kapitel 3.3). Beziehen Sie bei der Auswahl auch die Mitarbeitenden ein, mit welchen Formaten diese gerne arbeiten möchten. Womöglich macht auch ein Workshop mit einigen Mitarbeitenden Sinn, um Vor- und Nachteile der Optionen zu besprechen und vor allem die künftigen Nutzenden der Plattform und des Contents rechtzeitig einzubeziehen.

- Informationsangebote im Internet, z. B. Handbücher, Filme, Hörbücher,
- Augmented Reality,
- Simulationen,
- Lernprogramme, WBT (Web Based Training) oder CBT (Computer Based Training),
- fachspezifische Software,
- Software zur Prüfung von Lernerfolgen,
- Lernplattformen,
- Videos,
- virtuelle Klassenzimmer,
- Serious Games, Lernspiele,
- MOOCs (Massive Open Online Courses),
- Videokonferenzen (Zoom, WebEx, Teams, Skype),
- Simulationen/virtuelle Welten, 360°,
- Wikis, Blogs, Onlineforen, Podcasts.

Auf dem Personalmanager-Kongress des BPM 2017 erläuterte Prof. Richard B. Freedman zum Thema »Digitalisierung« einleitend, dass seine Studenten sich sicherlich wünschen würden, dass seine Vorlesungen als Videos aufgezeichnet würden. So hätten seine Studierenden die Möglichkeit, seine Vorlesung zu wiederholen, ihnen bekannte Passagen vorzuspulen, das Video anzuhalten, um bestimmte Themen weitergehend zu erarbeiten. Auch wenn diese Lernform immer noch relativ statisch ist – Frontalunterricht nur als Video –, ist es ein Weg hin zum digitalen Lernen. Viele Hochschulen experimentieren bereits intensiv mit diesem zusätzlichen Angebot zur klassischen Vorlesung. Aufgrund der Notwendigkeit, Abstand zu halten, beobachten wir kurzfristig einen Zeitsprung beim digitalen Lernen. Virtuelle Vorlesungen sind plötzlich Standard. Es bleibt abzuwarten, inwieweit man auch weiterhin diese Form der Vorlesungen nutzen wird. Aktuell halte ich eine Vorlesung, die in Präsenz stattfindet. Zusätzlich nutze ich ein Videotool, um Studierenden, die nicht vor Ort sein können, die Möglichkeit zu geben, online an der Vorlesung teilzunehmen. Valide Ergebnisse kann ich nicht benennen, stelle jedoch fest, dass es den Menschen sehr wichtig ist, dass Seminare wieder vor Ort angeboten werden.

Wenn wir uns einmal die Entwicklung des Lernens ansehen, so kommen wir, ganz rudimentär gesehen, in unserer Entwicklungsgeschichte von den Erzählungen über Buch und Bild hin zum Video und zu bereits lauffähigen virtuellen Welten. Durch den technischen Fortschritt haben wir heute in unseren Mobiltelefonen hochwertige Foto- und Videokameras, die noch vor wenigen Jahren ganze Koffer füllten. Wir können heute mit unseren Mobiltelefonen kleine Lernvideos erstellen, wobei zumeist Licht und Ton zusätzlicher Geräte bedürfen.

Es wird nicht ausreichen, den bisherigen Lernstoff in die neuen Medien zu transferieren. Wir müssen beachten, was wir über effizientes Lernen wissen. Gemeint ist dabei auch der Aufmerksamkeitsgrad: Wie lange folgt ein Nutzer einem Video, bevor er abschaltet? Welche Inhalte bleiben haften? Aus den Neurowissenschaften wissen wir heute, dass Lernen immer dann am besten gelingt, wenn das Thema für den Lernenden bedeutsam ist. Es sollte unter die Haut gehen, den Lernenden emotional berühren. Oftmals erreichen Trainer dies durch sogenanntes Storytelling – einer Methode, mit der Geschichten erzählt statt Fakten transportiert werden und explizites sowie primär implizites Wissen in Form von Metaphern, Symbolen, Leitmotiven, Symbolen, Metaphern und anderen rhetorischen Formen vermittelt wird. Ein sehr anschauliches, schönes Beispiel fürs Storytelling ist das Pinguin-Prinzip von Eckart von Hirschhausen. Dabei geht es um die Themen Stärken und Schwächen und den Hinweis, wie vorschnell wir uns ein Bild von »jemanden« machen und dabei seine Talente übersehen. In seinem Beispiel sieht er einen Pinguin zuerst auf dem Land laufen (langsam, unbeholfen), er macht sich über den kleinen Kerl lustig. Erst als der Pinguin ins Wasser springt (sein Element) sieht er dessen Talente. Die Botschaft: Finde dein Element und hüte dich vor vorschnellen Einschätzungen.

Emotionales, videobasiertes Lernen

An dieser Stelle möchte ich eine Empfehlung aus eigener Erfahrung geben, wie das Erstellen von Lernvideos – ich nenne es emotional basiertes Videolernen – gut funktioniert.

1. Allgemeine Einleitung (Worum geht es?),
2. Lernziele der Lernsequenz,
3. emotionale Momente – Einspielen eines Videos, Bildes oder einer Geschichte, die die emotionale Seite der Adressaten weckt (Anker),
4. fachlicher Vortrag mit Bildern, Texten und Ton,
5. Wiederholung des Contents durch ein Interview, in dem dem Referenten noch einmal Fragen gestellt und die Lernziele aufgearbeitet werden.

Was sind die Vorteile für Unternehmen? Welche Vorteile haben Nutzende durch emotionales, videobasiertes Lernen?

Emotionales, videobasiertes Lernen	
Vorteile für Unternehmen	**Vorteile für Nutzende**
• Kostenvorteile (Reisezeiten, Trainereinsatz, deutliche Reduktion der Seminar- und Verdienstausfallzeiten) • Beliebige Nutzeranzahl – Top-Referenten für alle • zu jeder Zeit an jedem Ort auf jedem Gerät verfügbar • schnelle Umsetzung • hohe Akzeptanz durch die Nutzenden • hohe Nachhaltigkeit beim Lernen • von Microlearning bis hin zu ganzen Lerneinheiten • hohe Qualitätsstandards • Entlastung der eigenen Ressourcen • neueste Lernmethoden am Puls der Zeit	• effiziente Weiterbildung mit Spaß und hoher Nachhaltigkeit • aktuelle Themen mit Top-Referenten • Lernen zu jeder Zeit an jedem Ort – mit PC, Laptop, Tablet oder Handy • selbstbestimmtes Lerntempo • Spaß und Emotionen, als Erfolgsfaktoren für effizientes Lernen • keine Reisezeiten, Konzentration auf das Wesentliche • praxisorientiert, durch Video im Vorfeld wird vermittelt, was im Präsenztraining folgt • Lernvideos erfüllen meist die gesetzliche Vorgaben zur (persönlichen) Weiterbildung • didaktischer Aufbau mit hoher Qualität

Tab. 17: Vorteile des emotionalen, videobasierten Lernens

Im Kontext der Digitalisierung werden immer neue Methoden zum Wissenserwerb erworben und das Innovationstempo nimmt zu. KI wird es ermöglichen, auf die Lernenden zugeschnittene Programme zu entwickeln, die sich individuell anpassen, je nach Lernstand und Lernpräferenzen der Lernenden. Glaubt man der BPM-Studie » Anforderungen der digitalen Arbeitswelt« (2018), so sind die Potenziale digitaler Lernmedien in der Berufsaus- und Weiterbildung noch lange nicht ausgeschöpft.

Für Trainerinnen und Trainer der Unternehmen bedeuten diese Veränderungen ein teilweise neues Berufsbild. Wir müssen sie daher befähigen, neue Lernformate zu erstellen und ihnen den unternehmerischen Gedanken dahinter verdeutlichen. Besonders geeignet sind sogenannte Lernnuggets. So können Sie Ihre Trainer und Trainerinnen schnell an das Thema videobasiertes Lernen heranführen und ihnen schnelle Lernerfolge ermöglichen. Die Aufwände sind überschaubar.

Ich habe bereits darauf hingewiesen, dass der Wissenstransfer zum Zeitpunkt des Bedarfs erfolgen muss – das Internet ist dafür bestens geeignet, da die Inhalte 24/7 zur Verfügung stehen. Kleine sogenannte Lernnuggets nehmen in den Angeboten der Bildungsabteilungen zu. Dies hat mit der Veränderung der Halbwertzeit von Wissen zu tun. Während wir früher eine Ausbildung absolvierten und anschließend ins Berufsleben wechselten, sehen die heutigen Erwerbsbiografien anders aus. Die Aufgabenfelder verändern sich schneller und Erwerbsphasen werden vermehrt durch Lernphasen unterbrochen oder von diesen begleitet. Das Arbeiten erfolgt zunehmend in Projekten, in Einheiten auf Zeit. Einfache wiederkehrende Sachbearbeitung wird mehr und mehr durch die Technologie abgelöst. Das heißt für die Arbeitnehmenden, durch kontinuierliches Lernen die Entwicklungen der Arbeitsanforderungen bestenfalls zu antizipieren.

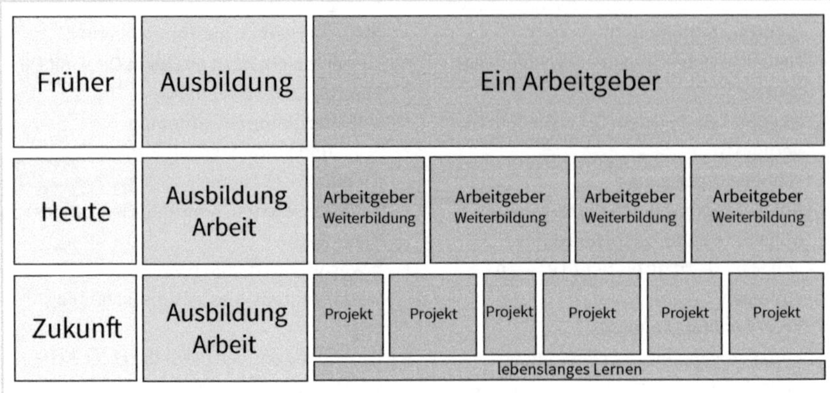

Abb. 21: Aus- und Weiterbildungszyklen in den Arbeitswelten alt und neu

Kosten senken und individuelles Lernen fördern

Wird die Digitalisierung auch Kosten einsparen? Wenn keine zusätzlichen Aufgabenstellungen hinzukommen, werden die Bildungsausgaben durch den Einsatz von Technik langfristig gesenkt. Reisekosten entfallen, Seminarzeiten werden abnehmen, Ausfallzeiten der Teilnehmer werden reduziert. Da der Stellenwert und die Notwendigkeit der Aus- und Weiterbildung aber stetig zunehmen, verlagern sich die Kosten von Präsenzkosten hin zu den digitalen Kosten. Statt Tagesseminaren wird es kleinere Lerneinheiten geben. Vom sogenannten Gießkannenprinzip – dasselbe Training für alle – werden wir uns mehr an den individuellen Bedarfen orientieren. Das Lernen im Team wird zunehmen. Insgesamt wird die Bildungslandschaft bunter, effizienter, herausfordernder und individualisiert verlaufen.

Bisher ist virtuelles Lernen branchenübergreifend oftmals an der Bereitschaft der internen Trainer und der Bereitschaft der Lernenden gescheitert. Die Akzeptanz des virtuellen Lernens war in vielen Bereichen des gesellschaftlichen und wirtschaftlichen Lebens zumeist gering ausgeprägt. Mit dem Ausbruch des Corona-Virus hat sich diese Einstellung verändert. Schulen mussten schließen, Seminare und Prüfungen wurden abgesagt. Lehrerinnen mussten kurzfristig mit den vorhandenen Mitteln zusehen, wie sie ihre Schüler mit Lernstoff versorgen und ihren Unterricht zumindest minimal auf digitalen Kanälen fortführen konnten. Unternehmen stellten fest, was alles online vermittelt werden kann, wenn der Weg des Präsenzlernens abgeschnitten ist. All diese Erfahrungen werden das digital unterstützte Lernen beschleunigen – auch wenn nicht in allen Bereichen und für alle Zielgruppen (Schüler, Studierende, Mitarbeitende, Auszubildende) derselbe Weg der richtige ist. In der Personalentwicklung ist genau das – die richtigen Wege zu erkennen und zu fördern – eine der großen, kreativen Herausforderungen unserer Zeit.

6 Lernkultur und Führungskräfte-Entwicklung

Womöglich liest es sich ein bisschen befremdlich, dass die Themen »Lernkultur« und »Führungskräfte-Entwicklung« in einem Kapitel vereint sind. Ich bin der Meinung, dass Führungskräfte der größte Hebel hinsichtlich einer positiven, zielführenden Lernkultur sind und daher beides nicht voneinander zu trennen ist. Beginnen möchte ich mit der Lernkultur, da diese die Grundlage bildet.

Wenn Sie die Personalentwicklung in einem Unternehmen verantworten, ist es nicht Ihr primäres Ziel, ein tolles Seminar anzubieten. Das oberste Ziel ist, die Lernkultur im Unternehmen zu fördern. Die Lernkultur schließt alle Menschen des Unternehmens ein. Werden die notwendigen Mittel von der Geschäftsleitung zur Verfügung gestellt, fördern Führungskräfte die Bemühungen, dass jemand lernt und sehen sie die Notwendigkeit? Ist lebenslanges Lernen selbstverständlich und wissen ALLE die Angebote auch wertzuschätzen? Wie viel Seminarplätze waren bei Ihrem letzten Seminar nicht besetzt beziehungsweise wurden kurzfristig abgesagt? Dies ist eine erste kleine Auswahl an Fragen zur Lernkultur, die wir nun näher beleuchten.

6.1 Die Lernkultur im Unternehmen

Wer die Personalentwicklung auf simple Schulungsmaßnahmen reduziert, beraubt das Unternehmen vieler großartiger Chancen und Perspektiven. Personalentwicklung ist eine Dienstleistung im Unternehmen. Ihre Teilnehmenden sind ihre Kunden, die Unternehmensleitung ihr Auftraggeber. Daher ist es Aufgabe und muss Mission der PE sein, strategisch ausgerichtete, individuelle und konkret an den jeweiligen Umständen ausgerichtete Angebote für die Mitarbeitenden zu entwickeln, um den persönlichen Erfolg und damit den Erfolg des Unternehmens dauerhaft zu unterstützen.

Spaß und Wertschätzung sind gute Begleiter

Lernen darf Spaß machen. Lerninhalte dürfen mit Humor vermittelt werden. Lernen darf auch in einer tollen Umgebung stattfinden. Aber nicht immer ist das 5 Sterne Hotel der richtige Ort oder ist eine ganztägige Frontbeschallung am Computer erfolgversprechend. Aus der Forschung wissen wir, dass Bewegung die Kreativität steigert. So kann bei einem Spaziergang ebenfalls Wissen vermittelt oder einfach eine nötige Pause gemacht werden. Auch bei einer Onlineveranstaltung sind gemeinsame Dehnübungen zwar ungewöhnlich, aber können zu einer inspirierenden Aktion werden. Prüfen Sie daher ausführlich, bei welcher Zielgruppe und welchem Thema welche Lernformate geeignet sind. Und haben Sie Mut, Neues zu wagen. Wenn die Motivation und das Vorgehen allen klar ist und alle sich von der Sache her ernst genommen fühlen, dann kann auch eine ungewöhnliche Methode viel erreichen. In Kapitel 3.3, PE und ihre Aufgaben, habe ich Ihnen eine Checkliste (Planung einer PE-Maßnahme) und ein Praxisbeispiel benannt. Nutzen Sie solche Standardisierungen.

Wird das Lernen an sich von Mitarbeitenden und Führungskräften wertgeschätzt, wird dadurch ein Bewusstsein für lebenslanges Lernen geschaffen. Wird Transparenz gelebt, haben Sie die Weichen für eine erfolgreiche Personalentwicklung und eine zukunftsorientierte Lernkultur geschaffen.

Unter Lernen verstehe ich hier den Erwerb von Fertigkeiten und Fähigkeiten. Es geht darum, uns Wissen anzueignen, welches uns befähigt, unsere Aufgaben, unseren Job besser, erfolgreicher umzusetzen. Dies können kleine Lerneinheiten sein ebenso wie ganze Ausbildungsgänge.

Setzen Sie dabei auf die Motivation Ihrer Kolleginnen und Kollegen beziehungsweise aktivieren Sie sie. Mitarbeitende haben sehr häufig bereits verstanden, dass kontinuierliche Weiterbildung wichtig ist. Die bereits genannte Studie der Vodafone Stiftung in Zusammenarbeit mit dem Bundesamt für berufliche Bildung BIPP zeigt auf, dass Mitarbeitende unabhängig vom Alter darum wissen und auch dazu bereit sind, sich kontinuierlich fortzubilden, da sie nur so in der Arbeitswelt langfristig bestehen können. Lebenslanges Lernen ist also ein wichtiger Erfolgsgarant, für jeden einzelnen Mitarbeitenden und für jede Führungskraft.

Ich finde Lernen in meinem Beruf wichtig, weil ich mich für zukünftige Aufgaben qualifizieren möchte.	
Alterscluster	**Prozentuale Zustimmung**
unter 21 Jahre	81 %
21–35 Jahre	90 %
36–50 Jahre	81 %
51–60 Jahre	74 %
über 60 Jahre	73 %

Tab. 18: Mitarbeitende haben verstanden – Lernen für zukünftige Aufgabenstellungen

Mit das Wichtigste für eine bestandsfeste Lernkultur im Unternehmen ist gelebte Wertschätzung. Und auch hier wiederhole ich mich gerne: Menschen, die sich bemühen, etwas Neues zu lernen, benötigen die aufrichtige Anerkennung und Bestätigung ihres Umfeldes. Es tut gut, wenn wir für unsere Anstrengungen gelobt werden. Und das ist gerade in Deutschland ein berechtigter Kritikpunkt: Wir loben einfach viel zu wenig. Wir geben viel zu selten positives Feedback, obwohl es so wichtig für uns und unser Umfeld ist.

Reflexion

Wann haben Sie das letzte Mal ein Lob ausgesprochen? Wie hat es sich angefühlt und wie war die Reaktion darauf? Falls es lange her ist, gehen Sie in sich, weshalb Sie damit so sparsam waren.

Wenn wir loben oder Lob empfangen, schüttet unser Körper positive Botenstoffe aus. Es fühlt sich gut an. Die Kraft der Botschaft, die Motivationswirkung, das Herstellen von Verbindlichkeit und Anerkennung nutzen wir viel zu selten. Dabei schließt ein wertschätzendes Miteinander auch Kritik nicht aus. Es geht schlicht um den Ton, der die Musik macht. Wenn ich respektvoll kritisiere, ist mein Gegenüber deutlich empfänglicher und bereit zu reflektieren.

Ich genieße es, wenn mich andere als qualifiziert wahrnehmen.	
Alterscluster	**Prozentuale Zustimmung**
unter 21 Jahre	77 %
21–35 Jahre	83 %
36–50 Jahre	75 %
51–60 Jahre	67 %
über 60 Jahre	65 %

Tab. 19: Wahrnehmung der Qualifizierung

Ich mag es, dass ich Lob und Anerkennung bekomme, wenn ich bei der Arbeit etwas gelernt habe.	
Alterscluster	**Prozentuale Zustimmung**
unter 21 Jahre	84 %
21–35 Jahre	71 %
36–50 Jahre	62 %
51–60 Jahre	55 %
über 60 Jahre	51 %

Tab. 20: Lob und Anerkennung beim Lernen

Beim Thema »Wertschätzung der Lernbemühungen« sind insbesondere die Unternehmensleitung und die Führungskräfte gefordert. So muss die Unternehmensleitung den Stellenwert und die Chancen des Lernens und der Weiterbildung für die Mitarbeitenden, im Idealfall für jede und jeden Einzelnen, nachvollziehbar verdeutlichen. Führungskräfte, die immer noch meinen, Lernzeit sei keine Arbeitszeit, sollten ihre Einstellung umgehend überdenken. Es geht darum, Vorbild zu sein, Leistungen und Lernerfolge anzuerkennen und zu fördern und Erfolge zu feiern. Ebenso sind klare Spielregeln in den Karrierestufen wichtige Faktoren für eine gute Lernkultur.

Führungskräfte müssen den Lernprozess aktiv begleiten. Dies fängt bereits mit der Auswahl der Aus- oder Weiterbildung an (welche Maßnahme ist jetzt für den Mitarbeiter geeignet?) und mündet im Ermöglichen der Umsetzung des Erlernten in der Praxis. Der Transfer, das Anwenden und das Erproben müssen gefordert und gefördert werden. Um Lernverluste zu vermeiden, dürfen keine Pausen zwischen Lernen und der praktischen Anwendung entstehen.

Viele Unternehmen adressieren bereits heute das Thema »Weiterbildung« in ihrem Unternehmensleitbild. Sie zeigen, dass lebenslanges Lernen in ihrer Unternehmenskultur tief verankert ist. Doch das darf kein Lippenbekenntnis sein, es muss gelebt werden.

Aufbau einer nachhaltigen Lernkultur

Meine Empfehlung für den Aufbau einer nachhaltigen Lernkultur ist eine substanzielle Bestandsaufnahme, wo Sie heute mit Ihrer Personalentwicklung stehen. Abbildung 6 hilft Ihnen dabei, die Einflussfaktoren zu berücksichtigen. Der PE-Check° in Kapitel 7 schafft umfassende Klarheit. Sofern Sie für Ihre Personalentwicklung noch kein Selbstverständnis bestimmt haben, sollten Sie dieses mit den gewonnenen Informationen gemeinsam mit Ihrem Team erarbeiten und abschließend mit der Unternehmensleitung abstimmen.

- Wie soll Ihre Personalentwicklung gesehen werden?
- Was bedeutet dies für die Mitarbeitenden der Personalentwicklung?
- Was können Ihre Kunden/die Teilnehmenden von Ihnen erwarten?

Als Praxisbeispiel hier ein Muster, wie Ihr Selbstverständnis aussehen könnte:

Wir als Personalentwicklung (Team) stehen für…

- … Vertrauen, Offenheit und Zuverlässigkeit!
- … Bildungsmaßnahmen auf höchstem Niveau!
- … bedarfs- und zielgruppengerechte Angebote!
- … das Vorleben der Unternehmenswerte!
- … Bildung für Menschen von Menschen!
- … eine kontinuierliche und nachhaltige Karrierebegleitung!
- … eine professionelle Unterstützung im gesamten Entwicklungsprozess!
- … einen vielfältigen Methodenmix bewährter und moderner Lehrmethoden!
- … Begeisterung und aktive Mitgestaltung!
- … verantwortungsvollen und effizienten Einsatz von Ressourcen!
- … zeitnahe und umfassende Informationspolitik!

- … professionelle Seminarorganisation in Verbindung mit dem LMS!
- … zeitgemäße Dienstleistung im Bildungsbereich!

Ich als Trainer/in …

- … pflege einen wertschätzenden Umgang und eine wertschätzende Feedbackkultur!
- … lebe soziale Kompetenz auf Augenhöhe!
- … stehe für Loyalität und Leidenschaft!
- … sorge für ein aktuelles Bildungsangebot – Bedarf und Nachfrage!
- … achte auf einen nachhaltigen Einsatz von Ressourcen (Unternehmerisches Denken)!
- … lebe die Werte des Unternehmens (Vorbildfunktion)!
- … unterstütze den Theorie-, Praxistransfer (Aus der Praxis für die Praxis)!
- … bin Experte in meinem Fachgebiet!
- … gestalte einen offenen Informationsaustausch!
- … bin auch Qualitätsmanager im Unternehmen!
- … stehe für ein tatkräftiges und verantwortungsvolles Handeln!
- … wirke durch die Gestaltung meiner Angebote!
- … lebe den Dienstleistungsgedanken der Personalentwicklung!

Unsere Kunden/Teilnehmenden können erwarten, dass …

- … ein vertrauensvolles Miteinander für uns selbstverständlich ist!
- … sich unser Angebot an ihren Bedürfnissen orientiert!
- … sie zuversichtlich und kompetent ihre Zukunft mit uns planen und gestalten können!
- … sie jederzeit exzellent betreut werden!
- … sie zeitnah und umfassend informiert werden!
- … wir mehr handeln als reden!
- … sie im Mittelpunkt stehen!
- … fachliche Kompetenz vermittelt wird!
- … sie tatkräftig und situationsgerecht unterstützt werden!
- … sie die komplette Serviceleistung der Personalentwicklung nutzen können!
- … sie moderne und zeitgemäße Bildungsmaßnahmen erhalten!
- … sie bei uns in guten Händen sind!

Mit einem gemeinsam abgestimmten Selbstverständnis schaffen Sie Klarheit, wofür Sie als PE stehen und sorgen für ein gemeinsames Commitment in der Abteilung, wie Sie zusammenarbeiten wollen und Ihre Ziele umsetzen. Unterschätzen Sie nicht die Wirkung, aber auch nicht den dahinterstehenden Aufwand. Viele Gespräche, Meetings sind notwendig. Steht Ihr Selbstverständnis allerdings auf einem soliden Fundament, verspreche ich Ihnen, werden die Zusammenarbeit, das gemeinsame Verständnis und die Umsetzung Ihrer Ziele mit Spaß und Leidenschaft erfolgen.

PE-Marketing und -Kommunikation: Tue Gutes und rede darüber
Ihre Angebote, Ihre Trainer, die Coaches und Mentorinnen können noch so gut sein: Eine gute Lernkultur entsteht nur dann, wenn Sie Ihr Produkt »Personalentwicklung« im Unternehmen richtig vermarkten. Information, Kommunikation und Partizipation sind wichtige Wegbegleiter. Sie benötigen eine Marketingstrategie für Ihre Personalentwicklung. In der Einleitung zu meinem Buch heißt es, dass Vorstände vom Wildwuchs der Bildungsangebote gesprochen haben. Hier helfen nur Aufklärung, klare Strukturen und sehr viel Kommunikation. Die Frage lautet: Wie verkaufen wir unser Angebot im Unternehmen, wie informieren wir unsere Zielgruppen über unsere Inhalte? Zur Zielgruppe der Führungskräfte kommen wir im Folgenden. Denken Sie an die Aussage: Die direkte Führungskraft ist der erste Personalentwickler im Unternehmen zur Förderung der Mitarbeitenden.

6.2 Führung

Ein zentraler Bereich der Personalentwicklung ist die Führungskräfte-Entwicklung. Vorweg: Es gibt nicht *den* Führungsstil und nicht *die* Führungspersönlichkeit. Trotzdem müssen Sie sich auf ein Modell einigen, welches in Ihren Trainingsmaßnahmen Anwendung findet. Meine Präferenzen benenne ich beziehungsweise habe ich bereits genannt. Für Sie, liebe Lesende, kann ich nur verschiedene Aspekte zum Thema Führung beleuchten. Sie müssen für sich, für Ihre Personalentwicklung im Schulterschluss mit der Unternehmensleitung festlegen, welches Führungsmodell Sie im Unternehmen postulieren.

Bei den dargestellten Herausforderungen der heutigen Zeit ist das Thema Führung ein entscheidender Erfolgsfaktor für die Personalentwicklung hinsichtlich des Theorie Praxis Transfers sowie des Unternehmenserfolgs im Allgemeinen. Wenn sich Führungskräfte selbst als ersten Personalentwickler verstehen, können sich die Mitarbeitenden bestmöglich entfalten. Wenn Führungskräfte die Weiterbildung ihrer Mitarbeitenden fördern und sie fordern, sind Personalentwicklungsmaßnahmen erfolgreich.

Das Thema Führung selbst ist so alt wie die Geschichte der Menschheit. Effizientes Führungsverhalten inkludiert den jeweiligen Zeitgeist der Gesellschaft. Heute müssen Mitarbeitende anders geführt werden als noch vor wenigen Jahren. Leider kann ich Ihnen kein Patentrezept als Garant für den Führungserfolg beziehungsweise, wenn wir es weiter fassen, für den Unternehmenserfolg nennen. Es zeigen sich aber wiederkehrende positive Muster.

Werfen wir also zunächst einen Blick auf die Führungspersönlichkeit und schauen uns dann an, welcher Führungsstil den heutigen Zeitgeist der digitalen Wissenswelt inkludiert. Anschließend streifen wir noch einmal das Themenfeld Führungskompetenzen, um dann ein paar grundlegende Werkzeuge wirksamer Führung in Erinnerung zu rufen. In Kapitel 8.6.3 stelle ich Ihnen den Führungskräfte-Reminder vor: 52 Impulse mit alltäglichen Führungsthemen, die eine Führungskraft sensibilisieren, den persönlichen Führungserfolg zu festigen.

6.2.1 Die Führungspersönlichkeit

Vergleichen wir verschiedene prominente Führungspersönlichkeiten – egal, wie wir zu ihnen stehen –, stellen wir fest, wie unterschiedlich erfolgreiche Menschen sein können.

- **Politik:** Barack Obama, Angela Merkel, Donald Trump, Margret Thatcher
- **Wirtschaft:** Oprah Winfrey, Steve Jobs, Tim Cook, Susan Wojcicki, Jeff Bezos
- **Glauben**: Papst Franziskus, Mutter Teresa, Dalai Lama

Allen gemeinsam ist: Sie stehen für ihr Thema ein und strahlen dies durch Präsenz und ihre Persönlichkeit aus. Selbst wenn man den genannten Personen nur über die Medien begegnet, spürt man es: Sie umgibt eine Aura des Selbstbewusstseins. Diese Menschen haben eine **klare Vision**, **feste Werte** und **eindeutige Ziele**, welche sie konsequent verfolgen. Ihre Ausstrahlung, ihre Sprache und ihr Handeln sind danach ausgerichtet – sie sind fokussiert.

Aus den Kommunikationstrainings wissen wir: In einem persönlichen Gespräch überzeugen wir unseren Gesprächspartner zu ca. sieben Prozent mit unserem Fachwissen, zu etwa 55 Prozent durch unsere Körpersprache und zu ca. 38 Prozent durch unsere Stimme und Sprache.[1] Wichtig ist also festzustellen, dass wir zwar fachlich fit sein müssen, dies aber in einer überzeugenden Kommunikation nicht den Stellenwert einnimmt, wie wir es vielleicht vermutet hätten. Wie aber schafft man es, schaffen Sie es, durch Ihre Ausstrahlung und Präsenz andere für sich und für Ihre Sache zu gewinnen? Ich durfte bereits viele erfolgreiche Führungskräfte in ihrer Entwicklung als Mentor begleiten und berichte daher auch aus meinem persönlichen Erfahrungsschatz. Hilfreich ist zu Beginn immer eine substanzielle Bestandsaufnahme der eigenen Person. Dazu gehörte die Auseinandersetzung mit den eigenen Zielen und Stärken:

- Wo stehe ich und wohin möchte ich mich entwickeln?
- Habe ich meine Ziele und Wünsche mit meinem privaten Umfeld besprochen?
- Wer bin ich, was zeichnet mich aus und wie sieht mich mein Umfeld?

---

1 Mir ist bewusst, dass die prozentualen Angaben bezüglich der Ausprägung vielfach diskutiert werden. Dennoch möchte ich die Tendenz aufweisen.

- Was sind meine Ziele und Wünsche, was sind meine Motivatoren?
- Was geht mir leicht von der Hand?
- Wobei habe ich das Gefühl, dass die Zeit wie im Flug vergeht?
- Wobei erhalte ich viel Lob und Anerkennung?
- Bei welchen Themen bin ich ein gefragter Ansprechpartner?

Diese Fragen helfen, die eigene Vision, die eigenen Werte und die eigenen Ziele zu festigen. Denn: Stimmt es innen (persönliches Umfeld), stimmt es außen (berufliches Umfeld).

Doch was ist überhaupt Führung? Führung hat mit mindestens zwei Menschen zu tun. Wer Menschen führt, muss Menschen mögen und sich selbst, muss achtsam sein. Führung ist ein kommunikativer Prozess. Führung hat das Ziel der Einflussnahme auf die Mitarbeitenden zum Zweck zielgerichteter Leistungserstellung. Führung ist das Befähigen der Mitarbeitenden, ihre besten Leistungen zu erbringen.

Führung hat nichts mit Wohlfühloasen zu tun. Führung heißt, Entscheidungen zu treffen. Eine Gehaltserhöhung für einen Mitarbeiter durchzusetzen, ist eine schöne Aufgabe. Eine Versetzung oder die Entlassung zu veranlassen, ist eine ganz andere. Gute Führung zeigt sich in stürmischen Zeiten an der Festigkeit von Vision, Werten und Zielen (vgl. Gasche, 2018, S. 80.).

Immer wieder höre ich Führungskräfte sagen: »Ich habe heute den ganzen Tag nur Gespräche mit meinen Mitarbeitenden geführt, meine ganze Arbeit ist liegen geblieben.« Sie ahnen, was ich sagen möchte: Diese Führungskraft hat, ohne es offensichtlich wahrzunehmen, ihren Job gemacht – sie hat Menschen geleitet und begleitet. Allzu häufig treffe ich Führungskräfte, die ihre Hauptaufgabe immer noch darin sehen, operative Tätigkeiten zu erledigen. Nein, ihre erste Aufgabe ist es, Menschen zu führen. Zum Thema »Delegieren und Loslassen« kommen wir gleich.

Sie erinnern sich an die Übung aus Kapitel 2.3 zu Kompetenzen. Sie sollte durchgeführt werden, wenn es um das Thema »Selbstbild und Fremdbild« geht. Wie sehe ich mich, wie möchte ich gesehen werden und wie sieht mich mein Umfeld? Je bewusster eine Führungskraft »Selbstbild und Fremdbild« einzuschätzen weiß, desto authentischer kann sie wirken und andere Menschen für sich und die gemeinsamen Ziele gewinnen.

Ein Ansatz, der sich mit bewussten und unbewussten Persönlichkeits- und Verhaltensmerkmalen auseinandersetzt, ist das Johari-Fenster, entwickelt von den amerikanischen Sozialpsychologen Joseph Luft und Harry Ingh. Auch hier geht es um das Selbst- und das Fremdbild und die eigene Wirkung auf andere.

	Mir selbst bekannt	Mir selbst nicht bekannt
Anderen bekannt	A. Öffentliche Person	B. Blinder Fleck
Anderen nicht bekannt	C. Geheime private Person	D. Unbekannte Aspekte

Abb. 22: Das Johari-Fenster (eigene Darstellung)

Auf der oberen Achse sind »Mir selbst bekannte« und »Mir selbst nicht bekannte« Eigenschaften aufgeführt. Auf der seitlichen Achse finden sich »Anderen bekannte« sowie »Anderen nicht bekannte« Eigenschaften. Hierdurch entstehen folgende Felder:

- **A. Öffentliche Person.** – Persönlichkeitsmerkmale, die nach außen sichtbar und von anderen wahrgenommen werden.
- **B. Blinder Fleck.** – Merkmale, die ich unbewusst sende, der Empfänger aber bewusst empfängt.
- **C. Geheime private Person.** – Was ich weiß und kenne, aber nicht preisgebe.
- **D. Unbekannte Aspekte.** – Beiden Parteien unbewusst.

Je größer das Feld der öffentlichen Person, desto leichter fällt es dem Umfeld, sich auf den Menschen einzustellen. Hierdurch werden zum Beispiel Vorurteile eingegrenzt, man wirkt authentischer und somit überzeugender. Ziel einer Führungskraft sollte es sein, das Feld der öffentlichen Person bewusst zu steuern und zu vergrößern. Dies erreicht man durch Feedback geben und nehmen, durch Preisgeben von Informationen über sich selbst und eine sensibilisierte Wahrnehmung von Reaktionen anderer auf sich selbst. In meinen Workshops gehe ich immer auf die Chancen von konstruktivem Feedback ein und übe mit den Teilnehmenden intensiv, worauf sie beim Feedbackgeben und Feedbacknehmen achten sollten, siehe Feedbackregeln in Kapitel 4.1.3, Agile Kompetenzen.

Den wohl validesten Überblick über die Kompetenzen einer Führungskraft – wo steht sie heute, wie wird sie gesehen? – liefert das 360°-Feedback. Es ist eine Methode zur Einschätzung der Kompetenzen und Leistungen einer Person aus unterschiedlichen Perspektiven. Zumeist werden Vorgesetzte, Kolleginnen, Mitarbeitende und Kunden befragt. Zusätzlich empfehle ich eine Selbsteinschätzung. In der Führungskräfte-Entwicklung habe ich mit dem 360°-Feedback die besten Erfahrungen hinsichtlich der Entwicklung von High Potentials gemacht. Bei der Führungspersönlichkeit geht es um die Stimmigkeit, die Authentizität der Person. Wie wirkt sie? Worauf sollte sie achten? Worauf kann sie vertrauen (da sie ihre Stärken kennt)?

6.2.2 Der Führungsstil

Genauso, wie es nicht die eine Führungspersönlichkeit gibt, gibt es wohl auch nicht den einen Führungsstil. Führungsstile sind wie eine Art Geländer, insbesondere neuen Führungskräften geben sie Halt und Orientierung. Sie sind eher abstrakt und sollen Wegweiser sein.

Ein Führungsstil beschreibt das Führungsverhalten – und das wiederum ist aufgaben- und/oder mitarbeiterbezogen. Je nach Führungsstil ist das Führungsverhalten eher fokussiert auf die Aufgaben und Ziele oder auf die Mitarbeitenden. Aus meiner Sicht ist eine Trennung nicht möglich, da die Aufgabe von einem Mitarbeitenden ausgeführt wird, Mitarbeitende in ihrer Funktion wiederum Aufgaben zu erfüllen haben. Dennoch möchte ich Ihnen ausgewählte Führungsstile vorstellen, die ein Wegbereiter für Ihren Führungsansatz im Unternehmen sein können. Berücksichtigen Sie bitte dabei immer das zugrunde liegende Menschenbild, so wie es in dem Praxisbeispiel in Kapitel 4.1.3 beschrieben wurde.

Transaktionale Führung
Bei der transaktionalen Führung haben die Führungskräfte ziel- und ergebnisorientierte Aufgaben ihren Mitarbeitenden gegenüber zu erfüllen. Die Aufgabe und das Ziel stehen im Vordergrund (vgl. Berthel und Becker, S. 181). Genannt werden:

1. Stimmigkeit der Teamziele mit der Unternehmensvision, den Werten und der Mission,
2. Definition und Vereinbarung klarer Ziele,
3. Klarheit in der Organisationsstruktur,
4. Analyse der Verträglichkeit von Mitarbeitenden und Betriebsziele (Können – Sollen – Dürfen),
5. Analyse und Berücksichtigung der Aufgabenneigung (Reifegrad, Motive),
6. Stärkung der Erfolgserwartung der Mitarbeitenden,
7. Förderung wichtiger Fähigkeiten,
8. Gestaltung einer fördernden Arbeitssituation,
9. Belohnung durch Zielerreichung.

Es findet eine Art von Tauschgeschäft statt, vereinfacht ausgedrückt: Leistung gegen Geld. Im Fokus stehen die Rahmenbedingungen als Basis für alle weitere Führungsaktivitäten.

Transformationale Führung
Bei der transformationalen Führung geht es um die mitarbeiterorientierte Ebene. Der Mensch steht im Mittelpunkt. Hier werden folgende Aspekte fokussiert:

1. Vorbildfunktion und Glaubwürdigkeit,
2. inspirierende Motivation,
3. die Förderung von kreativem und unabhängigem Denken,
4. die individuelle Unterstützung und Förderung.

Steht der Mitarbeitende im Mittelpunkt, müssen wir dessen Motive und Reifegrad kennen und beurteilen. Der Reifegrad, auch Selbstständigkeitsgrad, der Mitarbeitenden bedeutet, die Einschätzung und Entwicklung des Mitarbeitenden nach seinen Fertigkeiten und Fähigkeiten. Um das Zusammenspiel zwischen Reifegrad und Führungshandeln zu verstehen, ist in der Führungskräfte-Ausbildung das situative Führungsmodell von Hersey & Blanchard oftmals fester Bestandteil. Ich lade Sie im Folgenden ein, das situative Führen – oder wie es Dr. Klaus Bischof nennt, das aktive Führen – etwas näher zu studieren.

Aktives Führen

Dr. Klaus Bischof beschreibt in seinem Buch: »Aktives Führen in Versicherungsunternehmen, Agenturen und Maklerunternehmen« (2016) anschaulich und mit praxisnahen Beispielen die Anwendung des situativen Führens. Sehr kurz skizziert: Aktives situatives Führen heißt für ihn, sich ein klares Bild vom Reifegrad oder der Selbstständigkeit des Mitarbeitenden in einer bestimmten Aufgabe zu machen. Gerade bei jüngeren Mitarbeitenden ist die Einschätzung des Leistungspotenzials, der Eigenmotivation und der Selbstständigkeit zentral. Sie können Ihr Führungsverhalten bewusst und situativ auf den einzelnen Mitarbeitenden ausrichten und erreichen damit eine größere Eigenverantwortlichkeit.

Beim aktiven Führen kommt es darauf an, dass Führungskräfte immer wieder bereit dazu sind,

- eigene Einschätzungen und das Führungsverhalten zu hinterfragen und gegebenenfalls neu auszurichten,
- einerseits die Situation bei schwachen Leistungen kritisch und straff zu bereinigen, indem kritische Gespräche ohne langes Zuwarten vorbereitet und mit klaren Abmachungen geführt werden und
- andererseits Verantwortung und Entscheidungskompetenzen an Mitarbeitende abzugeben, also eigene Lieblingsaufgaben loszulassen und überschaubare Risiken bezüglich der Ergebnisqualität einzugehen,
- bei hartnäckigen und schwierigen Mitarbeitersituationen so etwas wie eine »neue Probezeit« zu formulieren und in letztendlicher Konsequenz nach erfolglosen Gesprächen und Vereinbarungen auch Sanktionen auszuüben,
- sowohl falsch verstandenes Gutmenschdenken, aber auch unendliches Misstrauen über Bord zu werfen und
- durch vorbereitete Mitarbeitergespräche und konstruktives Feedback höhere Zufriedenheit zu erreichen.

Wer Menschen führt, muss wissen, ob die betreffende Person die Aufgabe erfüllen kann. Dazu hilft es, die Kompetenzen und die Selbstständigkeit in einer bestimmten Aufgabe einzuschätzen. Hier kommt es allerdings leider zu häufig zu Fehleinschätzungen. Als Beispiel dient der neue Gruppenleiter, der aus der Gruppe heraus befördert wurde. Seine Chefin traut ihm zu, dass er es selber schafft, fachliche Aufgaben an seine Mitarbeitenden abzugeben, sodass er Zeit für seine Führungsaufgaben bekommt. Sie überlässt es ihm in einer kritischen Überlastungssituation, dass er den (ehemaligen) Kolleginnen und Kollegen die nun notwendige Samstagsarbeit vermittelt. Handelt die Chefin hier richtig? Erkennt sie die große Herausforderung für den Gruppenleiter? Sollte sie ihn zunächst in dieser kritischen Situation begleiten?

Bei der Einschätzung der Selbstständigkeit helfen zwei Verhaltensaspekte:

- **Das Aufgabenverhalten** zeigt, ob Mitarbeitende das handwerkliche Rüstzeug haben und die Aufgabe auch erledigen. Die Handlungsfähigkeit – wer, wie, wann, wo, mit wem, bis wann, wie lange – ist vorhanden. Es geht nicht darum, das Potenzial einzuschätzen, sondern das Verhalten in einer aktuellen Situation. Einschätzungsfehler entstehen, wenn Vorgesetzte Beobachtungen und Erlebnisse aus früheren Aufgaben auf eine ganz andere aktuelle Situation übertragen.

Abb. 23: Aktives Führen in Anlehnung an Bischof, 2016 (eigene Darstellung)

- **Das Antriebs- oder emotionale Verhalten** zeigt, ob Mitarbeitende tatsächlich innerlich bereit sind, die Aufgabe anzupacken. Dabei gibt es drei Teilaspekte: die Einsicht, das Wollen und die innere Sicherheit. Diese Teilaspekte sind unabhängig voneinander einzuschätzen. Es ist gut möglich, dass eine Mitarbeiterin in einem Aspekt positiv agiert und in einem anderen negativ. Dann reicht es für die Einschätzung, dass sie in einem Aspekt dieses Verhalten nicht zeigt.

Aus dem Aufgabenverhalten einerseits und dem Antriebs- oder emotionalen Verhalten (Wille, Einsicht, Sicherheit) andererseits leiten sich vier unterschiedliche Selbstständigkeitsgrade ab (Abb. 23), die eine unterschiedliche Gewichtung von Aufgaben- oder Beziehungsfokussen kennzeichnen.

Anweisen (F1) bedeutet eine klare Ansage, und zwar ohne Diskussion. Bei der F1-Führung wird primär im Aufgabenverhalten agiert.

Beispiel: Einer unsicheren Führungskraft (Gruppenleiterin) ohne Erfahrung mit Ankündigung von Samstagsarbeit wird Schritt für Schritt und im Detail erklärt, wie sie vorzugehen hat. Dabei wird sie auch gebeten, zeitnah eine Rückmeldung zu geben, wie es gelaufen ist. Alternativ erklärt die nächsthöhere Führungskraft, wie die Situation anzugehen ist und macht es in dieser Sondersituation der Gruppenleiterin vor.

Überzeugen (F1) heißt, mit hochmotivierten, jedoch in der Sache noch wenig erfahrenen Mitarbeitenden umzugehen.

Beispiel: Der nun hochwilligen und zuversichtlichen Gruppenleiterin wird erläutert, wie sie ihre Mitarbeiterbesprechungen strukturieren soll. Auf Fragen wird eingegangen.

Coachen und beraten (F3) bedeutet, mit einem Könner, aber Verunsicherten, Unwilligen oder Uneinsichtigen umzugehen.

Beispiele: Die Gruppenleiterin wurde von einer Kollegin (die selber Vorgesetzte werden wollte) im Teammeeting angegangen, was denn diese blöde Samstagsarbeit soll. Ein Mitarbeiter jammert, was die Aufgabe wieder an Aufwand bedeutet. Oder Mitarbeitende weigern sich, einfache Arbeiten zu übernehmen, weil sie sich für überqualifiziert halten. Die nächsthöhere Führungskraft lässt die Gruppenleiterin Vorschläge machen, um gemeinsam mit ihr Lösungen zu finden.

Delegieren (F4) heißt, mit Mitarbeitenden auf Augenhöhe umzugehen.

Beispiele: Die Gruppenleiterin hat verstanden, dass sie Aufgaben abgeben muss und erledigt das ohne viel Aufhebens. Sie hat neue Ideen und macht Vorschläge für die nächsthöheren Vorgesetzten, wie die Zusammenarbeit zwischen den Gruppen besser organisiert werden kann. Diese werden selbstverständlich aufgenommen. Oder die Assistenz organisiert Termine eigenständig und informiert zeitnah dazu.

Die mitarbeiterorientierte Führung erlaubt es, dass das Know-how und das Können der Mitarbeitenden vollumfänglich zum Tragen kommen können und bietet gleichzeitig die Basis für die so wichtige Freiheit und Autonomie des Denkens. Das Ziel ist es, dass Mittarbeitende eine große Selbstständigkeit entwickeln. »Management is about persuading people to do things they do not want to do, while leadership is about inspiring people to do things they never thought they could.« (Steve Jobs)

Es kann klar gesagt werden, dass es trotz jahrzehntelanger Forschung und zahlreicher wissenschaftlicher Veröffentlichungen bis heute kein empirisch begründetes Führungsmodell gibt. Das situative Reifegradmodell integriert und relativiert Führungsdogmen und -moden, die in regelmäßigen Wellen über die Managementetagen hereinbrechen. Als Stichworte seien »kooperative Führung« und »Führungskraft als Coach« genannt.

Dazu eine Anmerkung: Auch wenn heute agiles Arbeiten und Führen gehypt werden, darf nicht vergessen werden, dass die Selbstständigkeit der Mitarbeitenden eingeschätzt und, daraus abgeleitet, die Entwicklung zu mehr Eigenverantwortung geführt werden muss. Erst wenn alle Mitglieder eines agilen Teams eine hohe Selbstständigkeit in ihren Kompetenzen haben – den inhaltlichen wie den sozialen –, werden sie erfolgreich sein. Dass diese Führung gewünscht ist, zeigt eine eigene Untersuchung von Google im Projekt Oxygen (re:Work). Vorgesetzte sollen anwesend sein und sich kümmern. Mitarbeitende brauchen einerseits Freiraum, andererseits wollen sie nicht allein gelassen, sondern begleitet und gefördert werden.

Die zehn Oxygen-Verhalten der besten Google Manager lauten frei übersetzt (Weck, A. (2019). Die besten Chefs der Welt tun diese 10 Dinge – Laut Google.):

1. Er ist ein guter Trainer.
2. Schafft individuell fördernde Handlungsrahmen und vermeidet **Mikromanagement** (übertriebene Detailorientierung der Führungskraft hat negativen Einfluss auf das Team).
3. Schafft ein leistungsförderndes Umfeld, das Erfolg und Wohlbefinden vereint (Erfolg macht Spaß).
4. Ist selbst produktiv und ergebnisorientiert.
5. Ist ein guter Kommunikator.
6. Unterstützt die Karriereentwicklung und gibt Feedback (positiv und negativ).
7. Hat eine klare Vision für das Team.
8. Besitzt die Fähigkeit, das Team zu beraten (kennt die Inhalte, nicht nur die reinen Zahlen).
9. Arbeitet effektiv zusammen und ist ein guter Netzwerker.
10. Entscheidet und steht dafür ein.

Werteorientierte Führung

Ich habe es bereits in den vorherigen Kapiteln angedeutet: Ich präferiere den werteorientierten Führungsstil, der aus meiner Sicht eine Kombination aus transaktionalem und transformationalem Führungsstil ist. Mit der werteorientierten Führung werden die Themenfelder Vorbild, Reifegrad, Wertschätzung und Motivation verbunden, auf die wir vertiefend eingehen werden. Zusätzlich sollten Aspekte des situativen Führens und der sinnstiftenden Führung (Why) berücksichtigt werden.

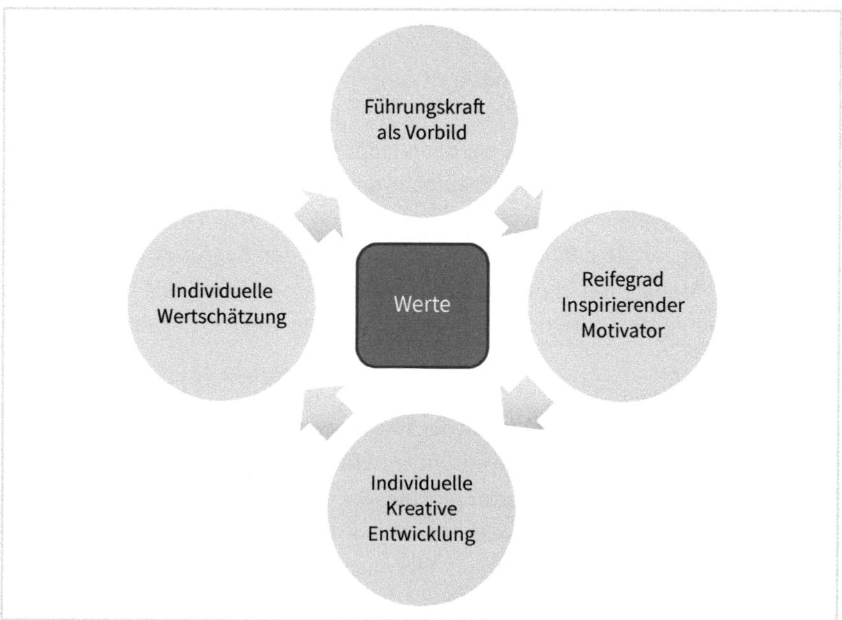

Abb. 24: Werteorientierte Führung

Als **Vorbild** steht die Führungskraft immer im Fokus. Ein Vorbild gibt Halt und Orientierung. Dazu ist es notwendig, dass man weiß, wohin man will und wohin man nicht will. Die betriebswirtschaftlichen Kennzahlen sind bekannt, die Unternehmensstrategie ist festgelegt. Die Führungskraft lebt die Unternehmenswerte aktiv vor. Sie zeigt eine positive, optimistische Grundeinstellung.

Als **Motivatoren** sind Führungskräfte sinnstiftend unterwegs. Hier schließt sich die Frage an: (Wie) Kann ich meine Mitarbeitenden auf Dauer motivieren? Dabei ist zu unterscheiden zwischen intrinsischer und extrinsischer Motivation. Intrinsisch heißt, dass die Motivation von einer Person selbst ausgeht. Extrinsische Motivation kommt von außen. Aus empirischen Untersuchungen wissen wir, dass intrinsisch motivierte Mitarbeitende auf Dauer mehr leisten als extrinsisch motivierte. Folgende **Motive** als Erzeuger von Motivation sind Mitarbeitenden heute besonders wichtig – und Sie müssen die Motive Ihrer Mitarbeitenden kennen, um zielgerichtet zu agieren.

- Aufstiegs- und Entwicklungschancen,
- leistungsorientierte und variable Entlohnung,
- sinngebende Ziele und Perspektiven,
- Verantwortungsspielraum und Freiräume,
- Anerkennung und Wertschätzung der Leistungen,
- Entscheidungs- und Mitgestaltungsmöglichkeiten,
- flexible Arbeitszeitgestaltung und -modelle,
- inspirierendes und interessantes Arbeitsumfeld,
- Ehrlichkeit und Glaubwürdigkeit des Unternehmens.

Beim **Reifegrad** weiß die Führungskraft um die Haltungen und Fähigkeiten der Mitarbeitenden. Natürlich sind nicht alle mit den gleichen Kompetenzen ausgestattet – und das ist auch gut so, denn jeder hat eine Rolle und Funktion, die bestimmter Fertigkeiten bedarf. Die Aufgabe der Führungskraft ist es, die Mitarbeitenden dort abzuholen, wo sie stehen, um sie dann zu fordern und zu fördern. Im Zusammenhang mit dem Reifegrad findet man auch den Begriff der individuellen Entwicklung. Es geht immer darum, entsprechend der Reife eines Mitarbeiters für diesen Freiräume zu schaffen, gemeinsam neue Wege und Idee zu entwickeln und umzusetzen.

Folgende Fragen helfen, den Reifegrad der Mitarbeitenden zu bestimmen:
- Welche Tätigkeiten fallen Ihnen besonders leicht?
- Wo erreichen Sie stetig sehr gute Ergebnisse?
- Gibt es Aufgaben, bei denen Sie gern auch mal die Zeit vergessen?
- Wo sind Sie gefragter Tippgeber/gefragte Ansprechpartnerin?

Wertschätzung ist verbunden mit Respekt, Wohlwollen und drückt sich aus in Zugewandtheit, Interesse, Aufmerksamkeit und Freundlichkeit. Wertschätzung heißt nicht bemuttern. Es geht um den professionellen Umgang miteinander. Loben, wenn es läuft, Hinweise geben oder (wertschätzend) Kritik äußern, wenn etwas nicht läuft.

Interessant und ein weiterer Impuls für Ihre (innere) Haltung sind an dieser Stelle auch Erkenntnisse zum **Positive Leadership**. Es zeigt sich, dass bei einer positiven Grundeinstellung, bei einer positiven Grundstimmung bessere Arbeitsergebnisse erzielt werden. Überträgt man diese positive Grundstimmung ins Team, lebt diese vor und sieht Herausforderungen als Chancen, nicht als Stressoren, dann programmiert man Schritt für Schritt alle Beteiligten hin zu einer positiven Haltung und kann gemeinsam besser den **Flow** erreichen – den Zustand völliger Vertiefung und des beglückenden Aufgehens in einer Aufgabe. Dabei geht es nicht um die rosarote Brille, sondern um die Freude und Motivation im betriebswirtschaftlichen Kontext.

Wie Sie eine positive Grundhaltung üben und herstellen können, möchte ich mit den zwei folgenden Anregungen zeigen.

- **Individuell – Schreiben Sie eine Positiv-Tagebuch**. Schreiben Sie über einen Zeitraum von drei Wochen jeden Abend zwei bis drei positive Ereignisse des Tages auf. Erinnern Sie sich an positive Momente und machen Sie sich diese noch einmal bewusst. Sie werden feststellen, dass Sie nach einer gewissen Zeit optimistischer, positiver gestimmt sind.
- **Team – Danke sagen.** Geld ist nur ein kurzfristiger Motivator. Daher sagen Sie doch einmal anders Danke. Geben Sie einer Mitarbeiterin für eine besondere Leistung die Möglichkeit, etwas Positives für die Gemeinschaft oder das Unternehmen zu tun, was genau ihr am Herzen liegt. Beispiele sind Mentorenprogramme oder das Mitmachen bei Wohltätigkeitsaktionen. Das Dankeschön muss natürlich auf die jeweilige Persönlichkeit passen. Derselbe Dank für alle ist hier wenig zielführend. Bedenken Sie: Wer berichtet nicht gern in seinem privaten Umfeld darüber, dass er zum Beispiel in einer Schule die IT-Infrastruktur mit aufbauen konnte. Ihr Unternehmensimage, Ihr Branding erfährt eine Aufwertung.

Das eigene Warum ist der Anfang von allem

Die Frage nach dem WHY ist der Kern des sinnstiftenden Führungsstils. Das Warum muss bei der Führungskraft anfangen. Warum tun Sie, was Sie tun? Warum möchten Sie Menschen führen? Welche Hilfestellung benötigen Sie und wie können Sie sich selbst im Kontext der Personalentwicklung begleiten, führen lassen? Motivation ist dabei das eine. Viel überzeugender ist es, wenn Sie etwas aus Überzeugung tun. Ich persönlich bin nicht der Meinung, dass man so lange suchen sollte, bis man seinen Traumjob gefunden hat. Es ist ja durchaus heute in Mode gekommen zu glauben, dass wir nur das tun sollten, was wir wirklich gerne machen. Schreiben Sie Gedichte, umsegeln Sie die Welt mit einer Jacht, malen Sie. Tun Sie, wofür Sie sich begeistern können, das Geld kommt dann wie von selbst. Die Gefahr: Ihr Kontostand sagt Ihnen irgendwann, was jetzt zu tun ist. Unser Umfeld, unsere Lebenssituation bedingen oftmals, dass wir Kompromisse eingehen müssen. Schön, wenn unser Job unseren Wünschen und Zielen nahekommt. Aber auf eines sollten wir achten: Wenn wir etwas tun, dann sollten wir es voller Leidenschaft tun. Warum? Weil wir erfolgreicher sind, weil dann die Arbeit Spaß macht.

Die Frage nach dem Warum hilft uns auf dem Weg des Bewusstsein-Schaffens. Es geht um die Frage, warum ist unser Produkt wichtig? Wofür steht unser Unternehmen? Der Kofferhersteller Samsonite hatte das Leitbild: »What matters is inside. Wir schützen das Hab und Gut unserer Kunden auf Reisen.« Was für eine starke Aussage, was für eine wichtige Aufgabe.

Wenn das Warum geklärt ist, schließt sich die Frage an, wie man das Ziel erreichen wird. Die Strategie muss durchdacht, transparent (nach innen) und unternehmens-, mitarbeiter- sowie kundenorientiert sein. Welchen Weg geht man? Erst dann beantworten wir, was wir tun, um dieses Ziel zu erreichen – wir leiten konkrete Produkte und Leistungen beziehungsweise Aktionen und Handlungen ab. Das Bewusstsein-Schaffen ist in fast allen Führungsetagen angekommen. Manchen fällt es noch recht schwer, auf diese einfache Frage eine passende Antwort zu formulieren. Wenn Ziel- und Mittelklarheit vorhanden ist, wenn die Überzeugung geschaffen wurde, dass das, was Sie tun, wichtig ist, sind Sie auf einem guten Weg.

6.2.3 Die Führungskompetenzen

Ein kluger Mensch, namentlich der innenpolitische Sprecher der SPD-Bürgerschaftsfraktion, Ingo Kleist, hat einmal Folgendes gesagt: »Die ideale Führungskraft braucht die Würde eines Erzbischofs, die Selbstlosigkeit eines Missionars, die Beharrlichkeit eines Steuerbeamten, die Erfahrung eines Wirtschaftsprüfers, die Arbeitskraft eines Kulis, den Takt eines Botschafters, die Genialität eines Nobelpreisträgers, den Optimismus eines Schiffbrüchigen, die Findigkeit eines Rechtsanwalts, die Gesundheit eines Olympiakämpfers, die Geduld eines Kindermädchens, das Lächeln eines Filmstars und das dicke Fell eines Nilpferds.« Das Zitat verdeutlicht anschaulich die mannigfaltigen Anforderungen an eine Führungskraft. Ich habe die Forderungen des Zitats in heutige Kompetenzen übersetzt:

Anforderung	übersetzt in eine Kompetenz
Würde	Glaubwürdigkeit
Selbstlosigkeit	Delegieren
Beharrlichkeit	Ausdauer
Erfahrung	Fachwissen
Arbeitskraft	Leistungsbereitschaft, Fleiß
Takt	Beziehungsmanagement
Genialität	ganzheitliches Denken
Optimismus	[benötigt keine Übersetzung]
Findigkeit	analytische Fähigkeiten
Gesundheit	Selbstachtsamkeit
Geduld	Verständnisbereitschaft
Lächeln	Extraversion
dickes Fell	Konfliktfähigkeit

Tab. 21: Führungskompetenzen – die ideale Führungskraft

Echte Führung heißt zu leiten, zu verantworten und die Richtung vorzugeben. Es bedeutet aber auch: Je höher man in der Führungshierarchie aufsteigt, desto mehr ist man allein (vgl. Gasche, 2018, S. 8 f.). Vielleicht haben Sie es auch schon einmal erlebt. Sie werden befördert, bekommen eine neue Verantwortung zugewiesen und schon sind sie in einigen Chatgruppen oder Gesprächsrunden nicht mehr dabei. Das Kompetenzmodell einer Führungskraft verändert sich mit der Führungsspanne (Anzahl Mitarbeitende) und der Verantwortungsstufe im Unternehmen. Mit zunehmender Verantwortung steigen die Anforderungen an die Führungskompetenzen, während die fachlichen Kompetenzen abnehmen (siehe Abb. 2).

Auswirkung von schlechter Führung: die innere Kündigung

Führung ist zurzeit das Thema der Personalentwickler. Keine Tagung, auf der dieses Themenfeld nicht beleuchtet wird. Folgen wir dem Gallup Engagement Index 2021, haben 14 Prozent der Arbeitnehmenden in Deutschland (auch) aufgrund des schlechten Führungsstils bereits innerlich gekündigt und besitzen keine emotionale Bindung mehr zum Unternehmen. Und Mitarbeitende, die innerlich gekündigt haben, machen nicht mehr unbedingt Dienst nach Vorschrift. Sie können durchaus kontraproduktiv arbeiten und den Unternehmenserfolg in hohem Maße gefährden. In dem Engagement Index 2021 heißt es: »Die volkswirtschaftlichen Kosten aufgrund von innerer Kündigung beliefen sich im Jahre 2021 auf eine Summe zwischen 92,9 und 115,1 Milliarden Euro. Nur 17 Prozent der Beschäftigten weisen hierzulande eine hohe emotionale Bindung an ihren Arbeitgeber auf. 69 Prozent der Beschäftigte haben eine geringe emotionale Bindung.« Diese Zahlen verdeutlichen, was schlechte Führung ausmacht. Interessanterweise – und ein guter Grund, Alarm zu schlagen – glauben 87 Prozent der Führungskräfte, gute Führungskräfte zu sein. Hier sehen wir drastische Abweichungen von Selbstbild und Fremdbild.

6.2.4 Führungswerkzeuge

Kommen wir, um aus Sicht der Personalentwicklung Führungskräften praktisch unter die Arme greifen zu können, zu ein paar einfachen, aber wirksamen Tools und Werkzeugen, die beim Führen unterstützen können. Wir werden uns dazu das Führungsrad von Malik, den Wissensspeicher, das Mitarbeitergespräch, das Teammeeting, To-dos, die Aufgabenbeschreibung, Zielklarheit und das Thema Controlling ansehen.

6.2.4.1 Das Führungsrad

Fredmund Malik stellt in seinem Führungsrad (Malik, F. (2001). Führen Leisten Leben) »Grundsätze wirksamer Führung« die Aufgaben und Werkzeuge einer Führungskraft dar. Der Kern von Führung wird als Übernahme von Verantwortung beschrieben. Das zentrale Werkzeug ist die Kommunikation.

Als Aufgaben benennt er:
- für Ziel sorgen,
- organisieren,
- entscheiden,
- kontrollieren, messen, beurteilen,
- das Fördern von Menschen.

Als Werkzeuge benennt er:
- die systematische Müllabfuhr,
- die Leistungsbewertung,
- Budget und Budgetierung,
- persönliche Arbeitsmethodik,
- Job Design & Assignment Control (Anreicherung von Aufgaben sowie konkrete, priorisierte Aufträge),
- Reports, schriftliche Kommunikation,
- Sitzungen.

Das Führungsrad ist ein schöner Anker für das, was wir tagtäglich als Führungskraft beachten sollten. Der Kern von Führung bedeutet also: Verantwortung zu übernehmen, aus der Opferrolle kommen, hin zur Selbstverantwortung. Der Grundsatz lautet: Love it, leave it or change it. Niemand außer Sie selbst kann etwas ändern. Es wird niemand kommen und Sie an die Hand nehmen. Treffen Sie Ihre eigenen Entscheidungen, stehen Sie zu Ihren Fehlern. Gehen Sie offen mit Ihren Zielen um, beziehen Sie Ihr Umfeld mit ein, auch über Emotionen und zielführende Fragen – die Selbstwirksamkeit habe ich bereits erläutert.

6.2.4.2 Der Wissensspeicher

Der Wissensspeicher ist einfach, fast trivial, hat aber eine große Wirkung. Wissensspeicher bedeutet, dass Sie sich die jeweiligen Big Points aus Gesprächen, Workshops und Meetings aufschreiben: Ort, Datum, Teilnehmende und Inhalte. Wurden Aufgaben abgestimmt, so sind diese ebenfalls zu erfassen. Sie können diese Informationen ganz altmodisch in einem Notizbuch sammeln oder Ihr Handy, Tablet oder Laptop nutzen. Das Speichermedium ist egal, Hauptsache Sie TUN es. Es gibt zahlreiche Apps, die viele Möglichkeiten bieten. Es hilft Ihnen, die Verbindlichkeit, die Verlässlichkeit zu stärken. Zu oft stelle ich immer noch fest, dass sich Teilnehmende an besprochene Inhalte oder Vereinbarungen nicht mehr erinnern. Ihre Aufzeichnungen helfen Ihnen, sich die wichtigsten Punkte in Erinnerung zu rufen und beispielsweise beim nächsten Mitarbeitergespräch wieder aufgreifen zu können.

6.2.4.3 Das Mitarbeitergespräch

Das Mitarbeitergespräch ist die Basis der gegenseitigen Rückmeldung zwischen der Führungskraft und einem Mitarbeiter. Es steigert die Feedbackkultur. Es steigert die Transparenz. Es steigert die Delegationsfähigkeit (Übertragung von Aufgaben). Und es zeigt, dass der Mitarbeiter gesehen, ernst genommen und gehört wird.

Im Mitarbeitergespräch übernimmt die Führungskraft die Rolle der Initiatorin, der Motivatorin, der Impulsgeberin. Sie ist Entscheiderin und Beteiligte. Viele von uns kommen aus einer Zeit, in der Führungskräfte einmal im Jahr ein Mitarbeitergespräch führten. Heute sind Mitarbeitergespräche kontinuierlich durchzuführen, ein ständiger Austausch ist in der Wissensgesellschaft elementar.

Zu den Aufgaben im Mitarbeitergespräch gehört es, Gesprächsziele festzulegen, für eine angenehme Gesprächsatmosphäre zu sorgen, zu informieren, das Gespräch zu strukturieren, Feedback zu geben und einzuholen, Erwartungen klar zu formulieren, Ziele festzulegen und festzuhalten sowie das Gespräch zusammenzufassen. Es empfiehlt sich immer auch eine Agenda vorzubereiten.

Es gibt eine Vielzahl von Anlässen, um Gespräche mit Mitarbeitenden zu führen:

- Entwicklungsgespräch/Jahresgespräch/Potenzialgespräch,
- Zielvereinbarungsgespräch,
- Anerkennung – besondere Leistungen, loben,
- Kritik/Veränderung,
- kurzfristige Auftragserteilung und
- weitere Anlässe wie
  - Ablauf der Probezeit,
  - besondere Fördermaßnahmen – Person,
  - besondere Maßnahmen – Produktoffensive,
  - auf Wunsch des Mitarbeiters.

Das wohl wichtigste Mitarbeitergespräch ist das Jahresgespräch, häufig auch als Potenzial- oder Entwicklungsgespräch bezeichnet.

Beispiel aus der (Arzt-)Praxis

Für eine große Arztpraxis haben mein Team und ich vor einiger Zeit folgenden vierseitigen Gesprächsbogen erstellt, der Ihnen als Muster dienen kann.

Praxis & Kollegen

Mitarbeitendegespräch

Datum: ______________________________

Uhrzeit: von:____________ bis: ____________

Ort: ___________________________________

Teilnehmer*in: _________________________

In der aktuellen Funktion seit: ______________

☐ Regelbeurteilung
☐ Anlassbezogene Beurteilung

Hinweis: Die Fragen 1 bis 3 werden im Dialog mit dem Mitarbeitenden erarbeitet. Die letztendliche Verantwortung trägt die Führungskraft.

1. **Kurze Darstellung der Hauptaufgaben**:

2. **Erwartungen und Vereinbarungen** für den zurückliegenden Bezugszeitraum:
(Schwerpunkte, Anliegen, Ziele inklusive einvernehmlicher Korrekturen, Besonderheiten)

3. Welche **Maßnahmen** wurden beim letzten Mitarbeitendengespräch beschlossen?

Die Punkte 2. und 3. nur ausfüllen, wenn im letzten Mitarbeitendengespräch etwas vereinbar wurde.

Abb. 25: Vorlage Mitarbeitergespräch (S. 1)

Praxis & Kollegen

Kompetenzen	Bewertung	Erläuterung / Begründung
Praxisorientierung - Patientenorientierung - Zusammenarbeit mit Partnern/Dienstleistern	☐ ☐ ☐ ☐ ☐ 1 2 3 4 5	
Initiative u. Engagement - Belastbarkeit - Verlässlichkeit - Eigenmotivation - Selbstbewusstsein	☐ ☐ ☐ ☐ ☐ 1 2 3 4 5	
Zusammenarbeit - Kollegialität - Teamplayer - Höflicher, wertschätzender Umgang - Fairness, Respekt - Empathie	☐ ☐ ☐ ☐ ☐ 1 2 3 4 5	
Veränderungskompetenz - Flexibilität - Lernbereitschaft - Offen für Neues	☐ ☐ ☐ ☐ ☐ 1 2 3 4 5	
Kommunikation - Kommuniziert auf Augenhöhe - Angemessen - Einfühlungsvermögen - Überzeugungsfähigkeit	☐ ☐ ☐ ☐ ☐ 1 2 3 4 5	
Ergebnisorientierung - Beharrliche Ziel und Ergebnisorientierung - Konsequent im Handeln	☐ ☐ ☐ ☐ ☐ 1 2 3 4 5	
Konfliktfähigkeit - Lösungsorientiert - Kritikfähigkeit - Konstruktive Handhabung	☐ ☐ ☐ ☐ ☐ 1 2 3 4 5	

Die unter den Kompetenzen genannten Teilkompetenzen sind individuell zu gewichten, nicht alle müssen relevant sein

1 = erfüllt die Erwartungen noch nicht, 2 = erfüllt die Erwartungen teilweise, **3 = erfüllt die Erwartungen (Ziel)**, 4 = übertrifft die Erwartungen teilweise, 5 = übertrifft die Erwartungen deutlich

Ergänzende Hinweise:

Abb. 26: Vorlage Mitarbeitergespräch (S. 2)

Praxis & Kollegen

Kompetenzen	Bewertung	Erläuterung / Begründung
Arbeitsergebnisse - Qualität	☐ ☐ ☐ ☐ ☐ 1 2 3 4 5	
Arbeitsergebnisse - Quantität	☐ ☐ ☐ ☐ ☐ 1 2 3 4 5	
Fachkompetenz - Fachliche Tiefe - Fachliche Breite - Marktwissen	☐ ☐ ☐ ☐ ☐ 1 2 3 4 5	

1 = erfüllt die Erwartungen noch nicht, 2 = erfüllt die Erwartungen teilweise, **3 = erfüllt die Erwartungen (Ziel)**, 4 = übertrifft die Erwartungen teilweise, 5 = übertrifft die Erwartungen deutlich

Ergänzende Hinweise:

Gesamteinschätzung der aktuellen Leistung:

Erfüllt die Erwartungen noch nicht	Erfüllt die Erwartungen teilweise	Erfüllt die Erwartungen	Übertrifft die Erwartungen teilweise	Übertrifft die Erwartungen deutlich
☐	☐	☐	☐	☐

1. **Erwartungen und Vereinbarungen** für den kommenden Bezugszeitraum:
   (Für den bevorstehenden Bezugszeitraum können gemeinsame Vereinbarungen getroffen werden. Eine Vereinbarung kann auch darin bestehen, dass keine zusätzlichen Lern- und Entwicklungsziele formuliert werden, sondern das Arbeits- und Leistungsverhalten auf dem bisherigen Stand beibehalten bleiben sollte.)

2. **Empfohlene Maßnahmen**

Abb. 27: Vorlage Mitarbeitergespräch (S. 3)

Praxis & Kollegen

Freiwillige Hinweise von Mitarbeitenden:

Feedback an die Führungskraft (freiwillig):

Das nächste Mitarbeitendengespräch wird terminiert auf: Monat /Jahr: ________________

Datum	Führungskraft	Mitarbeitender

Abb. 28: Vorlage Mitarbeitergespräch (S. 4)

Zusätzlich haben wir zwei weitere Seiten mit Handlungsankern zu den Kompetenzen bereitgestellt.

Praxis & Kollegen

Anhang – Handlungsanker zur den Kompetenzen

Kompetenz	Handlungsanker
Praxisorientierung - Patientenorientierung - Zusammenarbeit mit Partnern/Dienstleistern	• Hat ein gutes Dienstleistungsverständnis für Patienten und Partner. • Beachtet das Verhältnis zwischen Bedarfen und Wünschen der Patienten und den Interessen der Praxis. • Präsentiert die Praxis nach innen und außen angemessen. • Bringt sich aktiv in der Zusammenarbeit ein.
Initiative u. Engagement - Belastbarkeit - Verlässlichkeit - Eigenmotivation - Selbstbewusstsein	• Bringt sich aktiv in der Zusammenarbeit ein. • Agiert auch in schwierigen und belastenden Situationen ausgeglichen, souverän und selbstsicher. • Ist stark belastbar. • Erledigt Aufgaben zuverlässig, termingetreu und in gleichbleibender Qualität. • Strahlt Lebendigkeit und Dynamik aus. • Versteht seine/ihre Aufgaben als Herausforderungen. • Kennt die eigenen Stärken und Schwächen. • Geht Aufgaben selbstständig und eigeninitiativ an.
Zusammenarbeit - Kollegialität - Teamplayer - Höflicher, wertschätzender Umgang - Fairness, Respekt - Empathie	• Unterstützt Kollegen/innen und bei der Arbeit. • Trägt zu Teamzielen maßgeblich bei und übernimmt Verantwortung. • Stärkt den Teamgeist und das Wir-Gefühl. • Bindet andere aktiv mit ein. • Teilt aktiv eigenes Wissen und Erfahrungen mit anderen. • Hält sich an Umgangs- und Höflichkeitsformen. • Bringt seinem/ihrem sozialen Umfeld Freundlichkeit und Offenheit entgegen. • Verhält sich wertschätzend und respektvoll. • Gewinnt Vertrauen über Zuverlässigkeit und Glaubwürdigkeit. • Verhält sich anderen gegenüber fair und gerecht. • Handelt offen und für die anderen verständlich und taktiert nicht.
Veränderungskompetenz - Flexibilität - Lernbereitschaft - Offen für Neues	• Setzt neue Prioritäten, wenn die Situation dies erfordert. • Reagiert flexibel auf sich verändernde Rahmenbedingungen. • Übernimmt verschiedene Aufgaben und ist vielseitig einsetzbar. • Hat ein breites Interessenspektrum und ist offen für Neues. • Versteht seine/ ihre Arbeit als lebenslanges Lernen und ständige Weiterentwicklung. • Sieht und nutzt Veränderungen als Chance. • Nutzt neue Aufgaben als Chance zur eigenen Weiterbildung.
Kommunikation - Kommuniziert auf Augenhöhe - Angemessen - Einfühlungsvermögen - Überzeugungsfähigkeit	• Kommuniziert auf Augenhöhe und bleibt sachlich und rational. • Verfügt über eine hohe Ausdrucksfähigkeit der jeweiligen Situation/ dem jeweiligen Gesprächspartner/in angemessen. • Kann eigenen Gedanken und Ideen präzise in Worte fassen. • Kommuniziert auch in schwierigen Gesprächssituationen überzeugend und zielgerichtet. • Ist empathisch gegenüber dem Gegenüber.

Abb. 29: Vorlage Mitarbeitergespräch (Handlungsanker, S. 1)

Praxis & Kollegen

Ergebnisorientierung - Beharrliche Ziel und Ergebnisorientierung - Konsequent im Handeln	• Stellt sicher, dass getroffene Entscheidungen in die Praxis umgesetzt werden. • Zeigt hohe Einsatzbereitschaft. • Mobilisiert auch nach längerer Zeit intensiver Arbeit noch Energien. • Strebt keine kurzfristigen Erfolge zulasten langfristiger Strategien an. • Orientiert das eigene Handeln konsequent an der Erreichung der abgestimmten Ziele. • Verfolgt nachhaltig unsere Ziele, ohne sich von Rückschlägen entmutigen zu lassen.
Konfliktfähigkeit - Lösungsorientiert - Kritikfähigkeit - Konstruktive Handhabung	• Weicht Konflikten nicht aus. • Geht Konflikte offen und zeitnah an. • Bleibt auch in Konfliktgesprächen sachlich und ruhig und lässt den Anderen ausreden. Hilft Konflikte aktiv zu deeskalieren. • Hält in Konflikten eine ausgewogene Balance. • Zeigt Verständnis für entgegengesetzte Meinungen. • Lässt sich mit guten Argumenten überzeugen. • Lässt Kritik am eigenen Verhalten/ an der eigenen Person zu.

Abb. 30: Vorlage Mitarbeitergespräch (Handlungsanker, S. 2)

Ein Gesprächsbogen für den Austausch zwischendurch könnte in folgender Form unterstützen.

Besprechung am: **Ort:** **Teilnehmer/in:**			
Thema	**Ergebnis**	**Wer**	**Termin**
Kundenabsprachen			
Allgemein: Kundenfeedback			
Meine Info für ….			
Mitbewerberbeobachtung			
Highlight der letzten 2 Wochen (meins/seins)			
Persönliches/Allgemein			

Tab. 22: Dokumentation Mitarbeitergespräch (Kurzfassung)

Den idealen Leitfaden oder das ideale Vorgehen für ein Gespräch gibt es nicht, aber folgende Anregungen möchte ich ergänzen ebenso wie den Hinweis: Übung macht den Meister. Keine Führungskräfte-Ausbildung, ohne dass Mitarbeitergespräche ausgiebig geübt werden.

- Machen Sie sich, und auch hier wiederhole ich mich gern, Notizen.
- Die Verteilung der Redeanteile sollte 1/3 Führungskraft und 2/3 Mitarbeiterin sein.
- Stellen Sie offene Fragen.
- Sorgen Sie dafür, dass ein Dialog stattfindet, kein Monolog.
- Planen Sie ausreichend Zeit ein, auch um sich auf das Gespräch vorzubereiten und um es nachzubereiten.
- Unterbinden Sie Anrufe sowie Besuche von Kollegen während des Termins. Im Gespräch sind Störungen nicht gewünscht.
- Ein Mitarbeitergespräch ist zuallererst bilanzierend. Beurteilen Sie also das Verhalten und die Leistungen der Mitarbeiterin rückwirkend. Achten Sie auf den Recency-Effekt: Vermeiden Sie, dass kurzfristige Eindrücke nicht den gesamten zu berücksichtigenden Zeitraum überstrahlen.
- Das Gespräch sollte entwicklungsorientiert sein: Wo geht die fachliche wie persönliche Reise der Mitarbeiterin hin? Binden Sie sie in die Zielfindung mit ein.

Und da das Thema so außerordentlich wichtig ist, achten Sie auch auf eine Abfolge, an der sich beide Beteiligten orientieren können:

1. Mitarbeiterin informieren: freundliche Einladung mit Tag, Uhrzeit und Inhalt des Gesprächs,
2. Soll-Anforderungen für die Position beschreiben (Kompetenzprofil),
3. Ist-Leistungen der Mitarbeiterin festhalten und beschreiben,
4. das Mitarbeitergespräch durchführen,
5. die Umsetzung der Maßnahmen verfolgen und unterstützen.

Je offener Sie für eine Gesprächskultur sind, die beide Seiten voranbringt, desto gewinnbringender werden die Gespräche sein. Haben Sie auch die Bereitschaft, manche nennen es Mut, nach dem Gespräch Feedback einzuholen, was aus Sicht des Mitarbeiters im Gesprächsablauf gut lief und was Sie noch verbessern könnten. Denn wir lernen alle dazu, jeden Tag – wenn wir neugierig sind.

6.2.4.4 Das Teammeeting/To-dos

Viele Mitarbeitende und Führungskräfte beklagen sich heute über die Vielzahl von Meetings. Oftmals sind diese schlecht vorbereitet und der Output lässt zu wünschen übrig. Wie Sie Ihre Meetings effizienter gestalten können beziehungsweise worauf Sie achten sollten, möchte ich Ihnen mit Folgendem vermitteln:

- Die wichtigste Frage für ein Teammeeting lautet: Wer macht was mit wem womit und bis wann? Mit der gemeinsamen Beantwortung erreichen Sie Verbindlichkeit und geben Verantwortung ab.
- Im Meeting sollten auch Ihre Mitarbeitenden aktive Rollen übernehmen. So kann beispielsweise die Moderation (rotierend) abgegeben werden mit dem Hinweis, auf die Redeanteile zu achten.
- Legen Sie eine fixe Uhrzeit (Start/Ende) fest und halten auch Sie sich daran. Seien Sie pünktlich (Vorbild) und hören Sie pünktlich auf (Wertschätzung, Folgetermine der Teilnehmenden).
- Legen Sie fest, wer teilnehmen soll.
- Was ist das Ziel des Meetings und welcher Besprechungstyp passt zum Meeting?

Informieren Sie frühzeitig über Ziel, Ort und Zeit, dann können sich alle vorbereiten. Falls Informationsmaterial im Vorfeld aufbereitet werden muss, legen Sie fest, wer was bis wann machen soll. Am Ende des Meetings fassen Sie die wichtigsten Ergebnisse noch einmal zusammen und danken den Teilnehmenden, insbesondere wenn diese aktiv mitgewirkt haben.

Aus meiner Erfahrung, die von vielen bestätigt wird, bedürfen virtuelle Meetings einer noch intensiveren Vorbereitung. Zumeist sind die Meetings auch kürzer, was eine noch stärkere Fokussierung bedingt. Auch hier gilt: Üben, Feedback einholen – was passt, was funktioniert gut, was weniger gut – und beim nächsten Mal optimieren.

Wir haben bereits über Spielregeln gesprochen. Auch für Meetings sollten Spielregeln, sollte das Miteinander abgestimmt sein. So treten auch immer wieder Konflikte, andere Meinungen auf. Damit muss konstruktiv umgegangen werden. Es sind Verfahren anzuwenden, wenn es darum geht, gemeinsame Lösungen zu finden. Eine überzeugende Agenda für Präsenztreffen habe ich bei Alstom America »Elements of a Well Run Meeting« gefunden (Alstom (2021), 2021 MEETING BROCHURE).

Organisation eines Meetings (einmalig oder regelmäßig)

- Wählen Sie einen angemessenen Besprechungsraum aus, achten Sie auf die passende Größe und die notwendige technische Ausstattung. Auch sollten mindestens Getränke ausreichend bereitstehen.
- Starten und beenden Sie das Meeting pünktlich. Pünktlichkeit ist Wertschätzung.
- Verteilen Sie die Agenda ein paar Tage, mindestens mehrere Stunden vor der Sitzung, damit sich alle vorbereiten können.
- Prüfen Sie rechtzeitig, ob die Teilnehmenden Vorschläge zur Tagesordnung einbringen sollen/können und geben Sie ihnen auch Zeit dafür.
- Planen Sie für jedes Thema ausreichend Zeit ein.
- Bringen Sie die Themen in eine logische Reihenfolge. Das Wichtigste kommt immer zuerst.
- Achten Sie darauf, dass möglichst alle notwendigen Informationen vorliegen, um Entscheidungen auch treffen zu können.
- Achten Sie darauf, dass notwendige Entscheider vor Ort sind.
- Sorgen Sie für eine angemessene Dokumentation.

Verhaltenskodex-Richtlinien

- Achten Sie darauf, dass Sie und andere bei Diskussionen nicht vom Thema abweichen (in der Spur halten).
- Pünktlich ankommen sollte selbstverständlich sein.
- Starten und enden Sie mit dem Meeting pünktlich.
- Hören Sie sich die anderen Standpunkte und Ideen an, verurteilen Sie nicht.
- Konzentrieren Sie sich auf Dinge, die kontrolliert werden können.
- Bieten Sie Lösungen für Probleme an, anstatt sich auf das Negative zu konzentrieren.
- Vermeiden Sie Unterbrechungen.

Problemlösungsstrategien

Um als Team an der Lösung eines Problems zu arbeiten, gehen Sie das Problem auch gemeinsam an – am besten Step by Step.

- Definieren Sie gemeinsam das Problem (seien Sie so genau wie möglich).
- Identifizieren Sie Kriterien, Fakten, Ursachen, relevante Daten, Einschränkungen.
- Fördern Sie, wo sinnvoll, Brainstorming-Lösungen.
- Wählen Sie anschließend die besten Lösungen aus.
- Erstellen beziehungsweise entwickeln Sie gemeinsam einen Aktionsplan und legen Sie auch fest, wer für die Kontrolle der Umsetzung verantwortlich ist.
- Geben und nehmen Sie Feedback an, um zu sehen, ob das wirkliche Problem erfasst wurde.
- Halten Sie fest, notieren Sie, ob sich weitere Probleme ergeben haben, die in einem nächsten Termin besprochen werden müssen.

Das Brainstorming ist eine sehr gute Methode, um viele Perspektiven aus verschiedenen Bereichen und von verschiedenen Personen mit unterschiedlichem Know-how zu sammeln.

Brainstorming – Ideen sammeln ohne Bewertung

- Regel 1: Quantität vor Qualität – gewinnen Sie zunächst möglichst viele Ideen. Achten Sie darauf, dass alle mitmachen und sich einbringen – das aber freiwillig.
- Regel 2: Kreativität ist ausdrücklich erwünscht. Nutzen Sie im Team jede auch noch so abwegige Idee und bauen darauf auf.
- Regel 3: Ideen werden nicht kritisiert – weder die eigenen noch die der anderen.
- Regel 4: Ideen werden nicht bewertet (das verhindert Regel 1). Diskutieren Sie die Ideen nicht. Das erfolgt zu einem späteren Zeitpunkt (nach einer Pause oder an einem anderen Tag).
- Was ist Ihr Beitrag, wenn Sie nichts dazu beitragen möchten oder können?

Auswahl der besten Lösungen

Nach dem gemeinsamen Brainstorming wählen Sie die besten Lösungen aus der Ideenfülle aus.

- Formulieren Sie das Problem erneut.
- Decken Sie Unklarheiten auf.
- Durch eine Auswahl möglicher Lösungen grenzen Sie das Problem ein.
- Listen Sie Vor- und Nachteile für ausgewählte Ideen auf.
- Dampfen Sie anschließend die Liste ein – Achtung, nicht überstürzen.
- Versuchen Sie einen für alle gültigen Konsens zu erreichen.
- Legen Sie anschließend Meilensteine fest: Wer macht was wann mit wem, womit, warum.

Umgang mit Konflikten

In jedem menschlichen Zusammentreffen und in jedem (kreativen) Prozess steckt auch Konfliktpotenzial. Verschiedene Meinungen, unterschiedlich ausgeprägte Kommunikationskompetenzen und verschiedene Menschentypen können nie und ausschließlich in reiner Harmonie münden. Ich möchte nicht in der Tiefe darauf eingehen, aber einige Impulse geben.

- Gehen Sie einen Konflikt an, indem Sie das Problem genauer lokalisieren.
- Vermeiden Sie allgemeingültige Aussagen.
- Versuchen Sie die Bedürfnisse der anderen Seite zu verstehen (zuhören und reflektieren).
- Identifizieren Sie Optionen oder Lösungen, die beide Seiten zufriedenstellen.
- Seien Sie offen und bereit, auch Ihre Ansichten zu ändern.
- Ermutigen Sie die anderen, ebenfalls diese offene Haltung einzunehmen.

Falls Sie überlegen, ein Meeting zu verschieben, berücksichtigen Sie die Vor- und Nachteile. Welche Gründe sprechen dafür und dagegen und welche Gründe haben höhere Priorität – und zwar für alle Beteiligten? Unterschätzen Sie auch nicht den Smalltalk vor oder nach einem Meeting. Für Ihr Team ist auch ein solcher Austausch förderlich. Bei wiederkehrenden Jahresmeetings habe ich festgestellt, dass ein Rückblick die Teilnehmenden abholt. Wenn Sie über positive Themen berichten können, nutzen Sie diese, wenn möglich auch für ein persönliches Dankeschön an den jeweiligen Mitarbeiter. Probieren Sie es einfach einmal aus. Es hat eine große Wirkung auf den weiteren Verlauf eines Zusammentreffens.

6.2.4.5 Aufgaben und Ziele – Wollen, Dürfen, Können

Das Delegieren von Aufgaben und Verantwortung bedeutet, loslassen zu können. Für die Arbeitszufriedenheit, und zwar die eigene, ist das ein ganz wichtiger Punkt. Denn wenn Sie alles an sich reißen, bei sich behalten, werden Sie irgendwann den Punkt erreichen, wo Sie nichts mehr klären können. Das Abgeben von Aufgaben hat zwei klare Vorteile. Es schafft Erleichterung (Ich muss mich nicht um alles selber kümmern) und Wertschätzung (Ich traue es dir zu). Abbildung 31 zeigt das Zusammenspiel von Führungskraft und Mitarbeiter bei einer Aufgabenbeschreibung.

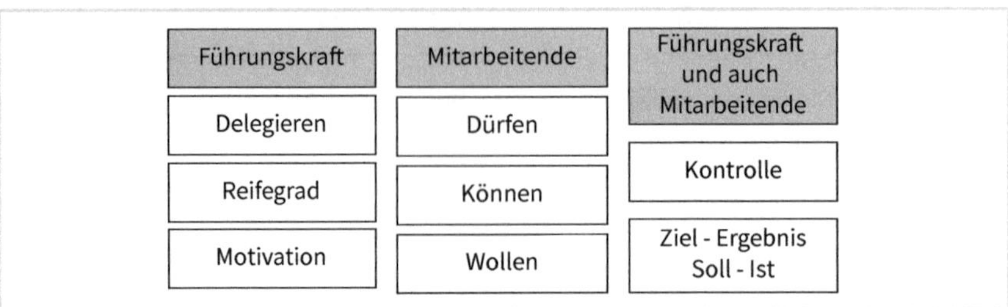

Abb. 31: Aufgaben und Ziele – Dürfen, Können, Wollen

Eine Mitarbeiterin muss **dürfen**, das heißt, sie hat von Ihnen die Befugnisse erhalten. Sie **delegieren** Verantwortung und geben den dazu nötigen Handlungsspielraum sowie gegebenenfalls Budget frei. Zudem müssen die Aufgaben beziehungsweise die Ziele erreichbar sein. Dazu muss die Führungskraft einschätzen können, was die jeweilige Mitarbeiterin im Rahmen ihres aktuellen **Reifegrades** leisten **kann**. Man muss gemeinsam Ziele festlegen, die sie fordern, aber nicht überfordern. Und schließlich muss die Mitarbeiterin es **wollen**, das heißt, Sie müssen sie **motivieren**. Und dazu müssen Sie ihre Motive kennen.

Bei all dem ist der aus meiner Sicht schwierigste Aspekt für eine Führungskraft, dass sie die Verantwortung trägt, aber dennoch loslassen (können) muss. Sie muss wirklich bereit sein, Aufgaben abzugeben und sollte nur dann eingreifen, wenn es droht, schiefzugehen. Dazu gehört auch das Vertrauen, dass ein Mitarbeiter seinen eigenen Weg zur Zielerreichung sucht und häufig gehen wird. Nicht selten gelingt das besser, als Sie denken.

Es ist nicht die Aufgabe einer Führungskraft, Lösungen für die Mitarbeitenden zu finden oder sie gar selbst umzusetzen. Es geht darum, loszulassen und die Mitarbeitenden zu führen und zu begleiten – so schwierig das auch sein mag. Mit einer gesunden Kommunikation, zu der auch das Berichten der Zwischenstände in einem Projekt gehört, wird das von Ihnen gesetzte Vertrauen bei den Mitarbeitenden wie ein Geschenk ankommen. Wird der Arbeitsprozess später zum Selbstläufer, brauchen Sie immer weniger Informationen beziehungsweise Zwischenstände. Und die Beteiligten lernen, dass Loslassen für beide Seiten von großem Vorteil ist.

6.2.4.6 Zielklarheit mit der SMART-Methode

Eine sehr hilfreiche Methode, um Ziele realistisch zu definieren, eindeutig zu formulieren und messbar zu machen, ist das SMART-Modell. Zurückzuführen ist es auf den Unternehmensforscher Peter Drucker (1909–2005), der mit dem Modell eine gute Orientierung für Personalentwicklung und Mitarbeiterführung zur Verfügung stellte, Ziele und Zielvereinbarungen klar abzustecken. Die Formel ist flexibel einsatzbar für berufliche Ziele sowie Ziele in der Weiterbildung (Lernziele).

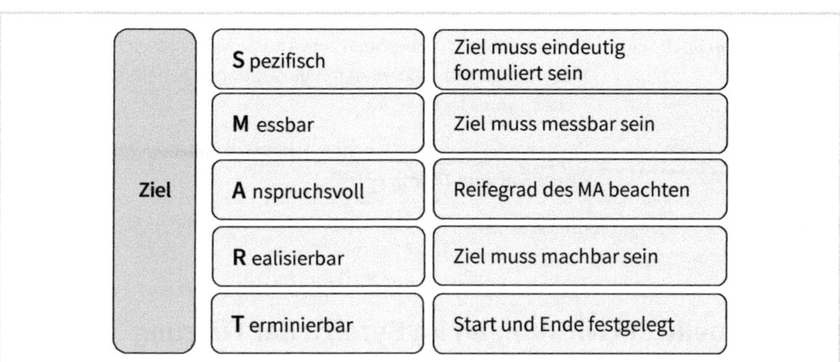

Abb. 32: Zielklarheit mit der SMART-Methode

Ziele müssen SMART sein, das bedeutet, sie müssen spezifisch, also eindeutig formuliert sein. Ziele müssen messbar und akzeptabel sein. Sie dürfen nicht zu schwierig und nicht zu leicht zu erreichen sein und sie müssen einen klaren Zeitraum umfassen. Wenn diese Parameter gegeben sind, haben Sie die Ziele gut formuliert und abgestimmt. Die Zielfindung findet im Dialog statt, denn es geht immer auch um das Committment derer, die ein Ziel erreichen sollen und wollen.

Um es greifbar zu machen, möchte ich folgendes Beispiel geben: Eine B2B-Verkäuferin analysiert gemeinsam mit ihrem Vorgesetzten das Ziel, im nächsten halben Jahr fünf Neukunden zu gewinnen. Das smarte Vorgehen ist Folgendes:

- **S**pezifisch: Klar definierte Anzahl von Neukunden – in unserem Beispiel fünf.
- **M**essbar: Auf Basis der Daten, die in den letzten Jahren gesammelt wurden, ist bekannt, wie viele Gespräche, Angebote und Kunden es braucht, um fünf neue Auftraggeber innerhalb von sechs Monaten zu generieren.
- **A**kzeptabel: Das Vertriebsteam und die Geschäftsführung unterstützen das gesetzte Ziel.
- **R**ealistisch: Im Vorjahr wurden im gleichen Zeitraum vier Neukunden gewonnen. Seitdem sind Team und Budget aufgestockt worden und die beruflichen Kontakte sind um 20 Prozent gewachsen.
- **T**ermingebunden: Alle zwei Wochen werden die Ergebnisse analysiert und bei Bedarf Personaleinsatz und Kontinuitätsplanung optimiert. Dabei ist immer im Blick, dass das Ziel in sechs Monaten erreicht werden soll.

Abschließend möchte ich noch einige Beispiele geben, um zu zeigen, dass SMART kaum Grenzen hat. Sie können es privat und beruflich sowie für große und kleine Ziele nutzen.

Zielformulierung	
Schlecht gemacht	**SMART gemacht**
Ich möchte dieses Jahr mehr Umsatz machen.	Ich möchte in sechs Monaten fünf Neukunden akquirieren mit einem zusätzlichen Umsatz von xy Euro.
Ich möchte ein Buch schreiben.	Ich möchte ein Kinderbuch zum Thema Vertrauen schreiben. Das Manuskript soll 100 Seiten mit Illustrationen haben und innerhalb eines Jahres fertig sein.
Ich will mein Wissen vertiefen.	In den nächsten zwei Wochen nehme ich an einem Abendkurs mit Zertifikat zum Thema xy teil.

Tab. 23: Schlecht und SMART formulierte Ziele

6.3 Aktuelle Entwicklungen im Bereich der Führung

Shared Leadership/Geteilte Führung

Aktuell finde ich immer häufiger den Ansatz der geteilten Führung vor. Gerade in Startups wird die geteilte Führung oftmals als Führungsstil gewählt. Es geht dabei um das Führen (eines Unternehmens, eines Bereiches) durch mindestens zwei Personen beziehungsweise das Aufteilen des Führungshandelns auf mehrere Personen. Meine Beobachtungen gehen dahin, dass es ein hoch motivierender Stil ist, der jedoch ab einer bestimmten Unternehmensgröße oder in stürmischen Zeiten an seine Grenzen stößt. Die hohe Motivation ist durch das gemeinsame Ziel, die Mission oder Vision gegeben.

Das Wirgefühl lässt sich leichter einstellen, auch die gemeinsame Ergebnisverantwortung trägt dazu bei. Aufgaben werden gelöst, es wird nicht darum gerungen, ob die Aufgabe in das jeweilige Tätigkeitsfeld fällt. Bei diesem Führungsstil müssen die jeweiligen Rollen, die durchaus wechseln können, klar aufeinander abgestimmt sein.

Gewählte Führung

Ein weiterer Führungsstil ist die gewählte Führung. Bitte verwerfen Sie das gedanklich nicht direkt. Unsere Landeslenkenden, die Bundesregierung, wählen wir auf Zeit. Thomas Sattelberger sagte in einem Interview, »Unternehmen müssen demokratischer werden (Zeit online 2015)« und dass in deutschen Unternehmen noch zu häufig von oben nach unten regiert werde. Er vertritt die Meinung, dass Innovation nur durch mehr Beteiligung stattfindet. Als positive Beispiele benannte er die Sparda-Banken. Genossenschaften und Vereine zeigen nach seiner Auffassung, dass sie erfolgreich wirtschaften können. Wirklich valide Aussagen zu diesem Führungsstil sind mir nicht bekannt.

Einen Gedanken möchte ich an dieser Stelle aber noch mit Ihnen teilen. Gewählte Führung heißt Führen auf Zeit. Der Spruch »Einmal Führungskraft, immer Führungskraft« wird in Zukunft aufgrund der Erwerbsbiografien immer weniger gelten. Ich kann beobachten, dass Führungskräfte, die einige Zeit auch mal keine Führung innehatten, sich dem Thema wieder mit mehr Begeisterung zuwenden. Vielleicht ist auch dies eine Perspektive, die der gewählten Führung Aufschwung gibt.

Servant Leadership – dienende Führung

Hier achtet die Führungskraft kompromisslos auf die Bedürfnisse und Interessen der Mitarbeitenden. Der Begründer des Servant Leadership ist Robert Greenleaf (1970). Es gibt einige ehemalige Unternehmenslenkende, die den Ansatz als wichtigen Beitrag sehen, um den Horizont von Führungskräften zu erweitern. »Frage nicht, was das Team für dich tun kann, frage, was du für das Team tun kannst.« Überzeugende Studien konnte ich auch hier nicht für Sie finden.

6.4 Fazit

Gute Führung ist ein Erfolgsgarant für den Unternehmenserfolg. Gute Führung ist auch ein Erfolgsgarant für die Personalentwicklung und deren Maßnahmen. Die Anzahl der Führungskräfte in den Unternehmen wird abnehmen, bestimmte Führungsebenen in den Unternehmen werden aufgrund agiler Strukturen wegfallen. Zukünftig wird es vermehrt Führen auf Zeit geben.

Schlechte Führung hingegen bedeutet unzufriedene Mitarbeitende, eine schlechte Grundstimmung, einen höheren Krankenstand, unzufriedene Kunden und mit großer Wahrscheinlichkeit kontinuierlich sinkende Umsätze.

Reflexion

Haben Sie bereits gründlich überlegt, wie Sie den Führungserfolg in Ihrem Unternehmen messen?

All die Kolleginnen und Kollegen, die ich im Laufe der Jahre kennengelernt habe, die Führungskräfte-Trainings in der Personalentwicklung durchführen, machen einen engagierten Job mit sehr viel Herzblut. Die meisten haben ein fundiertes Fachwissen und sind gesuchte Ansprechpartner in den Unternehmen. Aber ich weiß – und das wird mir auf allen Tagungen und Konferenzen bestätigt: Auch die Personalentwicklung und die Führungskräfte-Entwicklung bedürfen oftmals einer Transformation. Was ich mit Transformation hier meine: Ich empfehle Ihnen, nicht alles über Bord zu schmeißen und neu anzufangen, sondern mittels einer soliden Analyse die wichtigsten Handlungsfelder zu identifizieren und den Transfer mit Ihren Mitarbeitenden in der Personalentwicklung durchzuführen.

Etwas provokant ausgedrückt kommen wir immer noch aus einer Welt, in der Personalentwickler zu wissen glaub(t)en, welche an Aus- und Weiterbildung die Mitarbeitenden brauchen. Doch heute ist für eine erfolgreiche Förderung und Begleitung durch die Personalentwicklung deutlich mehr Partizipation erforderlich sowie eine hohe Vernetzung, um die wirklichen Bedarfe zu identifizieren und die passenden Lernangebote abzuleiten.

Aus diesem Grund habe ich gemeinsam mit meinem Team für Unternehmen und Organisationen den PE-Check° entwickelt, der Antworten auf die aufgeworfenen Fragen in diesem Buch liefert.

7 Der PE-Check°

Im Folgenden stelle ich Ihnen, liebe Lesende, den PE-Check° so ausführlich wie möglich vor. Alle enthaltenen Fragen und die Vorgehensweise der Auswertung können Sie meinen Ausführungen entnehmen. Zu jeder Frage des PE-Checks° erhalten Sie Hinweise, warum sie meiner Meinung nach wichtig ist und in welchem Kontext sie zur Personalentwicklung steht. Mit den heute angebotenen Befragungstools lässt sich der PE-Check° überführen. Meine Empfehlung ist es, den PE-Check° mit einem externen Berater durchzuführen. Die Ergebnisse sind zusammenzufassen und es ist eine Gewichtung der Antworten notwendig. Glaubwürdigkeit entsteht durch Neutralität. Wenn Sie den PE-Check° zunächst als Checkliste für Ihre Personalentwicklung nutzen, wird er Ihnen jedoch ebenfalls wichtige Hinweise zur zukunftsorientierten Personalentwicklung geben.

In meinen Beratungen und vielen Gesprächen mit Personalentwicklerinnen, Stakeholdern und Betriebsräten werde ich genau das immer wieder gefragt: Ob ich meine, dass die unternehmenseigene Personalentwicklung aktuell gut aufgestellt sei und sie den notwendigen Stellenwert im Unternehmen habe? Um die Frage fundiert und messbar zu beantworten, ist der PE-Check° ein sehr hilfreiches Tool. Durch die Kombination aus Unternehmensbefragung, Mitarbeiterbefragung und der Erhebung von Unternehmenskennzahlen entsteht ein deutliches Bild dessen, wo die Personalentwicklung des Unternehmens aktuell steht. Er identifiziert Handlungsfelder und begleitet das Unternehmen hin zu einer zukunftsorientierten Personalentwicklung.

Der PE-Check° stellt auch Fragen, wie es mit der Lernkultur im Unternehmen bestellt ist. Bedarf es einer Neuausrichtung der Personalentwicklung oder sind nur wenige Themenfelder neu zu gestalten? Ist es bereits gelungen, ein lernendes System zu implementieren? Werden die Bedarfe des Unternehmens, die Bedarfe der Mitarbeitenden und Führungskräfte ermittelt? Ist das Angebot zielführend? Werden die Möglichkeiten der Technik und das Wissen genutzt, wie Lernen besser umgesetzt werden kann? Sind die zur Verfügung stehenden Budgets ausreichend? Und das Wichtigste: Sind alle Mitarbeitenden, Trainerinnen, Coaches, Führungskräfte und Stakeholder eingebunden bei der Fragestellung: Was brauchen wir in Zukunft, was benötigen wir nicht mehr, was funktioniert gut und was weniger gut?

Wir leben in einer Arbeitswelt, die sich ständig verändert. Die Berechenbarkeit von Ergebnissen nimmt ab. Unsere Welt ist komplexer denn je. One fits all und Best Practice war gestern. Wir leben in einer VUCA-Welt. Um in dieser Arbeitswelt die Herausforderungen anzunehmen, bedarf es einer Personalentwicklung, die alle mitnimmt und auf die Neuerungen vorbereitet. Und das betrifft die PE von Konzernen ebenso wie die junger Start-ups, die gerade mit viel Energie durchstarten. Beide benötigen Personalentwicklung, jedoch in unterschiedlicher Ausgestaltung. Große Unternehmen sollten den PE-Check° standardisiert durchlaufen, wobei vor dessen Anwendung jeweils zu prüfen ist, ob die Fragen auf das Unternehmen, die Branche, die Besonderheiten passen. Bei kleinen oder jungen Unternehmen ist zu prüfen, welche Bausteine mit welchen Fragen zielführend sind. Bei der Mitarbeiterbefragung ist zu prüfen, ob bereits vorhandene Befragungen genutzt werden können und ob nur bestimmte Mitarbeitende, Führungskräfte oder Bereiche betrachtet werden sollten. Diese hohe Flexibilität ist wichtig. Äußerst demotivierend ist es, eine Frage zum dritten Mal zu beantworten. Noch schlimmer ist es, wenn sich nach der Umfrage nichts tut.

Um ein besseres Verständnis für die Handhabung des PE-Checks° zu entwickeln, wird in Kapitel 8 ein mittelständisches Beispielunternehmen, die XYZ Versicherung, inklusive der mögliche Anwendung des Verfahrens und abgeleiteter Maßnahmen beschrieben.

- Der PE-Check° ist schnell, effizient und aussagekräftig. Er gibt bereits nach wenigen Wochen Antworten auf die einleitenden Fragen und ermöglicht eine solide, unternehmenszentrierte Bestandsaufnahme. Mit den Ergebnissen und Erkenntnissen können viele Aspekte und alle relevanten Personenkreise berücksichtigt, der Ist-Zustand verbessert und der Soll-Zustand zielgerichtet angesteuert werden. Bei der Implementierung einer neuen Lernplattform werden viele Fragen im Vorfeld geklärt. Bei der Veränderung – vom Trainer zum Lernbegleiter – holen wir den Trainer ab und schaffen das notwendige Verständnis dafür, dass es neue Anforderungen bezüglich der Lernbegleitung gibt.
- Bei den Lernenden wird das Bewusstsein geschaffen, dass es um die persönliche Weiterentwicklung geht, dass die Maßnahmen Investitionen in ihre Zukunft bedeuten und dass das Unternehmen bereit ist, Zeit und Geld in sie zu investieren. Die Mitarbeitenden werden für die Notwendigkeit des lebenslangen Lernens sensibilisiert. Zusätzlich wird den Führungskräften verdeutlich, dass sie auch die Rolle des ersten Personalentwicklers innehaben.
- Die Mitbestimmungsgremien entlastet der PE-Check°, da er die Anonymität und alle datenschutzrechtlichen Vorgaben beachtet und die Aufgabenstellung der Mitbestimmung unterstützt.
- Die Unternehmensleitung erhält Investitionssicherheit aufgrund der Messung – Qualität und Wirksamkeit – von Bildungsmaßnahmen. Personalentwicklerinnen erhalten einen Argumentationsrahmen, welche Investitionen notwendig sind beziehungsweise wo eventuell auch Einsparungspotenziale liegen.
- Bezüglich der Außenwirkung ist festzustellen, dass es Bewerbenden heute sehr wichtig ist, welche Angebote ihr zukünftiger Arbeitgeber für die persönliche Weiterentwicklung bietet. Die Generation Y ist die Generation mit den höchsten Investitionen in die eigene Aus- und Weiterbildung. Mit dem PE-Check° kann das Unternehmen detailliert erkennen, wie gut es um die Möglichkeiten der persönlichen Weiterentwicklung im Unternehmen bestellt ist und welche konkreten Veränderungen einzuleiten sind, um ein einzigartiger Arbeitgeber zu sein.

7.1 Die Unternehmensbefragung

Die erste Perspektive, die eingenommen wird, ist die der Unternehmensleitung in Verbindung mit Personal und Personalentwicklung. Insgesamt werden fünf Themenfelder anhand eines Fragebogens betrachtet:

- die Rahmenbedingungen,
- die Diagnostik und das Onboarding,
- die Angebote zur Aus- und Weiterbildung,
- das Thema »Führung« und
- der Digitalisierungsgrad in der Aus- und Weiterbildung.

Die Fragen sind geschlossen formuliert und mit Ja oder Nein zu beantworten. Bei einem Ja sind Dokumente anzufügen, die als Nachweis dienen. So kann geprüft werden, ob beziehungsweise in welchem Maß die jeweilige Anforderung erfüllt ist. Die Skalierung des Erfüllungsgrades erlaubt eine Differenzierung.

Ein Beispiel: Folgende Frage wird in dem Fragebogen »Rahmenbedingungen gestellt«: »Ist das Thema ›Lernen‹ in dem Unternehmensleitbild berücksichtigt?« Antwortet das Unternehmen mit Ja, hinterlegt es in diesem Fall das Unternehmensleitbild. So würde bei der Barmenia Versicherung unter anderem Folgendes zu lesen sein (Leitbild Stand 2020): »Wir wollen selbstbewusste, motivierte und leistungsorientierte Mitarbeiter für die Barmenia sein. Deshalb legen wir großen Wert auf unsere fachliche und persönliche Weiterbildung.« In diesem Beispiel wäre die Anforderung vollumfänglich erfüllt und es würde die höchste Punktzahl für diese Antwort vergeben. Die Frage selbst findet sich in dem Koordinatensystem (Rahmenbedingung – Personalentwicklung als Managementaufgabe) wieder. Dort sind weitere gleichgewichtete Fragen hinterlegt.

Jede Frage ist einem der folgenden Qualitätsmerkmale zugeordnet:

- Personalentwicklung als Managementaufgabe,
- Evaluation,
- Planung und Umsetzung,
- Vernetzung,
- Partizipation und Kommunikation,
- Angebotsvielfalt und
- lernendes System.

So entsteht eine Matrix beziehungsweise PE-Landkarte bestehend aus fünf Themenfeldern und sieben Qualitätskriterien.

Qualitätskriterien	Rahmenbedingungen	Diagnostik / Onboarding	Aus- und Weiterbildung	Führungskräfte-Entwicklung	Digitalisierung
PE als Management-Aufgabe					
Evaluation					
Planung und Umsetzung					
Vernetzung					
Partizipation und Kommunikation					
Angebotsvielfalt					
Lernendes System					

Abb. 33: PE-Landkarte – Themenfelder PE x Qualitätskriterien

Um die qualitative Ausprägung anschaulich darzustellen, ist ein Ampelsystem hinterlegt. Ist das Thema vollumfänglich umgesetzt, wird es grün markiert, erste Schritte sind gelb, nicht vorhanden beziehungsweise nicht erfüllt bedeutet rot. Jedem Feld in der Matrix sind mehrere Fragen gleichgewichtet zugeordnet. Ein weißes Feld bedeutet, dass die Zuordnung »Themenfeld zu Qualitätsmerkmal« nicht berücksichtigt wird. Ein Beispiel: Rahmenbedingungen x lernendes System – bei diesen weißen Feldern (insgesamt vier in der Matrix) haben wir keine notwendige Anzahl Fragen zuordnen können.

Es entsteht eine übersichtliche Matrix, die den Ist-Zustand von Seiten des Unternehmens anschaulich darstellt. Es ergibt einen ersten, leicht zu erfassenden Gesamtblick auf die Bildungslandschaft aus der Perspektive Unternehmensleitung – Personal – Personalentwicklung.

7.1.1 Fragebogen: Rahmenbedingungen

Bei den Rahmenbedingungen wird geprüft, ob eine nachhaltige Lernkultur existiert. Werden Budget und Ressourcen effizient genutzt? Gibt es eine klar formulierte Agenda für die Zukunft? Findet Partizipation statt und erhalten die Lernenden die Möglichkeit, das Erlernte unter Anleitung in der Praxis umzusetzen? Werden die Themen zielgruppenorientiert kommuniziert? Wer ist in dem jeweiligen Prozess eingebunden? Es geht um das Erfassen der Lernkultur im Unternehmen, um die Bereitschaft, in die Mitarbeitenden zu investieren und dem Thema »Aus- und Weiterbildung« die notwendige Aufmerksamkeit zu schenken.

Im Folgenden ist die jeweilige Frage um eine Ausfüllhilfe ergänzt, die Ihnen aufzeigt, wie eine Antwort aussehen kann und in welchem Kontext die jeweilige Frage steht.

Rahmenbedingungen
1. Ist das Thema »Lernen« in dem Unternehmensleitbild und den Führungsgrundsätzen berücksichtigt? Unternehmen können den hohen Stellenwert signalisieren, indem sie das Thema »Lernen« in dem Unternehmensleitbild und/oder in den Führungsgrundsätzen berücksichtigen. Beispiel: In acht von zehn Versicherungsunternehmen ist die Weiterbildung im Unternehmensleitbild verankert (AGV–Grünbuch–Arbeiten 4.0).
2. Ist das Thema »lebenslanges Lernen« an die Mitarbeitenden adressiert? Lebenslanges Lernen wird zunehmend zum elementaren Wettbewerbsfaktor für Unternehmen und Organisationen. Für Mitarbeitende und Führungskräfte ist es der Schlüssel für individuelle Beschäftigungsfähigkeit. Lernen braucht einen Stellenwert im Unternehmen. Lernen benötigt Wertschätzung und Anerkennung.
3. Sind Verantwortlichkeiten für die Personalentwicklung klar geregelt? Geklärte Zuständigkeiten steigern die Prozessklarheit und die Wirksamkeit der Angebote.
4. Findet mindestens einmal im Jahr ein Strategiegespräch der Personalentwicklung mit der Unternehmens-, Geschäftsleitung statt? Die strategische Unternehmensplanung gibt die zukünftig benötigten Kompetenzen im Unternehmen oder der Organisation vor. Daraus kann die PE eine Qualifikationsmatrix ableiten und auf Basis der Bedarfsermittlung Maßnahmen, das Bildungsmanagement planen.
5. Wird das Qualifizierungs-/Bildungsmanagement mit der Geschäftsleitung abgestimmt? Die Unternehmensleitung wird abgeholt, informiert und Feedback eingeholt. PE-Ziele können geprüft und verabschiedet werden. Agiert die PE im Sinne der Unternehmensleitung?
6. Findet ein Abgleich zwischen der Unternehmensstrategie und der Personalentwicklungsstrategie statt und wird dieser dokumentiert? Stimmt die PE-Strategie mit der Unternehmensstrategie überein? Dies ist kritisch zu prüfen, um auch lieb gewonnene Maßnahmen zu hinterfragen und mögliche Lücken aufgrund strategischer Veränderungen zu sichten. Eine Dokumentation ist zu empfehlen (Matrix oder sonstige Hilfsmittel), auch um Mitarbeitende der PE bei der Transformation mitzunehmen. Was ist die Aufgabe, wohin geht die Reise.
7. Sind die Mitbestimmungsgremien kontinuierlich eingebunden? § 97 Abs. 1 BetrVG: Der Arbeitgeber hat mit dem Betriebsrat über die Errichtung und Ausstattung betrieblicher Einrichtungen zur Berufsbildung, die Einführung betrieblicher Berufsbildungsmaßnahmen und die Teilnahme an außerbetrieblichen Berufsbildungsmaßnahmen zu beraten. Gem. § 87 Abs. 1 Nr. 6 BetrVG ist die Einführung technischer Systeme zur Überwachung des Verhaltens und der Leistung der Mitarbeitenden zwingend mitbestimmt. Entgegen dem Wortlaut reicht es aber nach der Rechtsprechung des Bundesarbeitsgerichts (BAG) aus, wenn die Einrichtung objektiv zur Überwachung geeignet ist. Sofern also E-Learning-Tools (bspw. in Form reiner Softwaretools) die Log-in-Daten der Arbeitnehmenden erfassen und somit festhalten können, wer wann an welcher Schulung teilgenommen hat, sind sie mitbestimmungspflichtig. Es ist völlig unerheblich, ob die technische Einrichtung die Überwachung der Mitarbeitenden überhaupt zum Ziel hat.

Rahmenbedingungen
8. Findet eine kontinuierliche Bedarfsanalyse statt und werden daraus Angebote abgeleitet? Die Erfassung des zukünftigen Weiterbildungsbedarfs und der daraus abzuleitenden Qualifizierungsmaßnahmen, erfolgt in sechs von zehn Unternehmen. Diese vergleichsweise aufwendige Maßnahme ist allerdings eher in mittleren und großen Unternehmen vorhanden. Hier wird erwartet, dass der Prozess beschrieben wird, wie die Informationen gewonnen werden. Nicht nur Führungskräfte sollten hier befragt werden.
9. Sind Personalentwicklungsthemen in den Zielen der Führungskräfte verankert? Bei vielen Umfragen ist festzustellen, dass Mitarbeitende sich von ihren Vorgesetzten mehr Unterstützung und Anerkennung beim Lernen wünschen. Nur eine kleine Minderheit (9 %) der Befragten fühlt sich von ihren Vorgesetzten gut bis sehr gut beim Lernen unterstützt (Vodafone Stiftung, BIBB, 2016). Führungskräfte spielen eine entscheidende Rolle beim Erzielen der Lernziele und der Umsetzung in die Praxis. Ein Weg der Sensibilisierung ist es, in den Zielen der Führungskräfte diese zu verankern. Die Formulierungen und die Ziele können hier mannigfaltig sein, sollten aber in Richtung Personal-, Potenzialentwicklung gehen.
10. Gibt es eine etablierte Kommunikationsstruktur im Unternehmen? Auch das Bildungsangebot will verkauft, die Zielgruppen über angebotene Maßnahmen umfänglich informiert und motiviert werden. Kommt die Information bei der jeweiligen Zielgruppe an? Möglichkeiten: Erfolgsgeschichten, Erfolgsstatistik (Transparenz der Maßnahme), Feedback Teilnehmende, Ansprechpartner.
11. Wird die Personalentwicklung durch externen Input unterstützt? Findet ein aktiver Austausch auf Messen, Tagungen, in Arbeitskreisen und Workshops statt? Eine Kopie ist nie so gut wie das Original, aber ein Abgleich, ein Austausch ist (mehr-)wertstiftend. Netzwerke und Netzwerkplattformen können hier sehr dienlich sein.
12. Werden Führungskräfte auf ihre Rolle als erster Personalentwickler und die damit verbundene Verantwortung befähigt? Die Führungskraft als erster Personalentwickler. Zunächst müssen die Führungskräfte das Angebot kennen. Zusätzlich sollten sie als Lerncoach das Lernen begleiten und unterstützen. Werden diese Aspekte in der Führungskräfteentwicklung genutzt, wird zum Beispiel die Lernbereitschaft geprüft? Wie sieht werteorientierte Führung (transaktionale und transformationale Führung & Why – Vorbild, Reifegrad, Motivation und Wertschätzung) aus und werden Führungskräfte ausreichend geschult (Befähigung als Lerncoach).
13. Existiert ein Berichts- und Messsystem für Kennzahlen zur Bewertung der Personalentwicklung? Kontrolle heißt Wertschätzung. Es wird ein lernendes System geschaffen: Transparenz, klare Zielformulierungen, Investitionssicherheit – auch Messungen zum Theorie-Praxis-Transfer sowie die kontinuierliche Erhebung solcher Kenngrößen, siehe auch Kennzahlen zu Fluktuation, Budget, Nutzungsquote, Bestehens-/Erfolgsquote, Absagenquote (Wertschätzung der Teilnehmenden).
14. Können Mitarbeitende auf das Angebot der Aus- und Weiterbildung einwirken, Ideen einbringen? Partizipation im Sinn von selbstgesteuertem Lernen nimmt einen immer höheren Stellenwert ein. Hier ist auch die Dokumentation Idee–Lösung gemeint. Trainerinnen müssen sensibilisiert werden, die Bedarfe der Zielgruppen zu erkennen. Anbindung ans Verbesserungs- Vorschlagswesen ist ebenfalls möglich. Wie werden die Zielgruppen motiviert, Ideen einzureichen?

Rahmenbedingungen
15. Werden Ideen und Vorschläge systematisch geprüft, dokumentiert und umgesetzt? Wird ein Mitarbeiter eingebunden, möchte er verstehen, was mit seinem Beitrag geschieht. Partizipation im Prozesskontext: Wie werden die Ideen wirklich bearbeitet? Gibt es zum Beispiel Workshops, die die eingereichten Vorschläge prüfen und erste Schritte einleiten?
16. Werden externe Weiterbildungen gefördert (z. B. duale Studiengänge)? Angebotsbreite, -vielfalt, -tiefe: Wer alles allein machen möchte, raubt sich wichtiger Impulse. Werden Angebote geprüft? Nicht alle Angebote müssen inhouse erfolgen, Abgleich und Prüfung intern vs. extern (Entscheidungsmatrix, SWAT etc.).

Tab. 24: PE-Check° – Fragebogen Rahmenbedingungen

7.1.2 Fragebogen: Diagnostik & Onboarding

Alle reden vom Wertewandel, von sich schnell verändernden Anforderungen in unserer Arbeitswelt. Umso wichtiger ist es zu prüfen: Passt das aktuelle Kompetenzmodell, passen die Anforderungsprofile auf die Menschen, die Sie zukünftig benötigen? Sind die diagnostischen Tools, falls überhaupt vorhanden, dafür geeignet?

Noch wichtiger: Was passiert, wenn Sie die richtige Person für eine Position, eine Stelle gefunden haben? Wie funktioniert der Onboarding-Prozess im Unternehmen? Werden die Neuen von Anfang an begleitet und integriert? Können sie ihr Potenzial von Beginn an im Unternehmen entfalten? Oder verlassen immer wieder Menschen, die Sie mit viel Aufwand gewonnen haben, aufgrund der nicht eingehaltenen Zusagen und Aussichten oder nicht eingehaltener Versprechungen Ihr Unternehmen?

Dieser Baustein umfasst Fragen zu Rekrutierung, Employer Branding, Auswahlprozess und der anschließenden Einbindung der Mitarbeitenden in das Unternehmen.

Diagnostik & Onboarding
1. Gibt es ein Kompetenzmodell oder Kompetenzprofile für die Zielgruppen? Kompetenzen und deren strategische Entwicklung ist das Fundament einer modernen Personalentwicklung (vgl. Kapitel 2).
2. Werden das Kompetenzmodell/die Kompetenzprofile kommuniziert und können die Mitarbeitenden und Führungskräfte darauf zugreifen? Kompetenzmodelle müssen aktiv gelebt werden. Sie müssen den Mitarbeitenden und Führungskräften zugänglich und verständlich vermittelt werden. PE ist die Förderung beruflich relevanter Kenntnisse, Fertigkeiten etc. durch Maßnahmen der Weiterbildung, der Beratung, des systematischen Feedbacks und der Arbeitsgestaltung. Personalentwicklung fokussiert dabei auf Kompetenzen, die zur Verwirklichung strategischer Organisationsziele benötigt werden (vgl. Solga et al. 2008).

Diagnostik & Onboarding
3. Bestehen Prozessbeschreibungen und Regelungen für die Diagnostik und sind diese dokumentiert? Wer führt welche Maßnahme durch. Sind die Personen dazu qualifiziert. Hilfreich ist ein Blick in die DIN 33430. Diese DIN-Norm bewirkt die Qualitätssicherung im sensiblen Bereich der beruflichen Eignungsdiagnostik. Sie beschreibt, welche Kriterien für die Auswahl von Instrumenten im Prozess der Eignungsdiagnostik bedeutsam sind, welche Qualifikationsanforderungen an die beteiligten Personen gestellt werden sollten und was beim Vorgehen in der Planung und Durchführung beachtet werden soll.
4. Werden der Lebenslauf, die Zeugnisse inklusive Anlagen sowie Referenzen oder Empfehlungen in dem Bewerbungsgespräch eingebunden? Biografie orientierte Verfahren sind vergangenheitsbezogen. Sie erfassen bisherige Qualifikationen und Leistungen. Der Lebenslauf und/oder ein biografischer Fragebogen sind wichtiger Bestandteil der Analyse. Die Prüfung der Anlagen wird aufgrund der Vielzahl von Qualifizierungsangeboten für Entscheider immer komplexer. Oftmals wird die Chance (Referenzen, Empfehlungen) im Bewerbungsprozess nicht genutzt. Dabei sind diese Informationsquellen sehr hilfreich – unbedingt einbeziehen.
5. Findet ein strukturiertes, dokumentiertes Bewerbungsgespräch statt? Bewerber-Interviews sollten strukturiert und dokumentiert werden. Nur so gelingt ein transparentes Einstellungsverfahren – nach innen und außen. Struktur schafft Vergleichbarkeit. Sie helfen den Beobachtern und dem Interviewer. Verhaltensdreieck: • Wie war die Situation? (konkrete Situationsbeschreibung) • Was haben Sie wie gemacht? (Aktivitäten) • Aus welchem Grund haben Sie das so gemacht? (Motivation) • Was waren die Ergebnisse? • Was haben Sie aus der Situation gelernt? Was würden Sie heute anders machen?
6. Werden die Beobachtenden der diagnostischen Verfahren für ihre Rolle qualifiziert? Beobachter müssen ihre Rolle und die Strategie der Gesprächsführung kennen. Ein Beispiel: In meinen Interviews achte ich auf die Widerlegungs- und Bestätigungsstrategie. Ein Vorurteil wirkt schnell, durch gezielte Fragen versuche ich, mein bisheriges Urteil zu widerlegen. Kennen die Beobachter diese Strategie, wissen sie die Fragen und Antworten besser einzuordnen. Kennen sie meine Fragetechnik nicht, könnten sie das Interview falsch deuten.
7. Sind die durchführenden Diagnostiker qualifiziert und bilden sich kontinuierlich weiter? Siehe DIN 33430 (Anforderungen an berufsbezogene Eignungsdiagnostik). DIN ist nicht zwingend notwendig, gibt aber Hinweise, worauf zu achten ist.
8. Werden die Prozesse regelmäßig auf Verbesserungen überprüft? Wird Feedback eingefordert, prüfen wir anhand von Kennzahlen die Ergebnisse/Evaluation.
9. Werden konkrete Maßnahmen aufgrund der diagnostischen Ergebnisse abgeleitet? Oftmals werden die Ergebnisse aus den diagnostischen Verfahren nicht weiter genutzt. Hier vergeben Sie die Möglichkeit, fundierte Erkenntnisse anzuwenden. Wichtig für Bewerbende und für die Glaubwürdigkeit der Maßnahmen.
10. Werden Online-Assessment-Center durchgeführt? Online-Assessment ist eine kostenreduzierende Möglichkeit.

Diagnostik & Onboarding
11. Werden Präsenz-Assessment-Center durchgeführt? Thema in Kapitel 2.2 – Assessment-Center und ihre Wirkung.
12. Werden externe Beratende eingebunden? Hinweise aus der DIN 334330.
13. Findet ein externer Austausch zur Diagnostik, Personalauswahl statt? Nutzung von Netzwerken, ein kontinuierlicher Austausch über Erfahrungen und Empfehlungen steigert die Qualität der Anwendung.
14. Werden Führungskräfte in den Auswahlprozess eingebunden? Wirkungsweise von Auswahlverfahren – Kultur, Werte, Kompetenzen – Lernkultur im Unternehmen wird gestärkt.
15. Existiert eine Evaluation bezüglich der diagnostischen Maßnahmen? Kennzahlen geben Sicherheit.
16. Sind die Mitbestimmungsgremien kontinuierlich in den Prozess Diagnostik & Onboarding eingebunden? Wir empfehlen die Mitbestimmung bei den Verfahren als stille Beobachter einzuladen, dies schafft Vertrauen und Transparenz. Zeitlich Verzögerungen (Einstellungsprozedere) werden vermieden.
17. Liegt der Arbeitsvertrag nach Einstellungszusage zeitnah vor? Welchen ersten Eindruck gewinnen die neuen Mitarbeiter vom Unternehmen. Prüfung, ob zeitnaher Arbeitsvertrag der Fall ist – Prozessprüfung leider nicht selbstverständlich. Ist der Prozess klar definiert?
18. Wird ein Ansprechpartner aus der Personal- und Fachabteilung benannt? Rollenklärung: Erste Ansprechpartner nehmen beim erfolgreichen Onboarding eine wichtige Funktion ein.
19. Werden weitere Informationen zum Unternehmen und zu der neuen Stelle nach Zusage zur Verfügung gestellt? Wichtiger Hinweis zum Onboarding: Welche Unterlagen sind zielführend, auch wertschätzend?
20. Gibt es ein Willkommenspaket – Arbeitsplatz, Zugangskarte, Software, Unterlagen – zur Sicherung der Arbeitsfähigkeit von Tag 1 an? Denkanstoß: Die Deutsche Bahn AG bietet das Seminar »DB Welcome« an (https://www.db-training.de/dbtraining-de/Aktuelles/News/DB-Welcome-Fuer-einen-gelungenen-Start-im-DB-Konzern-5718516).
21. Werden konkrete Erwartungen und Ziele nach Zusage in einem Mitarbeitergespräch besprochen? Schafft Klarheit und unterstützt die Führungskraft und die neue Mitarbeiterin (Ziele, Wünsche – »So arbeite ich am liebsten«).
22. Werden Einarbeitungspläne erstellt? Wichtiger Aspekt, um den neuen Mitarbeiter möglichst schnell zu befähigen, seine Aufgaben zu erfüllen. Schafft Klarheit im Team (Rollen, Aufgaben). Qualifikationsabläufe, Besuchsabläufe, Feedbackgespräche.

Tab. 25: PE-Check° – Fragebogen Diagnostik & Onboarding

7.1.3 Fragebogen: Bildungsangebot

Der dritte Baustein ist gleichzeitig der umfassendste. Er setzt sich mit dem aktuellen Bildungsangebot (manchmal auch Bildungsmanagement genannt) auseinander. Hier geht es um Zielgruppen und die dazu passgenauen Angebote. Es geht um die Lernpräferenzen und die Kommunikationswege. Findet eine Qualitätssicherung der Angebote statt? Werden die formulierten Lernziele erreicht? Werden Lernziele überhaupt formuliert? Erhalten die Trainierenden selbst ausreichend Weiterbildungsmöglichkeiten? Es werden Lerninhalten und Lernmethoden erhoben.

Für die meisten Seminare sind heute vorformulierte Lernziele selbstverständlich. Aus Untersuchungen ist bekannt, dass Teilnehmende einen höheren Lernerfolg erzielen, wenn sie das Lernziel noch einmal in eigenen Worten formulieren. Oftmals ist die Reduktion auf wenige Themen der Schlüssel zum (Seminar-)Erfolg.

Bildungsangebot/-management
1. Werden die Mitarbeitenden über die Maßnahmen zur Aus- und Weiterbildung informiert? Personalentwicklung bedarf einer Kommunikationsstrategie, die Führungskräfte und Zielgruppen erreicht. Oftmals stelle ich fest, dass das vielfältige Angebot den Zielgruppen nur rudimentär bekannt ist. Zugangswege sind zu prüfen (Newsletter, Bildungsplattform, Bildungskatalog, Bildungsberatung etc.). Wie verkaufen wir unser Bildungsangebot?
2. Werden Anreize zur Teilnahme an Qualifizierungsmaßnahmen geschaffen? Zertifikate, Arbeitszeitausgleich, Karrierepfade, Zuschüsse etc.: Wie motivieren wir Teilnehmende zu lebenslangem Lernen?
3. Werden zielgruppenorientierte Qualifizierungen angeboten? Eine Lösung für alle, das war gestern. Sind in der PE-Strategie Zielgruppen definiert? Sind notwendige Kompetenzen abgeleitet? Sind Angebote zur Qualifizierung der Zielgruppe vorhanden?
4. Gibt es Angebote zur fachlichen Weiterbildung? Fachlichkeit ist hier der Schwerpunkt (Wissenserweiterung). Denken Sie an den demografischen Wandel: Welche Kompetenzen müssen neu aufgebaut werden?
5. Gibt es Angebote zur vertrieblichen Weiterbildung? Hier ist Vertrieb im weitesten Sinne gemeint, also alles, was den Absatz an Dienstleistungen und Produkten steigert.
6. Gibt es Angebote zur Persönlichkeitsentwicklung? Die Persönlichkeit spielt im beruflichen Kontext eine immer wichtigere Rolle. Nicht nur Führungskräfte, auch Verkäuferinnen und Teammitglieder benötigen Angebote. Denken Sie an die Hinweise: Ich, Du, Ihr, Wir.
7. Gibt es Angebote zur Kommunikationsfähigkeit? Kommunikation ist weiterhin sehr wichtig, ist elementar. Neue Kommunikationswege sind hinzugekommen. Werden auch sie berücksichtigt?

Bildungsangebot/-management
8. Gibt es Angebote zum Thema »unternehmerisches Denken«? Hier sind Selbstverständnis und Selbstverantwortung zu nennen. In einer agilen Arbeitsumgebung haben die Mitarbeitenden mehr Freiheiten, mehr Entscheidungsbefugnisse.
9. Gibt es Angebote zum Thema »digitale Kompetenzentwicklung«? Es geht um die Befähigung im Kontext der digitalen Transformation und den Aufbau einer soliden Digitalstrategie (Kap. 4.1.7).
10. Gibt es Angebote zur Zielfindung möglicher Laufbahnen (Projekt, Spezialistin, Führungskraft)? Gibt es Laufbahnmodelle? Karrierepfade sind vielseitig, Projektleitung, Spezialistin oder Führungskraft: Wo liegen Stärken, wie möchten Mitarbeitende sich weiterentwickeln? Werden sie bei der Auswahl unterstützt? Welche Laufbahn passt zu wem?
11. Gibt es Angebote für High Potentials? Es geht um die Förderung und Bindung von High Potentials sowie die Vorbereitung auf weiterführende Aufgaben. Im Schaubild Management-Förderkreis (Kap. 8.6.1) sieht man schnell den Ablauf und die Inhalte. Solche Maßnahmen sind politisch (altes Silodenken) und bedürfen einer umfassenden Vorbereitung und Planung.
12. Werden Kompetenz-/Lernziele für die Maßnahme formuliert? Das Festlegen von Lernzielen ist die Grundlage für einen erfolgreichen Lernprozess. Dabei ist es wichtig zu spezifizieren, was gelernt werden soll, um die Aufmerksamkeit auf relevante Aspekte zu lenken und nicht den Fokus in komplexen Lernprozessen zu verlieren. Außerdem sind Lernziele Voraussetzung, um am Ende den Erfolg messen zu können (Kapitel 2).
13. Wird das Erreichen der formulierten Kompetenz-/Lernziele überprüft? Lernerfolg, Führung, Transfer von Theorie zur Praxis: Mitarbeitende sind zu befähigen, Lernziele für sich selbst zu formulieren, zu überprüfen und zu feiern.
14. Wird der Theorie-Praxis-Transfer mit den Teilnehmenden trainiert und abgebildet? Theorie und Praxis im Seminar: Bei Lernangeboten sollte der Praxisbezug hergestellt und verdeutlicht werden. Je konkreter, desto besser. Geben wir Möglichkeiten des Ausprobierens?
15. Wird geprüft, ob ein Transfer in den Berufsalltag erfolgt (Evaluation)? Es muss beobachtet werden, ob eine Umsetzung der Theorie im beruflichen Kontext erfolgt.
16. Liegt eine Bildungshistorie je Mitarbeiter vor? Führungskräfte und Trainerinnen können die Weiterentwicklung der Mitarbeitenden besser fördern. Doppelbuchungen werden vermieden.
17. Findet eine kontinuierliche Qualitätssicherung der durchgeführten Qualifizierungsmaßnahmen statt? Feedback zu durchgeführten Qualifizierungsmaßnahmen/Qualitätssicherung – lernendes Verfahren. Befragung der Teilnehmenden und Führungskräfte, Erfolgsmessung, Trainerbegleitung etc.
18. Werden die Trainer und Trainerinnen kontinuierlich weitergebildet? Gibt es ein Weiterbildungsbudget für die Mitarbeitenden der Personalentwicklung? Werden Workshops besucht, Hospitationen und die Teilnahme an Weiterbildungen ermöglicht etc.?

Bildungsangebot/-management
19. Wie werden Führungskräfte in den Prozess der Aus- und Weiterbildung eingebunden? Führungskräfte sind entscheidend für den Trainingserfolg. Der Fokus liegt auf Entwicklungs- und Mitarbeitergesprächen, Bildungsmanagement, Reifegrad. Begleitet die Führungskraft den Prozess und berücksichtigt sie Erwartungen, Feedback etc.?
20. Werden die Teilnehmenden auf die Qualifizierungsmaßnahmen vorbereitet? Die Professionalität von Trainingsmaßnahmen unterstützt Nachhaltigkeit. Blended Learning erhöht den Trainingserfolg, verkürzt die Seminardauer und reduziert oftmals auch die Kosten.
21. Findet eine Nachbereitung zur Lernmaßnahme statt? Oftmals werden die Teilnehmenden nach der Maßnahme umgehend vom Alltag eingeholt. Nach nur wenigen Tagen ist das erworbene Wissen bereits erheblich reduziert, (Vergessenskurve). Hilfreich ist zum Beispiel ein Anschreiben nach dem Seminar mit einer Zusammenfassung, Bildprotokoll etc.
22. Werden Ziele und Wünsche der Teilnehmenden erfragt und im Training berücksichtigt? Erwartungen, Bedürfnisse und Ziele der Teilnehmenden müssen berücksichtigt werden. Dadurch entsteht ein höherer, aber lohnenswerter Anspruch an den Trainer (Transferleistungen, Förderung der Partizipation, Sicherung der Praktikabilität, Einbindung, Wertschätzung).
23. Sind die Unterlagen, Medien etc. auf dem neusten Stand und werden kontinuierlich überprüft? Wer ist für welche Unterlagen verantwortlich? Gerade bei Onlineseminare wird das leider noch vernachlässigt. Hier sind Verantwortlichkeiten und Vorgaben nötig: Wer macht was, wie bis wann? Wo wird dieses dokumentiert?
24. Wird die kollegiale Beratung gefördert? Kollegiale Beratung ist eine zunehmend verwendete Methode. In einer Gruppe beruflich Gleichgestellter werden konkrete Fälle geschildert, diskutiert und Lösungen erarbeitet. Die Beratung erfordert keine fallbezogenen Fachkompetenzen der Beteiligten. Die Rollen innerhalb der Struktur sind frei wählbar. Kollegiale Beratung als internes Forum ist eine wirksame und kostengünstige Methode, weil sie Impulse für Problemlösungen liefert. Durch stellvertretendes Lernen in der Gruppe oder eigenes Lernen am Fall wird der Erwerb neuer Kompetenzen ermöglicht. Die berufsbezogene Selbstreflexion aller Beteiligten fördert Rückhalt, Stärkung und Entlastung, die auch der Burnout-Prophylaxe dienen kann. Vernetzung wird gefördert, Silodenken aufgebrochen.
25. Werden Hospitationen angeboten? Eine Führungskraft oder eine Mitarbeitende besucht eine Einrichtung, einen Standort, ein Unternehmen, um Einblicke in den dortigen Arbeitsalltag zu erhalten (Hospitation). Das schafft Netzwerke, fördert den Blick über den eigenen Tellerrand hinweg, gibt neue Impulse und wird zumeist als sehr wertschätzend bewertet.
26. Wird mit Mentoren gearbeitet? »Mentoring ist eine zeitlich relativ stabile dyadische Beziehung zwischen einem erfahrenen Mentor und seinem weniger erfahrenen Mentee. Sie ist durch gegenseitiges Vertrauen und Wohlwollen geprägt, ihr Ziel ist die Förderung des Lernens und der Entwicklung sowie das Vorankommen des/der Mentees.« (Ryschka, Solga, Mattenklott, 2011, S. 108 ff.)
27. Werden Coachings angeboten? Im Coaching sind klare Vorgaben notwendig (Ziel, Dauer, Abschluss) – für alle Funktionsebenen. Der Berufsstand Coach ist nicht geschützt, prüfen Sie daher die Qualität des Anbieters. Achten Sie darauf, dass das Coaching einen festen Endzeitpunkt hat (Abnabelung Coach – Coachee).

Bildungsangebot/-management
28. Werden Trainings »into the job« angeboten? Diese Trainings befassen sich mit der Hinführung zu neuen Aufgaben- und Tätigkeitsfeldern.
29. Werden Trainings »along the job« angeboten? Solche Angebote konzentrieren sich auf die Laufbahn- und Karriereplanung.
30. Werden Trainings »on the job« angeboten? Hier geht es um die Bildung am direkten Arbeitsplatz. Dazu gehören zum Beispiel die Jobrotation oder die Übertragung begrenzter Verantwortung.
31. Werden Trainings »near the Job« angeboten? In diesen Trainings geht es um eine arbeitsplatznahe Entwicklung, wie die Arbeit in Projektgruppen.

Tab. 26: PE-Check° – Fragebogen Bildungsangebot/-management

7.1.4 Fragebogen: Führung

Führung verändert sich, Führungskräfte müssen ihren Führungsstil, ihre Führungspersönlichkeit und deren Wirkung prüfen. Führungskräfte haben zum einen die Rolle des Lernenden, indem sie sich selbst weiterbilden, zum anderen sind sie aber auch immer erster Personalentwickler. Führungskräfte haben einen großen Einfluss auf die Wirksamkeit von Aus- und Weiterbildungsmaßnahmen.

Kleiner Exkurs: Ich empfehle die Positionsbesetzungen der Top-Führungskräfte aus den eigenen Reihen. Dazu ist es notwendig, Nachfolgeplanungen für Spitzenkräfte bereits anzustrengen, bevor ein Wechsel überhaupt zur Debatte steht. Der Artikel des Harvard Business Manager – »Auf der Suche nach einem neuen CEO: Eine Anleitung für Entscheidungsträger« (03/2022) – behandelt diese Fragestellung und macht deutlich, warum eine interne Besetzung durchaus sinnvoll ist, obwohl es einen Trend gibt, Spitzenpositionen mit Externen zu besetzen. Bis externe Kandidaten die Unternehmenskultur, das Geschäftsmodell verstanden haben, vergehen oftmals Wochen, eher Monate. Der Blick externer Personalberater und deren Netzwerke sind bei einer Stellenbesetzung nicht immer für das Unternehmen förderlich.

Ein weiterer Blick wird auf die Angebote und die Inhalte geworfen. Es wird geprüft, ob die Inhalte mit den Anforderungen einer modernen Führungskultur übereinstimmen. Werden Führungskräfte bei der Entscheidungsfindung »Möchte ich Führungskraft werden?« unterstützt?

Bei meinen ersten Umfragen in der Versicherungswelt stellte ich fest, dass gerade bei der Unterstützung durch die Führungskräfte erhebliche Potenziale gehoben werden können. Dazu bedarf es einer klaren Kommunikation, klarer Spielregeln und einer umfassenden Unterstützung durch die Personalentwicklung.

Führung
1. Werden vakante Stellen im Führungskräftebereich, wenn möglich, durch interne Mitarbeitende besetzt? Mitarbeitende werden zu Führungskräften entwickelt (Wertschätzung, Karrieremöglichkeiten). Das hilft auch der Bindung an das Unternehmen (siehe »Kleiner Exkurs« weiter oben).
2. Gibt es eine Führungskräftestrategie? Eine Strategie sorgt für Klarheit und Transparenz im Unternehmen. Erwartungshaltung und Führungsgrundsätze werden benannt.
3. Wird der Weiterbildungsbedarf für Führungskräfte systematisch ermittelt? Gerade in Zeiten agiler Arbeitswelten verändert sich die Führungsrolle. Umso mehr dürfen auch Geschäftsleitung, Stakeholder, Führungskräfte nicht stillstehen. Externe Unterstützung ist möglich.
4. Wird die Führungskräfte-Entwicklung systematisch an den Unternehmenszielen ausgerichtet? Werden beispielsweise agile Strukturen geschaffen, braucht es den Abgleich: Was müssen Führungskräfte morgen beherrschen?
5. Werden Methoden der Projektarbeit in die Führungskräfte-Entwicklung eingebunden? Projektmanagement und agile Methoden werden immer wichtiger.
6. Werden diagnostische Methoden in der Führungskräfte-Entwicklung eingebunden? Ein diagnostisches Vorgehen sorgt für Klarheit, führt weg von eventuell empfundener Willkür (Bewertungen, AC, 360° etc.).
7. Gibt es Patenschaften und/oder Mentoren-, Coaching-Programme? Im beruflichen Alltag sind Coaching- und Mentoring-Programme mittlerweile weit verbreitet. Wichtig ist eine Qualitätssicherung und eine vorgegebene Struktur des jeweiligen Ablaufs.
8. Ist das Thema »gesundes Führen« im Bildungsprogramm berücksichtigt? Betriebliches Gesundheitsmanagement und Führungsansätze verschmelzen mehr und mehr. Gute Führungskräfte haben zumeist einen geringen Krankenstand, schwache hingegen nehmen ihren Krankenstand mit.
9. Werden die Führungskräfte zum Thema »kollegiale Beratung« qualifiziert? Kollegiale Beratung ist für Führungskräfte eine viel gelobte Unterstützungsmöglichkeit im Führungsalltag. Sie ist ein wichtiges (Weiter-)Bildungsthema. Wirkt oftmals dem Silodenken entgegen.
10. Werden unternehmens- und führungsrelevante Rechtsnormen vermittelt? Führungskräfte sollten wissen, was sie dürfen und was sie nicht dürfen.
11. Werden die Führungskräfte auf die Megatrends wie Demografie, Digitalisierung, Globalisierung, Wertewandel und die damit verbundenen Neuerungen, Veränderungen qualifiziert? Erneut: Stillstand ist keine Option. Wer erfolgreich führen will, muss wissen, was in der Welt und im eigenen Unternehmen geschieht (siehe gesamtes Kapitel 4).
12. Erhalten Führungskräfte Informationen zu neuen Themenfeldern vor ihren Mitarbeitenden? Die Informationsabläufe sollten klar sein. Das ist wichtig für Führungskräfte, um Flurfunk vorbeugen und Gerüchten Einhalt bieten zu können.

Tab. 27: PE-Check° – Fragebogen Führung

7.1.5 Fragebogen: Digitalisierung

Jeder spricht über das große Thema, aber was heißt das für die Personalentwicklung? Bereiten wir unsere Führungskräfte, unsere Mitarbeitenden darauf vor? Nutzen wir die Möglichkeiten in der Aus- und Weiterbildung? Hat die Personalentwicklung eine eigene Digitalisierungsstrategie? Was heißt das für die Trainierenden und die Trainingsteilnehmenden?

Neue Technologien versprechen, auf die individuellen Lernkompetenzen Bezug zu nehmen. Lernsysteme sind durch KI schon heute in der Lage, auf die konkreten Lernpräferenzen einzugehen: Wie lernt eine Mitarbeiterin ich am liebsten, am besten? Sie ermitteln Lernstände und bereiten entsprechend Übungen und Wiederholungen auf. Die Technologien bieten die Möglichkeit, orts- und zeitunabhängig zu sein. Daher: Werden konsequent Blended Learning Angebote (Kombination aus Online- und Präsenz-Seminar) geplant und umgesetzt? Wie wird das Onlinelernen angenommen und wo macht es keinen Sinn? Werden Einsparpotenziale genutzt?

Digitalisierung
1. Werden Blended Learnings angeboten? **2. Werden Videos, auch Erklärvideos, angeboten?** **3. Wird Mico-Learning (kleine Lerneinheiten, auch Testfragen/Infoeinheiten über Handy/PC) angeboten?** **4. Sind bereits mobile Anwendungen/Apps im Einsatz?** **5. Gibt es virtuelle Klassenräume/Webinare?** **6. Werden Simulationen in Maßnahmen eingebunden?** **7. Wird Augmented Reality in Maßnahmen eingebunden?** **8. Nutzen Sie spielebasierte Elemente (Gamification) in der Aus- und Weiterbildung?** **9. Werden soziale Lernformen (z. B. MOOCs oder Lern-Communitys) eingesetzt?** Fragen 1 bis 9: In Kapitel 5 (Digital unterstütztes Lernen) werden die von Unternehmen eingesetzten E-Learnings der Häufigkeit nach dargestellt. Hier wird geprüft, ob das Unternehmen oder die Organisation diese nutzt oder daran arbeitet. Augmented Reality ist nicht für alle Unternehmen interessant. Sofern Sie bei Ihrer Prüfung darstellen, warum Sie dieses Medium nicht nutzen, ist diese Antwort ebenfalls vollumfänglich. Wichtig: Sie haben sich mit dem Thema auseinandergesetzt und es für Ihre Belange geprüft.
10. Werden Schulungsunterlagen und Fachliteratur digitalisiert zur Verfügung gestellt (PFD, E-Books)? Digitalisierung heißt nicht, dass das Fachbuch aus der Aus- und Weiterbildung verschwindet. Hier soll aufgezeigt werden, dass auch diese Medien berücksichtigt und in der Strategie mit eingebunden sind. Aus Umfragen wissen wir, dass das Lernen mit dem Fachbuch immer noch einen hohen Stellenwert hat. Wir wissen auch, dass wir mit einem papiergebundenen Buch anders lernen, anders lesen als auf dem Bildschirm. Oftmals sind kombinierte Angebote von Fachbuch und E-Learning sinnvoll.

Digitalisierung
11. Dürfen auch frei verfügbare Onlinekurse wahrgenommen werden? Es gibt tolle Angebote am Markt. Oftmals ist es nicht notwendig, immer alles selbst zu erstellen. Denn gerade, was womöglich leicht aussieht (wie Lernvideos), kann bedeuten, dass dahinter sehr viel Arbeit steckt. Das Prüfen externer Angebote sollte auf jeden Fall erfolgen.
12. Steht ein Lern-Management-System (LMS) zur Verfügung? Lern-Management-Systeme bilden, wenn sie gut sind, die gesamte Bildungslandschaft des Unternehmens ab. Über diese Systeme wird das gesamte Bildungsmanagement gesteuert. Auch hier gilt: Was vermeintlich einfach aussieht, bedarf einer umfassenden Analyse. Oftmals treffen wir auf Systeme, die einen gewissen Wildwuchs aufweisen. Die Investitionskosten sind genau zu prüfen. Sehr schnell erreichen sie einen sechsstelligen Betrag.
13. Wird selbstgesteuertes Lernen gefördert? Selbstgesteuertes Lernen wird für Unternehmen und Mitarbeitende immer wichtiger. Hier soll verdeutlicht werden, dass das Thema ganzheitlich angegangen werden sollte.
14. Werden die Medienkompetenz, die Anwendungskompetenz, die Auseinandersetzung mit der Quelle gestärkt? Ich stelle häufig fest, dass Informationsquellen nicht ausreichend geprüft werden (Stichpunkt: Fake News). Medienkompetenz sollte deshalb unbedingt ein Thema sein.
15. Gibt es für die Personalentwicklung eine eigene, abgestimmte Digitalstrategie? Eine Digitalstrategie verhindert den Wildwuchs und schafft Klarheit. Kosten, Aufgaben, Entwicklungen werden definiert. Hinweise werden ausreichend in Kapitel 4.1.7, Digitalstrategie, gegeben.
16. Wird Lernen am Arbeitsplatz gefördert? Lernen am Arbeitsplatz ist keine Selbstverständlichkeit. Wer darf was wann tun? Führungskräfte, Mitarbeitende, Mitbestimmung: Was ist gewollt, was nicht? Auch bei diesem Thema bedarf es klarer Spielregeln.
17. Werden Mitarbeitende der Personalentwicklung kontinuierlich im Bereich E-Learning (digitale Kompetenzentwicklung) weitergebildet? Die Kompetenzen der PE-Mitarbeitenden müssen gefordert und gefördert werden. Damit einher muss die kontinuierliche Qualitätssicherung der Angebote gehen.
18. Findet ein kontinuierlicher Austausch zum Thema »digitales Lernen« statt? Auch dies ist ein lernender Prozess. Bleiben Sie auf dem neusten Stand. Gerade hier ist die Entwicklungsgeschwindigkeit hoch.
19. Findet eine kontinuierliche (Erfolgs-)Evaluation der Nutzung des unternehmensinternen Onlineangebots statt? Was kommt an, was kommt nicht an? Welche Informationen gewinnen Sie?
20. Sind Verantwortlichkeiten bezüglich des Onlineangebots definiert? Die Fragen und ihre Antworten gehören zum Thema Digitalstrategie. Wer kümmert sich wann um was? Wo sind noch Lücken im Angebot, in der Strategie?

Digitalisierung
21. Werden die Onlineangebote kontinuierlich bezüglich ihrer Aktualität gesichtet? Immer wieder stelle ich fest, dass veraltete Angebote nicht entfernt oder nicht aktualisiert werden. Wie sichern Sie Ihren Qualitätsanspruch?
22. Werden die Onlineangebote kontinuierlich kommuniziert? Auch hier gilt: Nur das Einstellen von Angeboten erzeugt noch keinen Run auf die Maßnahmen. Wie wird kommuniziert, wie kommt es an? Erreichen Sie Ihre Zielgruppen?

Tab. 28: PE-Check° – Fragebogen Digitalisierung

7.1.6 Fazit Arbeitgeberfragebögen

Die einzelnen Fragebögen sollten von ausgewählten Mitarbeitenden des Unternehmens beantwortet werden. Zielführend wäre zumindest ein Mitarbeiter HR, eine Mitarbeiterin PE und ein jeweiliger Experte zum Teilthema, wie ein Recruiter für den Bereich Onboarding. Dieses Expertenteam sollte die Fragen und die Dokumentation aufbereiten. Somit ist die Unternehmensseite abgebildet.

Das ist selbstverständlich nur die eine Seite der Medaille. Die andere formuliert sich in der Frage, ob die Maßnahmen, die Unternehmensziele auch die Mitarbeitenden, die Zielgruppen erreichen und ob das Bildungsangebot überhaupt passend ist. Somit wird in der Mitarbeiterbefragung (alle oder wieder ein ausgewählter Personenkreis) geprüft, inwieweit die Mitarbeitenden und die Führungskräfte Hinweise geben, ob das Ziel und das Ist übereinstimmen.

7.2 Die Mitarbeiterbefragung

Die zweite Perspektive, die es einzunehmen gilt, ist die der Mitarbeitenden und der Führungskräfte. Kommt das aktuelle Bildungsmanagement bei den Zielgruppen an, wissen sie also, was von Seiten der PE angeboten wird? Werden ihre Bedarfe durch die PE gesehen und bietet das Bildungsmanagement die richtigen Angebote mit den richtigen Durchführungswegen ab? Werden die Angebote auch zielgruppenorientiert kommuniziert und haben alle Zugriff auf die Informationen, die sie für ihre persönliche Weiterentwicklung benötigen?

Die Unternehmensfragen werden mit der Mitarbeiterbefragung abgeglichen. Der eine oder die andere mag jetzt denken, noch eine Befragung? Wir machen doch schon eine Mitarbeiterbefragung. Ja, die Befragung der Zielgruppen ist sehr wichtig. Dadurch wird sichtbar, ob die Angebote der Personalentwicklung auch wirklich in der Praxis angenommen werden und ob der Theorie-Praxis-Transfer im Anschluss an die Maßnahme funktioniert. Was sagt uns die Zielgruppe zur Lernkultur im Unternehmen? Findet Partizipation statt? Bietet das Unternehmen die richtigen Maßnahmen an?

Durch die Befragung erhält die Personalentwicklung Hinweise auf die Wirksamkeit ihrer Angebote. Hat sich beispielsweise der Verkaufserfolg bei den Teilnehmenden eines Verkäufertrainings steigern lassen? Wichtig ist die Sensibilisierung der Befragten durch und mittels der Befragung. Der PE-Check® und die Befragung zeigen auf, dass es dem Unternehmen wirklich wichtig ist, dass sich die Mitarbeitenden und Führungskräfte weiterentwickeln können, und zwar gezielt entlang ihrer Bedürfnisse und Kompetenzen. Weiterbildung erhält die ihr gebührende Aufmerksamkeit und der Stellenwert wird nach innen und außen kommuniziert.

Die Mitarbeiterbefragung liefert Antworten auf die Lernbereitschaft. Wie hoch ist generell die Motivation, sich weiterzubilden. Wo gibt es schon gute Erfolge und wo kann und muss auch die Personalentwicklung noch optimieren? All das zeigt die Befragung der Zielgruppen. Auch hier ist ein Ampelsystem hinterlegt. Abbildung 30 ist ein beispielhafter Auszug aus dem Fragebogen und soll zeigen, wie die Auswertung visualisiert werden kann.

Fragebogen:

2. Ihre eigene Lernbereitschaft

2.1 Wie hoch schätzen Sie Ihre **eigene Lernbereitschaft** auf einer Skala von 1 – 10 ein?

sehr gering ☐ ☐ ☐ ☐ ☐ ☐ ☐ ☐ ☐ ☐ sehr hoch

Auswertung:

Wie hoch schätzen Sie Ihre **eigene Lernbereitschaft** auf einer Skala von 1 – 10 ein?

0% 20% 40% 60% 80% 100%

Abb. 34: Mitarbeiterbefragung – Erfassen der Lernbereitschaft (Auszug)

Die gesamte Befragung sollte freiwillig und anonym sein. Damit die Anonymität gesichert und die Anforderungen der Mitbestimmungsgremien berücksichtigt werden, empfehle ich Clustergrößen von mindestens sechs Personen. Einzelauswertungen sollten aus Datenschutzgründen nicht zur Verfügung gestellt werden.

Je nach Unternehmensstruktur können Cluster (z. B. Hauptabteilung, Abteilung und Gruppe) gebildet werden. Der Fragebogen ist so zu gestalten, dass die Beantwortung der Fragen maximal 15 Minuten dauern sollte und kann online oder als Papierversion erfolgen. Man stimmt sich im Vorfeld über Art und Weise der Befragung ab, das variiert je nach Unternehmen und Branche.

Die Ergebnisse der Mitarbeiterbefragung und der Unternehmensbefragung sind abzugleichen und sollten in komprimierter Weise in Form eines Ergebnisberichts und einer Ergebnispräsentation zur Verfügung gestellt werden. Es empfiehlt sich, die Unternehmensbefragung in der dargestellten Matrix abzubilden und die Ergebnisse der Mitarbeiterbefragung in Form von gestapelten Balkendiagrammen darzustellen. In der grafischen Darstellung ist es möglich, zusätzlich noch den Mittelwert und die Standardabweichung anzuzeigen.

Somit ist die Sicht der Mitarbeitenden und die Sicht des Unternehmens zusammengeführt. Aufgrund der Clustergrößen und der komprimierten Ergebnisdarstellung und keiner Einzelwerte wird einen hoher Informationsgewinn gewährleistet und werden die Wünsche der Mitbestimmungsgremien beachtet. Falls ein Unternehmen, eine Organisation nur eine bestimmte Teilmenge oder einen ausgesuchten Teilnehmerkreis befragen möchte, ist auch das möglich. Das Baukastensystem des PE-Checks° ermöglicht eine hohe Flexibilität.

Im Folgenden wird ein Fragebogen im Kontext der vertrieblichen Weiterbildung in einem Versicherungskonzern dargestellt.

Fragen zur Person

Geschlecht, Alter, in der Funktion seit, berufliche Ausbildung, angestellt oder selbstständig, Führungsfunktion, Position

Lernbereitschaft

- Wie hoch schätzen Sie Ihre eigene Lernbereitschaft auf einer Skala von 1 bis 10 ein?

Lernkultur im Unternehmen

- Das Unternehmen interessiert sich für meinen Weiterbildungsbedarf.
- Dem Unternehmen ist das Thema »Aus- und Weiterbildung« wichtig.
- Wir haben eine gute Lernkultur im Unternehmen.

Angebote zur Aus- und Weiterbildung

- Ich fühle mich bezüglich der Angebote zur Aus- und Weiterbildung gut informiert.
- Ich kenne die Angebote zur Aus- und Weiterbildung gut.
- Bei Produktneuerungen oder Produkteinführungen fühle ich mich gut informiert.
- Die Angebote zur Aus- und Weiterbildung sind für mich persönlich und meine berufliche Entwicklung völlig ausreichend.
- Die Angebote zur Aus- und Weiterbildung sind immer aktuell und stehen zeitnah zur Verfügung.
- Wenn ich ein Angebot wahrnehmen möchte, weiß ich, an wen ich mich wenden kann.
- Mir sind die Ansprechpartner der Aus- und Weiterbildung bekannt.

- Ich habe in den letzten 12 Monaten x Tage in meine persönliche Aus- und Weiterbildung investiert (Angebote meines Unternehmens).
- Ich habe in den letzten 12 Monaten x Tage in meine persönliche Aus- und Weiterbildung bei einem externen Anbieter investiert.

Angebotsvielfalt und Bedarfe

- Die Angebote zur fachlichen Weiterbildung sind für mich völlig ausreichend.
- Die Angebote zur Persönlichkeitsentwicklung sind für mich völlig ausreichend.
- Die Angebote zur Kommunikationskompetenz sind für mich völlig ausreichend.
- Die Angebote zur unternehmerischen Weiterbildung sind für mich völlig ausreichend.
- Ich würden auch gerne auf Angebote externer Anbieter zugreifen.
- Die Angebote für Führungskräfte sind meiner Meinung nach völlig ausreichend.
- Wie beurteilen Sie das gesamte Bildungsangebot Ihres Unternehmens auf einer Skala von 1 bis 10?
- Wie beurteilen Sie das E-Learning-Angebot auf einer Skala von 1 bis 10?

Wirksamkeit der persönlichen Aus- und Weiterbildung

- Durch meine Teilnahme an einer Weiterbildung bin ich zumeist auch erfolgreicher. Der Theorie-Praxis-Transfer gelingt.
- Wie beurteilen Sie Ihren persönlichen Lernerfolg bei Präsenzmaßnahmen?
- Wie beurteilen Sie Ihren persönlichen Lernerfolg bei Onlineangeboten?
- Wie beurteilen Sie Ihren persönlichen Lernerfolg bei Blended-Learning-Maßnahmen (Kombination aus Online- und Präsenzseminar)?
- Welche Lernmethode bevorzugen Sie (Auswahlfeld mit Mehrfachnennung)?

Fragen zur direkten Führungskraft

- Unterstützt Ihre direkte Führungskraft Sie bei der Auswahl von Aus- und Weiterbildungsmaßnahmen?
- Unterstützt Sie Ihre direkte Führungskraft bei der Umsetzung des Erlernten in der Praxis?
- Haben Sie mit Ihrer Führungskraft im Vorfeld über Ihre Erwartungen bezüglich der Teilnahme an einer Maßnahme gesprochen?
- Haben Sie mit Ihrer Führungskraft nach der Teilnahme über die Lerninhalte gesprochen?
- Erhalten Sie von Ihrer Führungskraft ein Feedback zum Erlernten?
- Wünschen Sie sich von Ihrer Führungskraft ein Feedback zum Erlernten?
- Räumt Ihnen Ihre Führungskraft ausreichend Freiräume zum Lernen ein?

Partizipation

- Wenn Sie einen Verbesserungsvorschlag für die Aus- und Weiterbildung haben, wissen Sie, wie Sie diesen einbringen können?
- Ich werde mindestens einmal im Jahr nach meinem Weiterbildungsbedarf befragt.

Diagnostik & Onboarding

- Kennen Sie das Kompetenzmodell oder die Kompetenzprofile des Unternehmens?
- Kennen Sie Ihr Stellenprofil?
- Wurden mit Ihnen nach Ihrer Anstellung Trainingsmaßnahmen abgestimmt?
- Wurden nach der Anstellung Ansprechpartner benannt und Ihre Ziele und Wünsche mit Ihnen abgestimmt?
- Wurden Ihre Erwartungen von der neuen Aufgabenstellung erfüllt?
- Beurteilen Sie auf einer Skala von 1 bis 10 das Einstellungsprozedere in Ihrem Unternehmen.

Fragen rund um das Lernen

- Werden Ziele und Wünsche der Teilnehmenden erfragt und im Training berücksichtigt?
- Wird ein Feedback der Teilnehmenden eingeholt?
- Sind die Unterlagen, Handouts etc. auf dem neusten Stand?
- Wurden Lernziele für Ihren Lernerfolg mit Ihnen gemeinsam im Training formuliert?
- Wurde mit praktischen Übungen ausreichend für die Praxis trainiert?

Fragen mit Freitext/freien Antworten

- Was mir zum Thema Personalentwicklung/Aus- und Weiterbildung noch wichtig ist: (Bitte vermeiden Sie personenbeziehbare Angaben).
- Welche Themen sind für Sie in Zukunft besonders wichtig?
- Welche Präferenzen haben Sie hinsichtlich der zeitlichen Gestaltung von Trainings?
- Gibt es Bildungsangebote, die bisher noch nicht berücksichtigt wurden und die Ihnen am Herzen liegen?
- Gibt es einen Referenten, den das Unternehmen unbedingt kennenlernen sollte?

Fazit Mitarbeiterbefragung

Mit diesen relativ wenigen Fragen ist die zweite Perspektive der PE auf das Bildungsmanagement abgeschlossen. Es sollte deutlich geworden sein, dass die Fragen an die Mitarbeitenden direkten Bezug zu den Fragen aus der Unternehmensbefragung haben. Durch die Freitexte am Ende der Befragung gewinnen Sie zusätzliche wertvolle Informationen.

7.3 Unternehmenskennzahlen

Die dritte Perspektive liefert die Kennzahlenerhebung. Wo steht das Unternehmen im Vergleich zur Branche, zur Konkurrenz? Diese Unternehmenskennzahlen werden anschließend mit den Werten der Branche (soweit vorhanden) verglichen und sollten im Ergebnisbericht berücksichtigt werden.

Folgende Kennzahlen sind zu bestimmen:

- **Fluktuation.** Bei Ihnen wechseln die Mitarbeitenden im gleichen Tempo wie Ameisen ihre Richtung beim Laufen? Trifft das zu, sollten Führungskräfte und die Personalabteilung rasch handeln. Fluktuation bedeutet steigende Kosten durch notwendige Personalgewinnung sowie erneute Einarbeitung. Sie erfahren womöglich einen Know-how Verlust, eventuell wird die Produktivität der Teams beeinträchtigt. In Zeiten des Fachkräftemangels ist dies ein besonders sensibles Thema. Zudem kann Fluktuation zu Verunsicherung und Demotivation führen: »Bin ich hier noch im richtigen Unternehmen, wenn so viele gehen?« Also ist die Fluktuation eine wichtige Kennzahl, die uns viele Hinweise geben kann.
- **Bereinigte Fluktuation.** Sie sollten neben der reinen Fluktuation auch die bereinigte Fluktuation erheben. Nicht jede Fluktuation ist schlecht, eine gewollte sogar zielführend. Neue Mitarbeitende bringen neue Sichtweisen ein. Passt aber Ihre Fluktuation nicht zu den üblichen Abgängen in der Branche, läuft eventuell etwas nicht so rund im Unternehmen, wie es sein sollte.
- **Nutzungsquote der zur Verfügung gestellten Präsenzplätze (ohne Ausbildung).** In den mir bekannten Unternehmen werden das Bildungsbudget, die Trainereinsatzpläne etc. einmal pro Jahr kalkuliert, damit die Geschäftsleitung die notwendigen Mittel zur Verfügung stellt. Dabei ist die jeweilig Anzahl der Teilnehmenden eine wichtige Größe. Kalkulieren Sie durchschnittlich mit zwölf Teilnehmenden pro Seminar, es kommen aber jeweils durchschnittlich nur acht Teilnehmende zusammen, ist Ihre Kalkulation ungenau. Eventuell zur Verfügung gestellte Mittel werden nicht benötigt, die an anderer Stelle sinnvoll hätten investiert werden können. Bei Maßnahmen (zum Beispiel: neues Beratungstool – insgesamt müssen 1.200 Menschen darin trainiert werden) stimmt Ihre Anzahl der kalkulierten notwendigen Seminartermine nicht mit der tatsächlich notwendigen Anzahl überein. All das sind Hinweise, warum die Nutzungsquote für Personalentwickler eine wichtige Kennzahl darstellt.
- Anmerkung: Die Ausbildung ist immer ein Sonderfall und wird daher ausgeschlossen. In der Ausbildung sind Teilnahmen teilweise verpflichtend, teilweise müssen sie durchgeführt werden, unabhängig von der Teilnehmergröße.
- **Nutzungsquote E-Learning (ohne Ausbildung).** E-Learning-Angebote müssen ebenfalls kalkuliert werden. Je nachdem sind nicht nur die Erstellungskosten zu berücksichtigen, bei externen Angeboten kalkuliert man ebenfalls mit Teilnehmerzahlen.
- **Lernzeit selbstgesteuertes Lernen.** Selbstgesteuertes Lernen wird immer wichtiger. So werden auch Lernnuggets immer öfter angeboten, die Lernen bei Bedarf in kleinen Einheiten ermöglichen. Wie hoch ist die Lernbereitschaft des Einzelnen? Wird zu viel Zeit investiert?

- **Budget gesamt PE.** Manchmal sind Entscheider überrascht, was es bedarf, um eine Personalentwicklung mit dem notwendigen Budget auszustatten. Wo stehen wir dabei auch im Vergleich zur Konkurrenz?
- **Durchschnittlicher Bildungsaufwand. Wir sollten auch einen Blick darauf werfen,** was wir im Schnitt in die Mitarbeitenden investieren.
- **E-Learning-Budget/-Quote. Diese Kennzahl ermöglicht ein** interessantes Verhältnis über die Zeit. Welche Tendenzen sind festzustellen?
- **Erfolgs-/Bestehensquote.** Was läuft gut, was läuft nicht so gut? Wo liegen wir mit unseren Zahlen im Vergleich zur Branche.
- **Absagenquote.** Für mich eine der wichtigsten und zugleich immer für alle engagierten Personalentwickler demotivierende Kennzahl. Was sagt es aus, wenn ein Teilnehmer kurz vor Beginn des Seminars aus eher »unwichtigem Grund« absagt. Weiß er das Engagement und das Angebot wertzuschätzen? Hat er eventuell jemanden den Seminarplatz weggenommen, der gern teilgenommen hätte. Wie ist die Wertigkeit der Angebote in den Köpfen unserer Zielgruppen?

Fluktuation

Nach der Formel des Bundesverbands Deutscher Arbeitgeber (BDA), Berechnungszeitraum 12 Monate. Viele Statistiken nutzen 01.01.–31.12.

$$F = \frac{AA}{dPB} \times 100$$

- F: Fluktuation
- AA: Anzahl der Abgänge
- dPB: durchschnittlicher Personalbestand

Bereinigte Fluktuation

Berechnungszeitraum 12 Monate. Viele Statistiken nutzen 01.01.–31.12.

$$bF = \frac{AA - AgA}{dPB} \times 100$$

- bF: bereinigte Fluktuation
- AA: Anzahl der Abgänge
- AgA: Anzahl gewollte Abgänge
- dPB: durchschnittlicher Personalbestand

Nutzungsquote Präsenzplätze

Kalkulierte Teilnehmerzahlen zu realen Teilnehmeranzahlen (ohne Ausbildungsseminare). Berechnungszeitraum 12 Monate. Viele Statistiken nutzen 01.01.–31.12.

$$NQ = \frac{(ApS - AtS)}{ApS} \times 100$$

- NQ: Nutzungsquote ohne Ausbildung
- ApS: Anzahl geplante Seminarplätze
- AtS: Anzahl teilgenommene Seminarplätze

Nutzungsquote gesteuertes E-Learning

Kalkulierte Teilnehmerzahlen zu realen Teilnehmeranzahlen (ohne Ausbildungsseminare). Berechnungszeitraum 12 Monate. Viele Statistiken nutzen 01.01.–31.12.

$$NQel = \frac{(ApS\_eL - AtS\_eL)}{ApS\_eL} \times 100$$

- NQeL: Nutzungsquote E-Learning ohne Ausbildung
- ApS-eL: Anzahl geplante Seminarplätze E-Learning
- AtS-eL: Anzahl teilgenommenen Seminarplätze E-Learning

Lernzeit – selbstgesteuertes E-Learning

Berechnungszeitraum 12 Monate. Viele Statistiken nutzen 01.01.–31.12.

$$LZ = \frac{LZg}{dPB}$$

- LZ: Lernzeit in Minuten
- LZg: Lernzeit gesamt
- dPB: durchschnittlicher Personalbestand

Budget PE

$$PE_B = PKg + BMB$$

- PE_B: Personalentwicklungs-Budget
- PKg: Personalkosten gesamt (PE-Leitung fachlich und organisatorisch unterstellt)
- BMB: zur Verfügung gestelltes Budget für Bildungsmanagement

Durchschnittlicher Bildungsaufwand

$$dBA = \frac{PE\_B}{dPB}$$

- dBA: Durchschnittlicher Bildungsaufwand
- PE_B: Personalentwicklungs-Budget
- dPB: durchschnittlicher Personalbestand

Anteil E-Learning-Budget

$$AeLB = \frac{eL\_B}{PE\_B} \times 100$$

- AeLB: Anteil E-Learning-Budget
- eL_B: E-Learning-Budget (Personalkosten gesamt (evtl. anteilig) (PE-Leitung fachlich und organisatorisch unterstellt + Budget eLearning)
- PE_B: Personalentwicklungs-Budget

Erfolgsquote an Prüfungen

$$EQ = \frac{AnPb}{AnPg} \times 100$$

- EQ: Erfolgsquote
- AnPg: Anzahl gesendet zur Prüfung
- AnPb: Anzahl Prüfung bestanden

Absagenquote

$$AQ = \frac{AnAb}{AnAnAm} \times 100$$

- AQ: Absagenquote
- AnAb: Anzahl Absagen
- AnAnm: Anzahl Anmeldungen

Fazit Unternehmenskennzahlen

Viel zu oft finde ich in der Praxis noch Personalentwicklungen vor, die mit wenigen Kennzahlen arbeiten. Teilweise stoße ich auch auf Zurückhaltung, weil man eine bestimmte Transparenz nicht möchte.

Aber: Kennzahlen sind wichtig. Sie brauchen valide Informationen über die Qualität und Wirksamkeit Ihrer Maßnahmen. Sie benötigen einen umfassenden Überblick, um zielführende Entscheidungen zu treffen. Wir stehen heute im harten Wettbewerb, die Investitionen in unsere Mitarbeitenden sind wichtig, müssen aber auch zielführend sein.

7.4 Zusammenfassung PE-Check°

Die Auswertung der drei Informationsquellen Unternehmensbefragung, Mitarbeiterbefragung und Kennzahlen liefert einen umfassenden Einblick in den Ist-, Soll- und Wunschzustand der Personalentwicklung. Wo ist sie bereits sehr gut aufgestellt? Wo wünschen Mitarbeitende, Führungskräfte und/oder Stakeholder Veränderungen? Erhält die Personalentwicklung die notwendige Unterstützung seitens der Unternehmensleitung? Was sind die zentralen Handlungsfelder, die die Personalentwicklung angehen sollte? Wo werden Gelder gut investiert und wo gegebenenfalls verschwendet? Eine Priorisierung der nächsten Schritte, Themen und Investitionen ist möglich.

Ich empfehle, den PE-Check° in einem Auftaktworkshop vorzustellen. Eingebunden sein sollten die Unternehmensleitung, die Personalleitung, die Leitung PE, ausgewählte Trainer und Trainerinnen, Führungskräfte sowie eine Auswahl an Mitarbeitenden aus den jeweiligen Bereichen des Unternehmens und der Betriebsrat beziehungsweise die Mitbestimmungsgremien.

Oftmals gibt es in großen Unternehmen mehrere Abteilungen, die Personalentwicklung betreiben. Bei Versicherungsunternehmen beispielsweise gibt es eine Akademie für den Innendienst und eine für den Außendienst. Der PE-Check° kann auf solche Teilbereiche eingegrenzt werden.

Für die Unternehmensbefragung und die Mitarbeiterbefragung, die parallel durchgeführt werden, sollten zwei bis drei Wochen eingeplant werden. Für die Erstellung des Ergebnisberichtes und einer Ergebnispräsentation kommen weitere zwei Wochen hinzu. Insgesamt bedarf es etwa sechs bis acht Wochen, um einen umfassenden fundierten Überblick über die Wirksamkeit der Personalentwicklung zu erhalten.

Im folgenden Kapitel betrachten wir anhand des fiktiven Versicherungsunternehmens XYZ einen möglichen Ablauf, die Unterlagen und ein mögliches Ergebnis des PE-Checks°. Beispielhaft sind ebenfalls einige Inhalte aus einem Führungskräfte-Training eingebunden.

8 Die XYZ Versicherung und der PE-Check°

Die folgende Geschichte und alle enthaltenen Zahlen, Daten und Fakten sind frei erfunden und stellen ein simuliertes Beispiel dar. Ähnlichkeiten zu real existierenden Unternehmen oder Personen sind rein zufällig. Sollten Sie beim Lesen Ihr Unternehmen an der einen oder anderen Stelle wiederfinden, freut es mich, dass ich ein möglichst realitätsnahes Beispiel entworfen habe.

Erzählt wird aus Perspektive von Petra Develop, die der Vorstand vor wenigen Wochen zur Leiterin der Personalentwicklung berufen hat, sowie aus meiner Perspektive in der Rolle des Beraters, um der Geschichte einen realen Anstrich zu geben.

8.1 Die Anfrage

Am 10. Januar traf ich den Vertriebsvorstand der XYZ Versicherung Peter Müller auf einem Symposium zum Thema »Versicherungsvertrieb im digitalen Wandel«. Er schilderte mir sein Gefühl, dass die Vertriebsakademie der XYZ Versicherung zwar einen guten Ruf habe, er aber nicht wirklich wisse, ob die Maßnahmen und das umfangreiche Budget wirklich greifen. Er beschrieb einen gewissen Wildwuchs an Bildungsmaßnahmen und sprach von Wohlfühloasen für Trainer und Teilnehmende. Er fragte sich, ob die Vertriebsakademie die digitale Transformation der Branche in der heutigen Aufstellung wird begleiten können. Daher habe er vor kurzem Frau Develop zur Leiterin der Personalentwicklung benannt. Nach einer prägnanten Kurzvorstellung des PE-Checks° sowie aufgrund der Dringlichkeit bekam ich bereits am 15. Januar einen Termin bei Herrn Müller.

Die XYZ Versicherung ist ein Versicherungsunternehmen mit einer eigenen Ausschließlichkeitsorganisation. Insgesamt arbeiten 2.526 Menschen im Innendienst als Angestellte und 2.500 Menschen im Außendienst, davon der größte Teil als selbstständige Vermittler. Die Hauptverwaltung hat ihren Sitz in Bonn. Neben den Versicherungsagenturen gibt es zehn Regionaldirektionen, die den Kunden, überwiegend private Haushalte, neben den Agenturen vor Ort als Ansprechpartner zur Seite stehen. Insgesamt hat das Unternehmen zwei Millionen Privatkunden. Die Produktlandschaft deckt den kompletten Versicherungsschutz für den privaten Haushalt ab. Die Abteilung Vertriebsakademie bietet ein breites Bildungsangebot für den gesamten Vertrieb. Eingebunden sind in der Vertriebsakademie die Aus- und Weiterbildung sowie die Führungskräfte-Entwicklung. Insgesamt arbeiten in der Abteilung 16 Mitarbeitende in Vollzeit.

Die folgende tabellarische Darstellung ist wichtig, da wir im Folgenden auf diese Zahlen und Werte zugreifen und aufbauen werden.

Die XYZ Versicherung in Zahlen		
2 Millionen Privat-Kunden		
1 x Hauptverwaltung	2.000 Mitarbeitende	Angestellte
1 x Vertriebsakademie	16 Mitarbeitende	Angestellte
10 x Regionaldirektion	10 Direktoren Innendienst	Angestellte
	10 Direktorinnen Außendienst	Angestellte
	390 Angestellte	Angestellte
	100 Führungskräfte Außendienst	Angestellte
	500 Agenturleiterinnen	Selbstständige
	2.000 Vermittler	Selbstständige
	1.000 Innendienst-Mitarbeitende (Agentur)	Angestellte der Agentur

Tab. 29: Eingabe Tabellenbeschriftung

8.2 Die Vorstandspräsentation

Am 15. Januar präsentierte ich wie vereinbart den PE-Check°. Anwesend waren der Vertriebsvorstand Herr Müller, der Leiter Vertrieb Herr Schmitz, der Leiter HR Herr Ruf, und die neue Leiterin der Vertriebsakademie Frau Develop. Die präsentierten Folien wurden zusätzlich als Handout ausgegeben. Schnell entstand ein konstruktiver Austausch mit interessierten Rückfragen. Frau Develop, die zu Beginn etwas unglücklich wirkte, womöglich aufgrund der zu erwartenden Mehrarbeiten und der angespannten Stimmung in ihrer Abteilung, stellte im Laufe der Präsentation fest, dass das Verfahren sie und ihre Mannschaft bei den aktuellen Herausforderungen sinnvoll unterstützen kann. Von anfänglichen Bedenken wechselte sie zur Treiberin der Maßnahme. Frau Develop erkannte, dass ihr der PE-Check° Klarheit verschaffen würde, welche Maßnahmen sie mit ihrem Team zuerst angehen sollte und ihr Team ein klares Bild durch die umfassende Ist-Aufnahme der verschiedenen Perspektiven erhält. Sie freute sich, dass die Diskussion, ob sich etwas ändern müsse, nun übersprungen werden konnte und in einen zielführenden Dialog mündete.

Den wichtigen Hinweis von Herrn Ruf, dass die Mitbestimmungsgremien einzubinden sind, habe ich bestätigt und in der Planung berücksichtigt. Nur wenige Tage nach unserer Präsentation beim Vorstand war ich Gast einer Betriebsratstagung und präsentierte dort ebenfalls den PE-Check°. Die Vorstandspräsentation wird im Folgenden beleuchtet, weil der Vorstand letztendlich darüber entscheidet, ob eine PE-Transformation als zielführend angesehen wird oder eben nicht. Er verantwortet die Unternehmensstrategie und hat dafür Sorge zu tragen, dass diese auch im Unternehmen in den einzelnen Bereichen verfolgt und umgesetzt werden kann.

Die zentralen Fragen des Vorstands lauten: Folgt die PE-Strategie der Unternehmensstrategie? Leistet sie den gewünschten Mehrwert und die gewünschte benötigte Unterstützung? Ganz wichtig: Der Abstraktionsgrad einer Vorstandspräsentation, die Überzeugungsarbeit, bedarf primär strategischer Argumente und weniger Details aus dem operativen Bereich. Letztlich benötigt der Vorstand klare Fakten zu Kosten und Nutzen, um sich für oder gegen eine Investition zu entscheiden.

Strategische Argumente für den Vorstand

Der Vorstand muss nachvollziehen können, warum sich ein zusätzliches Investment (finanziell, zeitlich, räumlich) in die Lernumgebung, die Lernkultur für das gesamte Unternehmen lohnt.

- Der PE-Check° ist ein Verfahren zur Beurteilung der Qualität und Wirksamkeit der Personalentwicklung und deren Einbindung im Unternehmen.
  Vorteile für das Unternehmen: Künftiges Vermeiden von wirkungslosen Maßnahmen, Fokussierung auf eine wirkungsvolle PE.
- Der PE-Check° wirkt sich langfristig qualitätssichernd aus, da Kompetenzen zielgerichtet und bedarfsorientiert gefördert werden.
  Vorteile: Zeitersparnis, bessere PE-Angebote, mehr Transparenz.
- Der PE-Check° etabliert das Thema »lebenslanges Lernen« nachhaltig.
  Vorteile: Qualifizierte Führungskräfte und Mitarbeitende. Die Motivation, das Engagement und die Bindung an das Unternehmen festigen sich.
- Der PE-Check° stärkt die Lernkultur im Unternehmen.
  Vorteile: Wertevermittlung nach innen und außen wirkt sich deutlich positiv auf das Unternehmensimage aus. Lernen findet seine Anerkennung.
- Der PE-Check° sensibilisiert und macht deutlich: Weiterbildung ist im stetigen Wandel und wichtig im heutigen, harten Wettbewerb.
  Vorteile: Die Innovationsfähigkeit des Unternehmens wird gestärkt, qualifiziertes Personal trägt zum Unternehmenserfolg bei. Die PE-Mitarbeitenden sehen notwendige Veränderungen in ihrem Arbeitsumfeld und werden selbst sensibilisiert, ihr Tun und ihre Angebote ständig kritisch zu hinterfragen.

Der PE-Check° gibt den Entscheidungstragenden insgesamt Investitionssicherheit. Das Bildungsbudget und damit die Maßnahmen sind zukünftig konkret und individuell (je Person, Abteilung) auf die Bedürfnisse und Kompetenzen der Person/einer Abteilung zugeschnitten.

In unserem Meeting erläuterte ich dem Vorstand Herrn Müller, dass wir mithilfe des PE-Check° prüfen, ob die Bildungsstrategie der Unternehmens-Strategie folgt und die Bedarfe der Mitarbeitenden ausgerichtet ist. Dass wir prüfen, ob die Maßnahmen **zielgerichtet, systematisch** und **methodisch geplant, realisiert** und **evaluiert** sind (Definition der Personalentwicklung). Dass wir die Wirksamkeit der Maßnahmen einschätzen und die Kenngrößen des Unternehmens mit den Kenngrößen des Marktes vergleichen. Ich versprach ihm, dass mit dem PE-Check° ein selbstlernendes System implementiert wird. Die Lernerfolge werden sich erhöhen, es wird Transparenz zum Thema »Aus- und Weiterbildung« hergestellt und Aufmerksamkeit im Unternehmen erzeugt (Weiterbildung ist dem Unternehmen wichtig). In seiner Vorbildfunktion unterstreicht der Vorstand den Grundgedanken (Bildung, Weiterbildung ist mir persönlich sowie dem Unternehmen wichtig). Die Vorteile sind in folgender Wortwolke noch einmal visualisiert.

Abb. 35: Wortwolke Personalentwicklung – PE-Check°

Ich erklärte ihm, dass die drei Erhebungen – Unternehmensbefragung, Mitarbeiterbefragung und Kennzahlen – miteinander abgeglichen werden. Dass ich mit meinem Team einen Ergebnisbericht und eine Ergebnispräsentation erstelle und Handlungsempfehlungen für die Personalentwicklung sowie für das Unternehmen darstelle.

Zum besseren Verständnis, was unter einem Abgleich zu verstehen ist, habe ich folgendes Beispiel benannt. In der Unternehmensbefragung wird erhoben, wie die Lernkultur im Unternehmen gefördert wird. Die Mitarbeitenden werden befragt, wie es um die Lernkultur im Unternehmen bestellt ist. Bei den Kennzahlen werden die Auslastungsgrößen als Indikator erhoben. Alle drei Informationen können in Beziehung gesetzt werden und liefern ein recht valides Ergebnis bezüglich der Lernkultur im Unternehmen. Wörtlich fragte Herr Müller nach: »Sie prüfen also nicht nur unsere Aussagen anhand vorgelegter Unterlagen, sondern Sie befragen auch unsere Vertriebspartner, ob die es auch so sehen oder empfinden und überprüfen dies zusätzlich anhand von Kennzahlen?« Ich bestätigte Herrn Müller, dass das Verfahren genau so ausgerichtet sei. Es würde geprüft, ob die Strategie aufgeht und ob diese bei den Zielgruppen ankommt.

Die Leiterin Personalentwicklung, Frau Develop, fragte nach, ob die Ergebnisse weiterverwertet würden. Diese wichtige Frage zum Datenschutz und zur Anonymität der Befragten wurde selbstverständlich mit Nein beantwortet. Bei dem PE-Check° erhalten Unternehmen eine komprimierte, anonyme Auswertung in Form eines Ergebnisberichts und einer Ergebnispräsentation. Die Detaildaten werden nicht zur Verfügung gestellt. Denn Vertraulichkeit braucht das Unternehmen, und Vertrauen brauchen auch die Mitarbeitenden. Diese Vorgehensweise sichert den Auftraggebern die Zustimmung des Betriebsrats.

Frau Develop sprach, zufrieden mit der Antwort bezüglich der Gewährleistung des Datenschutzes, noch einmal die Transformation ihrer Abteilung an. Sie schilderte, dass es sehr viel Überzeugungsarbeit bei den Trainern bedürfe, dass sich etwas an den Inhalten, den Abläufen und den Trainingsformen ändern sollte. Wie in jedem Change-Prozess habe sie Mitarbeitende mit einer hohen und einer weniger hohen Veränderungsbereitschaft. Sie führte aus, dass im Change eine solide Bestandsaufnahme und das Erzeugen von »Betroffenheit« im Sinne von Verständnis wichtig sei, warum sich etwas ändern solle. Anhand des Ergebnisberichts erhoffe sie sich die benötigte Grundlage für die Argumentation in ihrem PE-Team. Ich wies darauf hin, dass die Frage mit großer Wahrscheinlichkeit nicht mehr lauten wird, ob, sondern wie sich Dinge ändern werden. Sie wirkte optimistisch und machte sich bereits erste Gedanken, wie sie in Workshops auf Basis der Ergebnisse mit ihrem Team arbeiten werde.

Bezüglich der Unternehmensbefragung führte ich aus, dass die fünf zentralen Themenfelder Rahmenbedingungen, Diagnostik inklusive Onboarding, Aus- und Weiterbildung, Führungskräfte-Entwicklung und Digitalisierung berücksichtigt werden. Daraufhin fragte der Vorstand, was wir im PE-Check° unter Onboarding und Digitalisierung verstehen. Meine Antwort war zunächst eine Frage – Wie werden neue Mitarbeitende möglichst schnell ins Unternehmen eingebunden und wie ermöglicht das Unternehmen es ihnen, möglichst schnell ihr Potenzial zu entfalten? – mit einer kompakten Antwort: Je schneller die neuen Kollegen integriert sind und sich auf ihren Job konzentrieren können, desto größer und effizienter ihr Beitrag zum Unternehmenserfolg. Bezüglich der Digitalisierung machte ich deutlich, dass es nicht nur um digitale Lernmedien, zum Beispiel eine Lernplattform, ein virtuelles Klassenzimmer oder Gamification gehe, was auch untersucht würde. Zusätzlich wird erhoben, wie die Trainer auf ihre neuen Rollen vorbereitet werden. Ob es eine Digitalstrategie der Personalentwicklung gibt. Ob zum Beispiel die Trainerinnen eine Ausbildung zur E-Tutorin erhalten haben. Ob die Trainer und Coaches die anstehenden Herausforderungen aufgrund der Megatrends kennen. Ebenso wichtig ist es zu vermitteln, was eine(n) Trainer vom Lernbegleiter unterscheidet und wie man die Trainer, die Teilnehmenden auf veränderte Rahmenbedingungen vorbereitet, um ohne Zeit- und Kostenverlust die gesetzten Ziele zu erreichen.

Bei dem Thema Digitalstrategie stellte Herr Schmitz fest, dass er gespannt sei, ob die Personalentwicklung eine Digitalstrategie habe, wo er selbst gerade aus vertrieblicher Sicht bei diesem Thema an vielen Fronten im Unternehmen zu kämpfen habe. Wie in vielen Unternehmen sei auch hier bei der XYZ Versicherung das Thema »Digitalstrategie« aus seiner Sicht noch nicht ausreichend beleuchtet worden.

Bei den Kennzahlen wurde unter anderem die Fluktuation diskutiert. Der Vorstand beschrieb die großen Herausforderungen, geeignete Vertriebspartner zu finden. Gerade bei niedrigen Arbeitslosenzahlen und dem Fachkräftemangel sei das in heutiger Zeit besonders schwierig. Darüber hinaus beklagte er, dass das Ansehen des Versicherungsvermittlers in Deutschland immer noch schlecht sei. Ich erläuterte in diesem Zusammenhang, dass Weiterbildung heute einen hohen Stellenwert bei den Arbeitssuchenden habe und dass Weiterbildung zusätzlich Bindung zum Unternehmen erzeugt. Der PE-Check° prüft deshalb, auf welche Weise die XYZ Versicherung derzeit neue Mitarbeitende sucht und klärt auch, ob es das Unternehmen schafft, die Menschen an sich zu binden. Bei den Kennzahlen besprachen wir die Nutzungsquoten, die untersucht, ob die Mitarbeitenden die Angebote der Personalentwicklung auch annehmen. Des Weiteren erklärte ich die Prüfung des zur Verfügung gestellten Budgets, die Erfolgsquoten und die Absagenquote. Bei letzterer wies ich auf die Bestimmung der Wertigkeit einer Bildungsmaßnahme hin. Wissen die Mitarbeitenden die Angebote wertzuschätzen, denn jeder Seminarplatz kostet Geld, welches erst einmal erwirtschaftet werden muss.

Die Unternehmensbefragung wird im PE-Check° durch eine sogenannte PE-Landkarte dargestellt. Jeder Frage ist ein Qualitätskriterium zugeordnet. Diese sind:

- das Management,
- die Evaluation,
- die Planung und deren Umsetzung,
- die Vernetzung,
- die Partizipation & Kommunikation,
- die Angebotsvielfalt und
- die kontinuierliche Verbesserung.

Anhand des Beispiels »PE als Management Aufgabe – Rahmenbedingungen« erklärte ich den Teilnehmenden die Lesart und Funktionsweise der PE-Landkarte. Hinter dem oben genannten Quadranten steht zum Beispiel die Frage, ob das Thema »Lernen«

in dem Unternehmensleitbild berücksichtigt ist. Schauen wir auf die folgende Abbildung, finden wir diese Kreuzung im markierten Kreis wieder. Zusätzlich betonte ich, dass die Fragen alle gleich gewichtet und einem Feld immer mehrere Fragen zugeordnet sind.

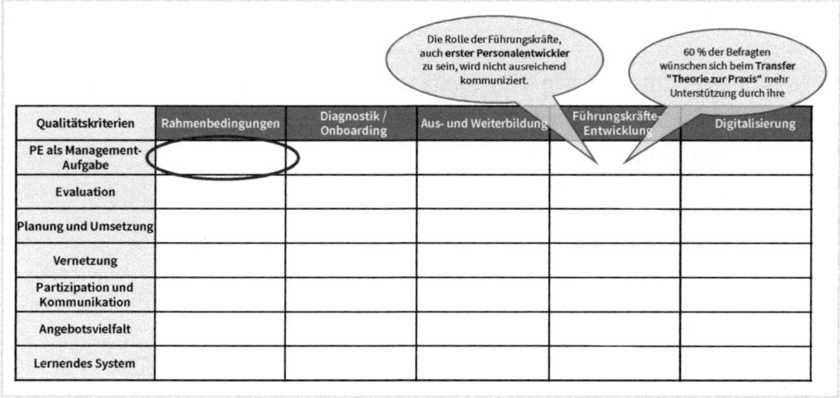

Die Rolle der Führungskräfte, auch **erster Personalentwickler** zu sein, wird nicht ausreichend kommuniziert.

60 % der Befragten wünschen sich beim **Transfer "Theorie zur Praxis"** mehr Unterstützung durch ihre

Qualitätskriterien	Rahmenbedingungen	Diagnostik / Onboarding	Aus- und Weiterbildung	Führungskräfte-Entwicklung	Digitalisierung
PE als Management-Aufgabe					
Evaluation					
Planung und Umsetzung					
Vernetzung					
Partizipation und Kommunikation					
Angebotsvielfalt					
Lernendes System					

Abb. 36: PE-Check° – PE-Landkarte

Es entsteht eine Matrix mit Punktwerten, die wir PE-Landkarte nennen. Das Ampelsystem ermöglicht eine gute Übersicht der Ist-Stände: Ist ein Punkt vollumfänglich erfüllt, ist er grün, Verbesserungspotenzial ist gelb, ist er nicht vorhanden oder nicht ausreichend, dann ist die Markierung rot. Ein weißes Feld kennzeichnet, dass wir in diesem Feld kein Qualitätskriterium eindeutig zuordnen konnten.

Die Teilnehmenden bestätigten mir, dass sie mit der PE-Landkarte durch die Unternehmensbefragung eine anschauliche Matrix erhalten, die sehr schön aufzeigt, wo sie bereits sehr gut aufgestellt sind und wo eventuell noch Handlungsbedarf besteht.

Um die Leiterin Personalentwicklung zu unterstützen, gab ich noch einmal den Hinweis, wie wichtig die Unterstützung der Führungskräfte ist. Aus vielen Gesprächen wissen wir, dass diese oftmals zu wenig auf die Rolle Personalentwickler vorbereitet werden. Führungskräften fällt es schwer, den Reifegrad ihrer Mitarbeiter zu bestimmen und auch wissen sie eher selten, welche Bildungsmaßnahme für ihre Mitarbeitenden interessant sein könnten. Zum einen wird ihnen das Rüstzeug nicht vermittelt, zum anderen gibt es nicht die notwendigen Informationen oder Anleitungen. Zumeist finden zu wenig Mitarbeitergespräche bezüglich der kontinuierlichen Weiterbildung statt. Oftmals schaffen Führungskräfte zu wenig Möglichkeiten, das Erlernte in der Praxis anzuwenden. Dazu bedarf es eines engen Schulterschlusses zwischen der Personalentwicklung und der Unternehmensleitung. Frau Develop nahm den Faden auf und bestätigte noch einmal, wie wichtig die Unterstützung der Führungskräfte-sei: »Wir können schulen, wie wir wollen. Wenn es uns nicht gelingt, dass die Führungskräfte und die Trainer eine Sprache sprechen, sind unsere Schulungen nur halb so erfolgreich, wie sie es sein könnten. Die Ergebnisse des PE-Checks° werden mir sicherlich bei der Transformation helfen. Wir erhalten valide Ergebnisse und können mit diesen offen und zukunftsorientiert unsere Workshops gestalten. Die Überzeugung meiner Mannschaft, dass auch wir uns verändern müssen, wird deutlich einfacher.«

Im Folgenden erläuterte ich in dem Vorstandsmeeting die Mitarbeiterbefragung und benannte die Themen, welche berücksichtigt werden:

- Lernbereitschaft,
- Lernkultur im Unternehmen,
- Wahrnehmung des Angebots,
- Angebotsvielfalt & der Bedarf,
- Partizipation & Kommunikation,
- Diagnostik und Onboarding,
- Lernpräferenzen der Zielgruppen,
- mögliche Produktneuerungen,
- Führungskräfte-Unterstützung,
- Wirksamkeit.

Den Aufbau der Balkendiagramme brauchte ich nicht weiter zu erläutern, da auch in diesem Unternehmen die Lesart und Darstellungen bekannt waren. Her Müller bat an dieser Stelle Frau Develop, gemeinsam mit mir die Fragen der Mitarbeiterbefragung durchzugehen und zu prüfen. Er wies darauf hin, dass die Detailarbeit von Frau Develop selbst übernommen werde.

Zu den Kennzahlen führte ich aus, dass folgende Kriterien erhoben werden:

- die Fluktuation,
- die Wahrnehmung des Bildungsangebots,
- das Bildungsbudget sowie
- die Erfolgs- und Absagenquoten.

Ich stellte klar, dass beim Bildungsbudget die finanziellen Ressourcen betrachtet werden. Abschließend erläuterte ich, dass die Formeln zur Erhebung der Kennzahlen in einem Arbeitspapier zusammengestellt sind und dass es auch zu den Unternehmensfragebögen jeweils ein Arbeitspapier gebe, welches die jeweilige Frage erklärt und darstellt, warum diese im jeweiligen Kontext gestellt wird.

Für den Vorstand ist es natürlich wichtig zu wissen, was der PE-Check° kostet und welcher Aufwand dahintersteht. Die folgende Tabelle zeigt eine vereinfachte Einschätzung der Beratertage. Für den gesamten Ablauf sollte ein Unternehmen sechs bis acht Wochen einkalkulieren.

Nr.	Positionen	Beratertage (BT)
1	Vorbereitung und Auftaktworkshop	3,5 BT
2	Arbeitgeberbefragung Begleitung	1,5 BT
3	Mitarbeiterbefragung Begleitung	1,5 BT
4	Auswertung (Erstellung Ergebnisbericht)	4 BT
5	Ergebnispräsentation/Handlungsempfehlungen	2 BT
6	Tage gesamt	12,5 BT
7	Unterlagen + Mitarbeiterbefragungstool	nach Aufwand
8	Gesamtkosten	12,5 BT + Unterlagen + Tool

Tab. 30: Eingabe Tabellenbeschriftung

Bei der XYZ Versicherung reichte ein kurzer Blick von Herrn Müller hin zum Vorstand. Mit einer Zusage und dem Hinweis, dass die Aufwände vom Budget der Vertriebsakademie getragen werden, verabschiedeten wir uns.

Frau Develop begleitete mich zum Ausgang und betonte noch einmal, dass das ein Verfahren sein könnte, dass ihrem Team und dem Unternehmen wirklich den notwendigen Impuls zum Wandel gibt und den Vorstand sensibilisiert, welchen Stellenwert die Personalentwicklung im Unternehmen haben sollte.

In dem Vorstandsmeeting wurden viele Aspekte beleuchtet. Zunächst wird Ihnen aufgefallen sein, dass wir die Definition, was man unter Personalentwicklung versteht, wiedergegeben haben. Das Thema Datenschutz steht heute bei fast allen Unternehmensthemen mit im Fokus. Ohne eine solide Vorarbeit, welche Daten und wie sie verarbeitet werden, ist ein solches Projekt zum Scheitern verurteilt. Gerade bei Befragungen, die online erhoben werden, sollten Sie darauf achten, dass der Anbieter einen Server in Deutschland nutzt und den Datenschutz nach deutschem Recht zusichert. Bezüglich der Anonymität und dem Mitspracherecht der Mitbestimmungsgremien haben wir auf § 87 Abs. 1 Nr. 6 BetrVG Bezug genommen. Zudem habe ich den Wandel, die Transformation der PE-Abteilung thematisiert und die Frage gestellt, wie wir die Trainer zu Lernbegleitern – verstanden als Begleiter beim lebenslangen Lernen – wandeln und die Führungskräfte mitnehmen.

Es geht nicht darum, einfach nur ein Training durchführen, sondern auch um das davor und das danach Notwendige. Ein erfolgreicher Wandel gelingt immer dann, wenn wir die Betroffenen zu Beteiligten machen. Der dringend notwendige Wandel muss erlebbar und sichtbar sein. Eine klare Vision/Mission dessen, was wir erreichen wollen und die damit verbundenen Vorteile müssen, umfänglich kommuniziert, erarbeitet werden. Bei einem Wandel müssen die Stakeholder identifiziert werden.

Als Führungskraft sollten Sie nie vergessen: Sie sind Vorbild, Ihre Unterstützung ist entscheidend. Zu Beginn des Wandels brauchen Sie ein Team, das bereits von dessen Notwendigkeit überzeugt ist. Sie sind ihre Treiber, ihre Kommunikatoren. Sie sollten darauf achten, möglichst schnell Teilziele, Teilerfolge zu erreichen, diese kommunizieren und feiern. Sie müssen die Mitarbeitenden auf die Veränderung vorbereiten, ihnen aufzeigen, warum der Wandel notwendig ist und was sie in Zukunft erwartet. Zahlen, Daten und Fakten sind hier verbunden mit Erfolgsgeschichten (Storytelling). Ebenso wichtig: Schnell verfallen wir in alte, lieb gewonnene Gewohnheiten. Im Wandel müssen wir darauf achten, dass die alten Verhaltensweisen nicht wieder Einzug nehmen. Und noch einmal, da bei jedem Wandel das Wichtigste: Kommunikation, Kommunikation, Kommunikation.

8.3 Betriebsrat und Einkauf

Eine Woche später, am 22. Januar, nachdem der Einkauf mit uns einen Vertrag geschlossen hatte (ja, eine Woche ist sehr schnell, aber es ist ja eine Geschichte), präsentierten wir dem Betriebsrat Herrn Bernd Rat und seinen Kollegen den PE-Check°. Auch der Betriebsrat erkannte die vielen Vorteile für die Beschäftigten und bestätigte uns gern seine Unterstützung. Er sagte uns seine Teilnahme an dem Auftakt- und dem Ergebnisworkshop zu und versprach, auch hinsichtlich der Mitarbeiterbefragung Werbung zu betreiben. Die Fragen bezüglich der geforderten Anonymität konnten wir in seinem Sinne beantworten und erhielten vorab bereits ein wohlwollendes Feedback.

Mitbestimmung in diesem Kontext heißt, dass der Arbeitgeber nicht ohne die Zustimmung des Betriebsrats Entscheidungen treffen darf. Tut er es doch, sind diese unwirksam. Rechte und Pflichten sind im Gesetz über die Mitbestimmung der Arbeitnehmer (Mitbestimmungsgesetz, MitbestG) verankert.

Meine persönliche Erfahrung mit den Mitbestimmungsgremien ist, dass Personalentwickler den Betriebsrat möglichst frühzeitig und umfassend einbinden sollten. Unternehmenspolitische Entscheidungen zwischen Betriebsrat auf der einen Seite und dem Vorstand auf der anderen sind oftmals Kompromisslösungen. Je näher Sie als Personalentwickler dran sind, desto besser können Sie die Entscheidungsfindungen antizipieren.

8.4 Der Auftaktworkshop bei der XYZ Versicherung

Am 18. Februar startete um 11.00 Uhr unser Auftaktworkshop zum PE-Check° im großen Besprechungsraum im Vorstandsbereich der XYZ Versicherung. Eine große Leinwand, Metaplanwände und Flipcharts in ausreichender Anzahl sowie ein Moderatorenkoffer standen bereit. Kaffee, Tee, Kaltgetränke und Plätzchen waren eingedeckt. Der aufmerksame Leser wird bemerkt haben, dass unser Workshop noch vor dem Corona-Lockdown stattgefunden hat.

Folgende Funktionsträger nahmen teil:

Teilnehmende Auftaktworkshop zum PE-Check°		
Vertriebsvorstand	Trainer für Verkauf	Zwei Vertriebsdirektoren
Leiter Personal	Leiterin Außendienst-Ausschuss	Zwei Außendienst-Führungskräfte
Leiterin PE Vertrieb	Vier Vermittlerinnen	Zwei Innendienstmitarbeiter einer Agentur
Leiter Vertrieb	Vier Agenturleiter	Trainerin Führungskräfte-Entwicklung
Leiterin Konzernstrategie	Mitarbeitende Unternehmenskommunikation	
Leiter des Interessenverbandes der Selbstständigen	Betriebsrat	

Tab. 31: Teilnehmerkreis Auftaktworkshop

Folgende Workshop-Agenda hatten wir mit Herrn Müller in kurzer Zeit abgestimmt.

Uhrzeit	Thema
11:00 bis 11:15 Uhr	Begrüßung und Vorstellungsrunde
11:15 bis 11:45 Uhr	Entwicklung eines gemeinsamen Verständnisses für die Personalentwicklung
11:45 bis 12:30 Uhr	Vorstellung der Kernelemente des PE-Checks°
12:30 bis 13:15 Uhr	Mittagspause
13:15 bis 14:00 Uhr	Ablauf im Detail • Unternehmensbefragung • Mitarbeiterbefragung • Kennzahlen
14:00 bis 14:15 Uhr	Ablaufplan/Feedback

Tab. 32: Agenda Auftaktworkshop

Herr Müller eröffnet unseren Workshop. Er begrüßt die Teilnehmenden und stellte die aktuellen guten Vertriebsergebnisse der XYZ Versicherung vor. Anschließend zeigt er Folien einer Marktforschungsgesellschaft, in der das veränderte Käuferverhalten hin zum hybriden Kunden, hin zum aufgeklärten Kunden in der Versicherungswelt weiter voranschreitet (Digitalisierung, Wertewandel, Demografie). Er verdeutlichte, dass Kunden heute über verschiedensten Vertriebskanäle Policen abschließen können und wollen und sich deshalb die eigenen Agenturen noch mehr hin zur Multikanalagentur entwickeln müssen. Er zeigte auf, welche prozentualen Verschiebungen er aufgrund des demografischen Wandels und der Digitalisierung bei den Vertriebswegen erwarte. Anschließend wies Herr Müller noch einmal auf die zu erwartenden Marktveränderungen hin. Er sprach von der VUCA-Welt und dass in den letzten Monat wieder eine bekannte Versicherungsmarke vom Markt verschwunden sei. Anhand der beiden Unternehmen »Blockbuster« und »Netflix« machte er deutlich, wie schnell ein eben noch funktionierendes Geschäftsmodell (Videotheken) durch den technologischen Fortschritt (Streaming) in kürzester Zeit zum Niedergang führen kann und wie schnell neue Unternehmen die Marktführerschaft erobern. Das zweite Thema, welches er uns mit auf den Weg gab: Alexa lässt grüßen. Was er damit meinte: Die DSVGO haben wir noch nicht alle verarbeitet und schon bahnt KI sich ihren Weg in unsere Prozesse. Es ist wichtig, dass wir unsere Mitarbeitenden und Führungskräfte mitnehmen und sie auf die Entwicklungen von morgen vorbereiten (Datenschutz und Digitalisierung).

Zum Thema Führung führte der Vorstand aus, dass auch in der XYZ Versicherung eine angeregte Diskussion geführt werde, welcher Führungsstil in Zukunft der Richtige sein wird und stellte den Teilnehmenden in Aussicht, das ich zum Thema Führung meine Perspektive mit den Teilnehmenden teilen werde. Er stellte fest, dass der PE-Check° seiner Meinung nach einen Beitrag zum großen Ganzen leisten werde, die Lernkultur im Unternehmen und die Effizienz der Lernmaßnahmen zu steigern.

Nach einer kurzen Vorstellung bat ich die Teilnehmenden, sich ebenfalls kurz vorzustellen. Es galt, sich kennenzulernen und einen ersten Bezug zu unserem Thema »Personalentwicklung« herzustellen. Durch die Frage »Wie lerne ich am liebsten?« erzeugte ich eine persönliche Verbundenheit zum Thema. Der Abstraktionsgrad wurde verringert und jeder stellte für sich fest, dass das Thema auch ihn ganz persönlich betrifft (Betroffenheit herstellen). Anschließend sammelten wir Stichworte zur Frage »Was ist mir zum Thema ›Weiterbildung‹ wichtig?« auf einem Flipchart und fassten dies am Ende der Sequenz noch einmal kurz zusammen.

Der eine oder die andere überraschte auch mit kritischen Anmerkungen. So wurde geäußert, dass andere Gesellschaften ein breiteres Bildungsangebot hätten. Ein Vermittler bemängelte den Lernerfolg, freue sich aber immer darauf, die Kollegen wiederzutreffen. Eine Führungskraft meinte, der Wildwuchs auf der Lernplattform überfordere ihn. Ebenfalls wurde darauf hingewiesen, dass es keine Angebote zu den Themen »Gesundheit« und »agile Arbeitsmethoden« gäbe (Gesundheitsmanagement, gesundes Führen, Verschmelzung von Themenfeldern). Nach dieser Aktivierung der Teilnehmer erläuterte ich, dass es nach wie vor in der wissenschaftlichen und betrieblichen Fachdiskussion umstritten sei, wie Personalentwicklung definiert sein sollte und ergänzte, dass wir aufgrund der heutigen Herausforderungen der VUCA-Welt, einer zusammengesetzten Definition von Personalentwicklung folgen. Sie lautet:

Personalentwicklung (PE) umfasst die auf die Bedarfe und Bedürfnisse der Organisation abgestimmte berufseinführende, berufsbegleitende und arbeitsplatznahe Aus- und Weiterbildung des Personals sowie die Ableitung geeigneter Maßnahmen und Strategien aus den Unternehmenszielen. Die Maßnahmen sind zielgerichtet, systematisch und methodisch geplant, realisiert und evaluiert. Dabei sind Aspekte der Organisationsentwicklung und die Bedürfnisse der verschiedenen Anspruchsgruppen des Unternehmens zu berücksichtigen.

Der Leiter Vertrieb, Herr Schmitz, meinte wörtlich: »Ist wohl doch nicht ganz so, wir machen mal schnell eine Schulung« und verwies auf den Satz: Die Maßnahmen sind zielgerichtet, systematisch und methodisch geplant, realisiert und evaluiert. Insgesamt waren die Teilnehmenden überrascht über die Vielschichtigkeit der Themen in der Personalentwicklung. Die Sensibilisierung und den regen Austausch untereinander hatte ich erreicht.

Nach diesem Konsens, was wir unter Personalentwicklung verstehen, erläuterte ich meine Thesen zu den Themen »Veränderungen in der Arbeitswelt« und »Veränderungen in der Lernwelt«:

- Die Welt befindet sich in einer Zeit des Wandels.
- Die Megatrends Wertewandel, Digitalisierung, Demografie sowie die Globalisierung und die Folgen der Corona-Pandemie fordern uns.
- Die Auswirkungen auf unsere Mitarbeitenden und unsere Organisationen bleiben nicht aus. Viele Mitarbeitende und Führungskräfte fühlen sich aufgrund der Komplexität überfordert. Mitarbeitende wünschen sich mehr Transparenz und Aufklärung.
- Die Lernkurve steigt weiterhin exponentiell, ebenso die Entwicklungsgeschwindigkeit. Die Digitalisierung schreitet voran und der Bedarf der Wissenstransformation steigt.
- Wissen muss schneller und effizienter zum Zeitpunkt des Bedarfs abrufbar sein. Die Wissensvermittlung muss neue Wege gehen.
- Wir (Personalentwicklung) müssen schneller, flexibler und innovationsfreudiger werden.
- Die digitale Welt verändert das Lernen wie kaum eine andere gesellschaftliche Entwicklung zuvor.
- Digital unterstütztes Lernen verspricht die individuelle Lernmotivation zu steigern, Lerninhalte und -tempo besser an persönliche Bedürfnisse anzupassen und möglichst vielen den Zugang zu Bildung zu ermöglichen.
- Bisher hinkt der Bildungssektor bei der Nutzung neuer Lernmethoden noch hinterher.

Ich erklärte, wie sich die Arbeitswelt und die Lernwelt aufgrund der Megatrends verändert haben und verändern werden. Dabei achtete ich darauf, dass ich es positiv formuliere. Es sind Herausforderungen, aber auch Chancen – Wandel, Betroffenheit und optimistische Zukunft –, die wir nutzen sollten, so mein Kredo.

Bei der Frage, wie es gelingt schneller, flexibler und innovationsfreudiger in der Weiterbildung zu werden, schilderte ich meine Überzeugung, dass das videobasierte Lernen in allen Facetten sowie die virtuellen Klassenzimmer in Zukunft mehr Raum einnehmen würden. Zusätzlich präsentierte ich die präferierten Lernformate. Ich erklärte, dass zum Beispiel die Kurzvideo-App TikTok eine der am schnellst wachsenden Plattformen sei und dass bereits heute dort mehr als eine Milliarde aktiver User registriert seien. Dies zeigt, dass Videos heutzutage durch den einfachen Einsatz der Handykameras ein oft genutztes Medium sind. Einer der Trainer merkte an, dass es in seinem Verkäufertraining wichtig sei, dass die Seminarteilnehmenden miteinander diskutieren und praktische Übungen durchlaufen und dass man dieses Training nicht einfach so auf Video aufnehmen könne. Dies bestätigte ich und wir kamen trotzdem überein, dass bestimmte Wissensbausteine schon im Vorfeld zur Verfügung gestellt werden können. Zentral an diesem Beitrag des Trainers: Im Wandel sind die Bedenken und die Hinweise der Betroffenen wichtig. Wir müssen zuhören, aufnehmen und gemeinsam Lösungswege erarbeiten.

Um den Teilnehmenden das Thema emotionales Lernen und die Erkenntnisse aus den Neurowissenschaften zu veranschaulichen, führte ich das Beispiel des Konflikttrainings an. Ich zeigte auf, dass Untersuchungen belegen, dass Seminarteilnehmende einen höheren Lernerfolg erzielen, wenn wir sie emotional erreichen. So wird bei Teilnehmenden, die kurz vor Seminarbeginn, in dem Interventionsmöglichkeiten eingeübt werden, einem Konflikt hautnah beigewohnt haben, der Aufmerksamkeitsgrad und damit der Lernerfolg höher sein. Auf Basis von Ausschnitten aus dem TED-Talk »The birth of virtual reality as an art form« von Chris Milk zeigte ich, wie wir mittels der VR-Brille Menschen das Gefühl geben können, an einem anderen Ort in einer anderen Welt zu sein. Die Workshop-Teilnehmenden sollten so ein Einblick bekommen, welche technischen Möglichkeiten in Zukunft genutzt werden können, Menschen emotional zu erreichen. Einer der jüngeren Teilnehmer meinte: »Ich kenne das aus meinen Videospielen. Kaum hast du die VR-Brille auf und den Kopfhörer an, bist du in einer anderen Welt und das so real, dass du meinst, du bist wirklich vor Ort.« Warum sollte das nicht auch im Training funktionieren?

Um den Teilnehmenden in unserem Workshop zu verdeutlichen, wie wichtig es ist, Schnittstellen im Unternehmen zu identifizieren und um aufzuzeigen, wie groß teilweise die Unterschiede beim jeweiligen Rollenverständnis sind, machte ich folgende Übung zu den Rollen der jeweiligen Abteilung/Person in Bezug auf die Personalentwicklung. Ich nahm ein Flipchart und bat die Teilnehmenden, die Aufgaben der jeweiligen Rolle zu benennen: HR – Personal, Vertrieb, PE – Personalentwicklung, Trainer, Coaches, Betriebsrat, Diagnostiker, Führungskräfte, Geschäftsleitung (Vorstand), Mitarbeitende (Zielgruppen), Ausbilder. Es war spannend zu sehen, wie stark teilweise die Erwartungshaltung an die Rolle der anderen und das Selbstbild bezüglich der eigenen Rolle abwichen. Wieder ein wichtiger Baustein, um Klarheit und Transparenz im Unternehmen zu schaffen.

Anschließend stellte ich die Kernelemente des PE-Checks° vor. Wofür steht der PE-Check° und welche Informationen liefert er. Wörtlich stellte der Vorstand fest: »Wissen Sie, meine Damen und Herren, wir schauen jetzt einmal ganz genau hin. Uns geht es hier nicht um Einsparungen. Uns geht es darum, Ihre Bedarfe und die Bedarfe des Unternehmens besser aufeinander abzustimmen. Personalentwicklung ist uns wichtig. Jetzt erhalten wir einen fundierten Bericht, wo wir aktuell stehen, wo wir schon gut unterwegs sind und wo wir gemeinsam besser werden können.« Der Betriebsrat hatte ebenfalls eine Meinung: »Endlich werden unsere Mitarbeitenden mal gefragt, was sie wirklich brauchen. Wir haben uns die Unterlagen genau angesehen. Die Mitarbeiterbefragung ist freiwillig und anonym. Einzelauswertungen gibt es nicht. Wir erhalten einen Ergebnisbericht, der ausführt, wo wir stehen. Wir werden gemeinsam in einem Workshop die Ergebnisse präsentiert bekommen.«

Im Anschluss an diese Diskussion wurde der Ablauf des Verfahrens von mir vorgestellt:
- Informationsworkshop,
- Befragung (Unternehmensbefragung, Mitarbeiterbefragung, Kennzahlen),
- Auswertung (Erstellung Ergebnisbericht und Ergebnispräsentation),
- Ergebnisworkshop (Ergebnisse, Handlungsfelder, abgeleitete Maßnahmen).

Bezüglich der Unternehmensbefragung und der Mitarbeiterbefragungen erklärte ich, dass diese normalerweise parallel durchgeführt werden. Für die XYZ Versicherungen sollten dafür zwei bis drei Wochen ausreichen: eine Woche für die Auswertung sowie eine weitere Woche für den Ergebnisworkshop inklusive Vorbereitung und Abstimmung. Zusätzlich gab ich den Hinweis, dass der Ergebnisworkshop maximal vier Stunden dauern sollte und mit dem gleichen Teilnehmerkreis durchzuführen sei. Alles in allem sollte ein Unternehmen das Verfahren in sechs bis acht Wochen durchlaufen haben.

Es gab auch Verständnisfragen wie die des Betriebsrats Herr Rat, was Partizipation und Kommunikation bei der Mitarbeiterbefragung bedeute. Ich erläuterte, dass wir gemeinsam prüfen, wie das Bildungsmanagement im Unternehmen kommuniziert wird sowie wer und wie Zugriff auf diese Informationen hat. Können Mitarbeitende ihre Ziele, ihre Wünsche und Bedarfe einbringen und werden diese auch berücksichtigt, so wie es in einem Vorschlagswesen der Fall sein sollte? Eine Führungskraft fragte, was unter dem Punkt Führungskräfte-Unterstützung zu verstehen sei. Da es im Unternehmen gerade eine rege Diskussion zum Thema Führung gab und Herr Müller mich gebeten hatte, hierzu einige Entwicklungen aufzuzeigen, nahm ich den Faden umgehend auf. Ich fragte in die Runde, ob das Thema »Führung/Führungskräfte-Unterstützung« allgemein von Interesse sei. Nachdem der überwiegende Teil dies bestätigte, machten wir einen kurzen Ausflug in eine Vorlesung zum Thema »Führung« und ich konnte damit auch die Frage des Kollegen bezüglich der Führungskräfte-Unterstützung beantworten

Impulsvortrag zum Thema Führung

Ich fange mal mit einer nicht so schönen Botschaft für uns an: Es gibt nicht *den einen* Führungsstil. Es gibt nicht *die eine* Führungspersönlichkeit.

Die gute Botschaft: Man kann Führung lernen. Fangen wir bei der Rolle einer Führungskraft im Rahmen der Persönlichkeitsentwicklung – der Führungskräfte-Unterstützung – an. Bei all den heute Vormittag dargestellten Herausforderungen, ist das Thema »Führung« ein entscheidender Erfolgsfaktor für die Personalentwicklung. Wenn sich Führungskräfte selbst als erster Personalentwickler verstehen, können sich die Mitarbeitenden bestmöglich entfalten. Wenn Führungskräfte die Weiterbildung ihre Mitarbeitenden fördern und sie fordern, sind Personalentwicklungs-Maßnahmen erfolgreich. Umgekehrt: Räumen Führungskräfte ihren Mitarbeitenden nicht ausreichend Zeit ein, geben sie ihnen nicht die Möglichkeit, Dinge zu wiederholen und das Gelernte in der Praxis zu erproben, dann wird es schwierig mit den Lernerfolgen.

Untersuchungen zeigen, ein wichtiger Schlüssel zum Lernerfolg ist die Wertschätzung und die Anerkennung durch die Führungskraft. Wir kennen das alle, wie gut es tut, wenn uns mal jemand anerkennend auf die Schulter klopft. Es geht hier also um das Interesse an der Weiterentwicklung der Mitarbeitenden. Untersuchungen haben ergeben, dass sich der Lernerfolg, wenn die Führungskraft ein wirkliches Interesse daran zeigt, erhöht.

An dieser Stelle schob eine Führungskraft ein: »Dazu müsste ich erst einmal die Angebote selbst besser kennen und wissen, was mein Mitarbeiter bei welchem Thema wirklich weiterbringt.« Ich bestätigte ihm, dass dies so sein sollte. Bei einem unserer Mandanten haben wir gerade deshalb den Lernbegleiter implementiert. Trainer übernehmen zusätzlich die Rolle des Lernbegleiters und beraten Führungskräfte bei Personalentwicklungs-Themen ihres Teams. Der PE-Check° wird uns zu diesem Thema wichtige Hinweise liefern. Die Führungskraft kommentiert das kurz: »So was brauchen wir auch. Wir brauchen mehr Informationen und Unterstützung von Seiten der Personalentwicklung.«

Ja, wissen Sie, das Thema »Führung« ist so alt wie die Geschichte der Menschheit. Effizientes Führungsverhalten inkludiert den jeweiligen Zeitgeist der Gesellschaft. So ist Agilität heute in aller Munde. In der Organisationstheorie wird unter Agilität die Fähigkeit der Unternehmen verstanden, sich kontinuierlich an die komplexe turbulente und unsichere Umwelt anzupassen. Agilität bedeutet die konsequente Ausrichtung der Prozesse auf den Kunden, eine mitarbeiterorientierte Führung, eine funktionierende Fehlerkultur im Unternehmen und das Anwenden agiler Methoden. Dazu bedarf es aber klarer Spielregeln, die in die Unternehmenskultur einfließen. Heute müssen Mitarbeitende anders geführt werden als noch vor wenigen Jahren. Aber was heißt das denn jetzt für jeden Einzelnen von uns? Schauen wir uns gemeinsam zunächst das Thema der Führungspersönlichkeit näher an.

Vergleichen wir verschiedene Führungspersönlichkeiten, egal wie wir zu diesen stehen, so stellen wir fest, wie unterschiedlich erfolgreiche Menschen sein können. Nehmen wir Herr Obama, Herrn Gandhi und Frau Merkel: alle drei sehr unterschiedliche Persönlichkeiten und alle erfolgreiche Führende, die für ihr Thema stehen. Sie strahlen dies durch ihre Präsenz und ihre Persönlichkeit aus. Diese Menschen haben eine klare Vision, feste Werte und klare Ziele, welche sie konsequent verfolgen. Ihre Ausstrahlung, ihre Sprache und ihr Handeln sind danach ausgerichtet – sie sind sehr fokussiert. Sie müssen das einmal erlebt haben, wenn eine solche Persönlichkeit einen Raum betritt – dann spüren Sie das.

Aus den Kommunikationstrainings wissen wir: In einem persönlichen Gespräch überzeugen wir unseren Gesprächspartner zu ca. sieben Prozent mit unserem Fachwissen, zu ca. 55 Prozent durch unsere Körpersprache und zu ca. 38 Prozent durch unsere Stimme und Sprache. Wichtig ist also festzustellen, dass wir zwar fachlich fit sein müssen, dies aber nicht den Stellenwert in der überzeugenden Kommunikation einnimmt, wie wir es vielleicht vermutet hätten oder es uns wünschen würden. Genau deshalb ist unsere Ausstrahlung, unsere Präsenz so wichtig.

Jeder von uns hat seine ganz besonderen Stärken und kann stolz darauf sein. Denken Sie daran, sobald Sie anderen Ihre Überzeugung und Ihre Haltung, auch durch Ihre Präsenz, zeigen, gewinnen Sie leichter die Menschen für sich und Ihr Thema. Erfolgreiche Menschen sind sich ihrer Stärken bewusst und strahlen dies aus. So kommen wir langsam dem Thema Kompetenzen nähe, bleiben aber noch kurz bei den Stärken. Oftmals fällt es Führungskräften schwer, über ihre Stärken zu reden. Doch es gibt einen einfachen Weg, eine einfache Übung, sich diese ins Bewusstsein zu rufen. Welche Erfolge hatten Sie bisher, beruflich wie privat? Schreiben Sie Ihre Erfolge auf. Am Anfang ist dies herausfordernd, aber Sie werden es Schritt für Schritt immer einfacher haben. Beschreiben Sie möglichst ausführlich. Wie war die Situation, wo lag das Problem, was haben Sie getan und was war das Resultat (Verhaltensdreieck)?

Hier ein paar Beispiele für größere und kleinere Erfolge – und beide sind gleich wichtig:

- Ich habe die Terminquote (Kundenbesuche) im letzten Monat um zehn Prozent erhöht.
- Ich habe in einem schwierigen Projekt durch eine Idee die Lösung erfolgreich vorangetrieben.
- Ich konnte heute ein kleines, aber dringendes Problem eines Kunden lösen und habe ihm damit einen großen Dienst erwiesen.
- Ich habe eine Mitarbeiterin in einem Gespräch dazu angeregt, sich für eine Weiterbildung anzumelden. Sie tat es heute voller Freude.
- Ich konnte die Produktion im ersten Quartal steigern.
- Ich habe vor vier Tagen einen Event zum Feiern eines Projekterfolgs initiiert, zu dem sich bereits 70 Prozent meiner Mitarbeitenden angemeldet haben.

Versuchen Sie, sich möglichst viele Ihrer Leistungen und Erfolge in Erinnerung zu rufen. Anschließend dampfen Sie Ihren Text ein. Immer und immer, wieder bis Sie eine sehr kurze, knackige Aussage über sich und Ihre Stärke/n treffen. Und schon können Sie diese einmal auf der Rolltreppe, im Büro oder beim Mittagessen fallen lassen. Versuchen Sie es, es funktioniert. Sie werden sich Ihrer Stärken bewusst und steigern damit Ihr Selbstwertgefühl. Diese Themen können Sie immer wieder zur Anwendung bringen, bis hin zu Assessment-Centern, indem Sie sich selbstbewusst präsentieren.

Kommen wir nun zu den Kompetenzen, genauer den Führungskompetenzen. Unternehmen sollten regelmäßig überprüfen, ob die Führungskompetenzen mit der Unternehmensstrategie und den Unternehmenswerten übereinstimmen. Unter Kompetenzen verstehen wir dabei allgemein die Fähigkeiten und Fertigkeiten, die es braucht, eine Aufgabe heute und in Zukunft erfolgreich zu bewältigen.

Ein kluger Mensch hat einmal zur »Führungspersönlichkeit« Folgendes gesagt: »Die ideale Führungskraft braucht die Würde eines Erzbischofs, die Selbstlosigkeit eines Missionars, die Beharrlichkeit eines Steuerbeamten, die Erfahrung eines Wirtschaftsprüfers, die Arbeitskraft eines Kulis, den Takt eines Botschafters, die Genialität eines Nobelpreisträgers, den Optimismus eines Schiffbrüchigen, die Findigkeit eines Rechtsanwalts, die Gesundheit eines Olympiakämpfers, die Geduld eines Kindermädchens, das Lächeln eines Filmstars und das dicke Fell eines Nilpferds.« Das Zitat verdeutlicht anschaulich, wie mannigfaltig die Anforderungen an eine Führungskraft sind.

Das Kompetenzmodell einer Führungskraft verändert sich mit der Führungsspanne und der Verantwortungsstufe im Unternehmen. Mit zunehmender Verantwortung steigen die Anforderungen an die Führungskompetenzen, während die fachlichen Kompetenzen hinsichtlich der Gewichtung zumindest nicht weiter zunehmen.

Ich durfte viele erfolgreiche Führungskräfte in ihrer Entwicklung als Mentor begleiten und mit ihnen zusammenarbeiten. Hilfreich war immer, zunächst eine Bestandsaufnahme durchzuführen.

Dazu gehört unter anderem die Auseinandersetzung mit den eigenen Zielen:

- Wo stehe ich? Wohin möchte ich mich entwickeln?
- Habe ich meine Ziele und Wünsche mit meinem privaten Umfeld besprochen?
- Wer bin ich, was zeichnet mich aus und wie sieht mich mein Umfeld?
- Was sind meine Ziele und Wünsche, was sind meine Motivatoren?

Denn: Stimmt es innen, stimmt es außen. So sind dies beispielhafte Fragen, die uns bei der Auseinandersetzung mit den eigenen Zielen weiterhelfen.

Aber was ist überhaupt Führung und wie wirkt sie sich aus? Diese und einige weitere Fragen beantworten wir nun.

Was ist Führung?

Führung hat immer etwas mit den Menschen zu tun und Teams sichern heute die Überlebensfähigkeit von Unternehmen. Allein werden Sie heute nicht alle Entwicklungen antizipieren können und gute Lösungen finden. Sie benötigen Ihr Team, um erfolgreich zu agieren. Führungskräfte müssen mehr denn je Orientierung geben und dabei das gegenseitige Vertrauen fördern. Neben den Herausforderungen der Agilität kommt auf viele Führungskräfte heute noch die Herausforderung des Führens auf Distanz hinzu. Deshalb ist es noch wichtiger dafür zu sorgen, dass ein vertrauensvolles Miteinander, eine gute offene Kommunikationskultur, abgestimmte Spielregeln, klare Rollen und eine passgenaue Aufgabenverteilung existieren. Sie müssen noch mehr ins Team hineinhören, dass die Bindung nicht abbricht und Sie gemeinsam Lösungsstrategien erarbeiten, wie Sie effizient zusammenarbeiten können und was es bedarf, um dies zu gewährleisten. Und bitte nicht missverstehen: Das eigenverantwortliche, selbstorganisierte Arbeiten zu ermöglichen heißt nicht, dass jeder macht, was er will. Letztendlich tragen Sie als Führungskraft immer die Verantwortung und haben die Entscheidung zu treffen beziehungsweise mitzutragen und dafür auch einzustehen. Führung heißt letztendlich immer, ein Team, eine Organisation auf ein gemeinsames Ziel effizient auszurichten.

Wie wirkt sich Führung aus?

Wir stellen fest, Führung ist zurzeit *das* Thema von Personal und der Personalentwicklung. Keine Tagung, auf der dieses Themenfeld nicht beleuchtet wird. Folgen Abbildung zeigt, wie es um die Bindung der Arbeitnehmenden in Deutschland steht. Dass die Zahlen nicht überzeugen, sollte einem jeden von uns in seiner Rolle zu denken gaben. Schlechte Führung geht immer mit hohen Kosten einher. Wir wissen also noch nicht, was gute Führung ausmacht, aber wir sehen, welche Folgen schlechte Führung haben kann.

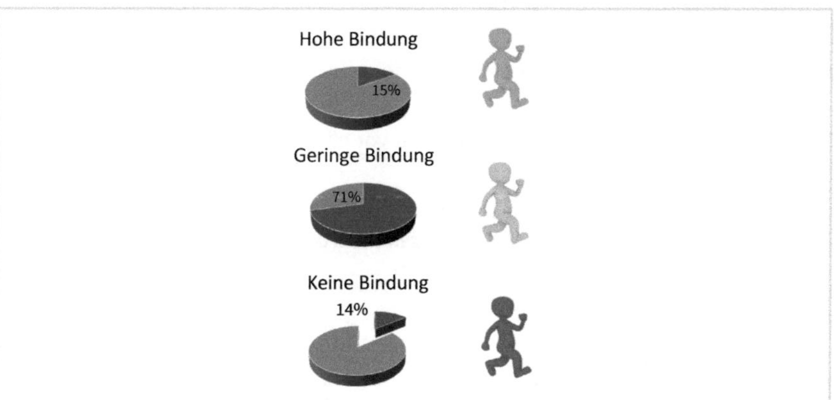

Abb. 37: Bindung der Mitarbeitenden an das Unternehmen (Quelle: Gallup Index 2018, eigene Darstellung)

Herr Ruf, der Leiter HR, meinte: So habe ich das noch nicht gesehen, aber wenn die Zahlen der Studie stimmen, ist das dramatisch. Ich bin sicher, dass wir hier besser abschneiden würden. Ich antwortete, dass interessanterweise 87 Prozent der Führungskräfte glauben, gute Führungskräfte zu sein. Doch stelle ich immer wieder in Beratungen fest, dass das Selbstbild und das Fremdbild stark voneinander abweichen. Welche Maßnahmen sind also zielführend, um hier besser zu werden?

In einer Hays-Studie (2014/2015) definierten 665 Führungskräfte aus dem deutschsprachigen Raum Maßnahmen zwecks zukünftiger »guter Führung«. Ich möchte mal die ersten drei benennen.

1. **Etablieren einer Feedbackkultur**
Früher führten wir einmal im Jahr ein Personalentwicklungs-Gespräch mit unseren Mitarbeitenden. Das passt nicht mehr in die heutige Zeit. Heute ist ein stetiger Austausch mit unseren Mitarbeitenden wichtig. Dazu bedarf es der Einhaltung sogenannter Feedbackregeln. Feedback darf keine Einbahnstraße sein und es muss wertschätzend gegeben und entgegengenommen werden.

2. **Motivation der Belegschaft**
Wir sprechen also über Motive und wie es unter Berücksichtigung des Reifegrades des jeweiligen Mitarbeiters gelingt, ihn optimal zu motivieren.

3. **Entwicklungsmöglichkeiten**
Das Aufzeigen von Entwicklungsmöglichkeiten ist elementarer Bestandteil – und hier sind wir mitten in der Personalentwicklung angekommen. Wohin möchte sich die Mitarbeiterin entwickeln? Möchte sie einmal Führungsaufgaben übernehmen oder eher eine Fachlaufbahn einschlagen. Auch das Übereinkommen, ich bin zurzeit die richtige Frau am richtigen Platz, ist vollkommen in Ordnung. Wichtig ist nur, dass wir es mit unseren Mitarbeitenden besprechen, sie fordern und fördern. Dass wir ihnen die Möglichkeiten aufzeigen, die das Unternehmen anbietet, seien es Workshops, Seminare, Ausbildungen oder das Übernehmen neuer oder zusätzlicher Aufgaben.

Die Relevanz von Selbst- und Fremdbild und vor allem die noch häufige Abweichung verdeutlicht folgende Tabelle.

Die Führungskräfte in unserem Unternehmen gewähren den Mitarbeitenden Freiräume bei ihren Aufgaben. (%-Zahlen = mit Ja beantwortet)	
Geschäftsführer	84%
Führungskräfte HR-Bereich	76%
Führungskräfte Fachabteilungen	68%
Mitarbeitende ohne Führungsverantwortung	56%

Die Führungskräfte in unserem Unternehmen haben ein offenes Ohr für die Belange der Mitarbeitenden.	
Geschäftsführer	85 %
Führungskräfte HR-Bereich	81 %
Führungskräfte Fachabteilungen	69 %
Mitarbeitende ohne Führungsverantwortung	52 %

Tab. 33: Selbstbild – Fremdbild

Die sogenannten Theorien X und Y nach McGregor (1960) klassifizieren zwei gegensätzliche Menschenbilder, die uns für die folgende Diskussion einen guten Einstieg geben.

- Die X-Theorie: Menschen haben eine angeborene Abscheu vor Arbeit. Das würde bedeuten, wir müssen stark steuernd agieren und ständig kontrollieren. Menschen möchten geführt werden, sie wollen Verantwortung vermeiden. Ich glaube, es ist uns allen klar, dass diese Theorie nicht zu uns passt.
- Die Y-Theorie: Menschen wollen arbeiten, sich mit dieser identifizieren. Kontrolle ist nur bedingt notwendig. Das Streben nach Selbstverwirklichung ist groß, die Mitarbeitenden sind bereit, Verantwortung zu übernehmen. Diese passt wohl eher auf unsere heutige Arbeitswelt und unser Verständnis zum Thema Führung.

Fassen wir noch einmal zusammen:

- Selbstbild und Fremdbild abzugleichen ist wichtig.
- Wenn Sie Ihre Persönlichkeit kennen, sind Sie authentischer und können Menschen besser für sich gewinnen.
- Durch Feedback erfahren Sie mehr über sich selbst und Ihre Persönlichkeit.
- Erfolgreiche Persönlichkeiten haben eins gemeinsam – eine Vision und die Leidenschaft für ihr Thema.

Meines Erachtens ist eine Verbindung von werteorientierter und situativer Führung in der heutigen Zeit eine gute Entscheidung – was selbstverständlich noch nichts mit der Persönlichkeit eines Führenden zu tun hat.

Bei der werteorientierten Führung gilt es die Themenfelder Vorbild, Motivation, individuelle, kreative Entwicklung, Wertschätzung und Reifegrad zu berücksichtigen. Dies sind Bausteine, die auch agile Teams benötigen, um erfolgreich zu sein, wie das Projekt Aristoteles von Google zeigt. Es ging darum herauszufinden, was Teams benötigen, um ihre Bestleistung abzurufen. Zunächst einmal ist festzuhalten, dass ein Team mehr ist als die Summe seiner Teile. Teams finden schneller Lösungen, sie decken frühzeitig Fehler auf, sind kreativer in der Zusammenarbeit und erreichen eine höher Arbeitszufriedenheit – wenn sie funktionieren. Dazu hat Google herausgefunden, dass Teams dann erfolgreich sind, wenn folgende Aspekte aktiv miteinander gelebt werden: die psychologische Sicherheit, das Vertrauen untereinander, Zuverlässigkeit und Verlässlichkeit (Halte ich als Teammitglied meine Zusagen ein und berichte, falls etwas nicht funktioniert?), die Struktur und Ziel- und Rollenklarheit (das Verständnis, warum ich etwas tue, das Why, der Sinn meiner Tätigkeit und meines Beitrags).

Erlauben Sie mir noch einen Hinweis zu dem Thema »Why«. Warum tun wir etwas? Wir kommen bei dem Thema Führung aus der Richtung Menschen-Führung und müssen hin zur Bewusstseins-Führung. Wir müssen uns wieder mehr darauf konzentrieren zu fragen, warum tun wir das eine, warum lassen wir das andere. Das sind meiner Meinung nach klare Wegweiser, was einen guten Führungsstil ausmacht.

Abschließend stelle ich den Teilnehmenden noch die 10 Bigpoints aus dem Projekt Oxygen von Google vor, das untersuchte, was erfolgreiche Manager ausmacht (Kapitel 6.2.2, Der Führungsstil).

An dieser Stelle beendete ich unseren Ausflug zum Thema »Führung« und fuhr mit dem PE-Check°, der Befragung der Mitarbeitenden, fort. Ich fasste noch einmal zusammen, dass wir zu den Themen »Lernbereitschaft«, »Lernkultur«, »Wahrnehmung des Angebots«, »Angebotsvielfalt & Bedarfe«, »Partizipation & Kommunikation«, »Diagnostik & Onboarding«, »Lernpräferenzen«, »Produktneuerungen«, »Führungskräfte-Unterstützung« und »Wirksamkeit« Fragen stellen. Ich betonte, dass die Mitarbeiterbefragung anonym und freiwillig ist.

Um uns von der Mitarbeiterbefragung, die alle zwei Jahre bei der XYZ Versicherung durchgeführt wird, abzugrenzen, haben wir beschlossen, die Befragung des PE-Checks° »Vertriebsbefragung« zu nennen. Ich betonte, dass die Befragung ca. 10 bis 15 Minuten dauert, damit die Abbruchquote nicht zu hoch sei. Es werden keine Einzelwerte zur Verfügung gestellt. Das Unternehmen erhält eine anonyme Zusammenfassung. Somit können keine Rückschlüsse auf Einzelpersonen gezogen werden.

Um eine möglichst große Resonanz bei den Vertriebspartnern zu erhalten, versprach der Vorstand, das Thema auf der anstehenden Vertriebstagung anzusprechen und dafür zu werben. Außerdem verabredeten wir, dass ich auf dieser Tagung als Ansprechpartner zur Verfügung stehe. Aufgrund der guten technischen Infrastruktur im Vertrieb einigten wir uns auf eine reine Onlinebefragung. Bezüglich der Kennzahlen musste ich keine weiteren Hinweise geben, der Leiter Vertrieb, Herr Schmitz, bestätigte, dass er die diesbezüglichen Formeln bereits gesehen habe und wir diese nicht hier diskutieren müssten, weil sie dem bekannten Standard entsprächen. Wir beendeten unseren Workshop mit dem Hinweis, dass wir uns sehr freuen würden, wenn derselbe Teilnehmerkreis auch am Ergebnisworkshop teilnehmen würde.

Ich habe bereits darauf hingewiesen, dass der Workshop in unserer Geschichte noch vor der Coronapandemie stattgefunden hat. Während des Lockdowns haben viele von uns erfahren, was alles digital möglich ist: Workshops, Trainings, Teammeetings werden auch in Zukunft des Öfteren mittels Teams, Zoom, Skype oder anderen Plattformen durchgeführt. Auch dieser Workshop könne per Videokonferenz durchgeführt werden, natürlich mit einer angepassten Agenda und anderen gruppendynamischen Aufgabenstellungen. Das Verfahren, das ich in Zukunft präferieren und empfehlen würde, wäre aufgrund des eh sehr schlanken Verfahrens der Informationsworkshop und der Ergebnisworkshop in Präsenzform. Aufgrund der hohen Flexibilität ist es aber möglich, je nach Kundenwunsch den PE-Check° in Teilen oder komplett online durchzuführen.

Viele Themenfelder sollten Ihnen, liebe Leserin, lieber Leser, in diesem Teil der Geschichte bekannt vorgekommen sein. Das große Themenfeld »Führung« wurde noch einmal aus der Vortragsperspektive vorgestellt. In einem Change müssen wir die Menschen erreichen und das Ziel sowie die Vision und Mission erarbeiten. Wie Teams funktionieren, sind weitere Aspekte, die ich in der Geschichte aufgegriffen habe. Aspekte aus der Persönlichkeitsentwicklung und das Thema »Kompetenzen« sowie die Auswirkungen der Megatrends wurden hier noch einmal in Erzählform verarbeitet.

8.5 Die Umfrage und der Ergebnisbericht

Am 3. März lagen alle Unterlagen vor, sowohl die Fragebögen der Unternehmensbefragung als auch die Vertriebsbefragung und die Erhebung der Unternehmenskennzahlen. Alle drei Erhebungen verliefen reibungslos. Die Teilnahmequote entsprach mit 64,3 Prozent den Erwartungen. Die Daten wurden ausgewertet und der Ergebnisbericht für die XYZ Versicherung (Vertrieb) erstellt.

8.5.1 Der Ergebnisbericht

Die Kombination aus Unternehmensbefragung, Vertriebsbefragung und der Erhebung von Kennzahlen liefert einen umfassenden Gesamtblick auf die Lernkultur im Unternehmen. Durch die verschiedenen Perspektiven und die standardisierte Analyse schafft der Ergebnisbericht Transparenz, einzelne Prozesse werden geprüft und Sie erhalten fundierte Planungssicherheit. Sie fördern die Lernkultur im Unternehmen und sorgen für Partizipation.

Der Ergebnisbericht ist die Zusammenfassung des PE-Checks,° in dem die Ergebnisse komprimiert zusammengetragen und bewertet werden. Wenn Sie den PE-Check° ohne externe Unterstützung durchführen, sollten Sie prüfen, welche Instanz diesen erstellt, um eine gewisse Neutralität zu gewährleisten. Der Bericht muss die Funktionsweise des PE-Checks° zusammenfassen und die Qualitätskriterien der Unternehmensbefragung erklären. Er sollte so verfasst sein, dass er in einfachen Worten für jeden verständlich die Funktionsweise beschreibt. Er enthält den zeitlichen Ablauf der einzelnen Bestandteile (wann wurde was durchgeführt), die Darstellungen der Ergebnisse (PE-Landkarte und Balkendiagramme der Mitarbeiterbefragung inklusive Kommentierung) und ein Fazit, in dem die priorisierten Handlungsempfehlungen dargestellt sind.

8.5.2 Die Zeitschiene

Die XYZ Versicherung hat im 1. und 2. Quartal 2020 den PE-Check° durchgeführt. Im Rahmen der Analyse hat sich gezeigt, in welchen Bereichen die XYZ Versicherung bereits sehr gut unterwegs ist. Die Personalentwicklung folgt der Unternehmensstrategie. Das Feedback von Seiten der Zielgruppen ist sehr positiv. Insgesamt wird die positive Lernkultur im Unternehmen gefördert. Lebenslanges Lernen wird bereits umfassend gelebt.

Vereinzelte Verbesserungsmöglichkeiten wurden gesichtet. Im Rahmen des Ergebnisworkshops werden diese mit den Akteuren erläutert und erste Ideen durch die Methode eins World-Cafés erarbeitet.

Ansprechpartner: XYZ Versicherung, Frau Develop

Step	Maßnahme	Datum
1. Step	Auftaktworkshop	10. Januar 2020
2. Step	Informationsworkshop	18. Januar 2020
3. Step	Befragungsphase • Unternehmen • Mitarbeitende • Kennzahlenerhebung	durchzuführen • bis 22. Februar 2020 • bis 22. Februar 2020 • bis 22. Februar 2020
4. Step	Auswertungsphase	bis 05. März 2020
5. Step	Ergebnisworkshop	19. März 2020

Tab. 34: PE-Check°: Zeitplan Ergebnisbericht

8.5.3 Ergebnisse der Unternehmensbefragung

Vom 01. bis 22. Februar 2020 hat die XYZ Versicherung die Unternehmensfragebögen zu den Themenfeldern in abgestimmten Arbeitsgruppen bearbeitet und ihre Prozesse dokumentiert. Die Antworten wurden den genannten Qualitätskriterien (Abb. 38) zugeordnet und nach einem Ampelsystem (Tab. 35) bewertet.

PE-Landkarte	
Ampelsystem	**Hinweise**
Grün	Das Management fördert die Lernkultur im Unternehmen aktiv.
Grün	Die Rahmenbedingungen sind durch das Leitbild, durch die engen Abstimmungsprozesse und den kontinuierlichen Austausch besonders hervorzuheben.
Grün	Das Angebot und die Vielzahl der unterschiedlichsten Maßnahmen sind umfassend und auf jeweilige Aufgabenstellungen abgestimmt.
Gelb	Der Abstimmungsprozess zwischen Unternehmensstrategie und PE-Strategie sollte in Bezug auf die Führungskräfte-Entwicklung geprüft werden.
Gelb	Führungskräfte sind bzgl. der Rolle »Personalentwickler« zu sensibilisieren. Der Theorie-Praxis-Transfer sollte gefördert werden. Das Thema »Wertschätzung« ist zu ergänzen.
Gelb	Bei der Digitalisierung sind erste Schritte unternommen. Eine Digitalstrategie für die Personalentwicklung sollte geprüft werden.
Rot	Die Wirksamkeit einzelner E-Learning-Maßnahmen und diesbezügliche Feedbackschleifen sollten geprüft werden.

Tab. 35: Ergebnisse der Unternehmensbefragung

Qualitätskriterien	Rahmenbedingungen	Diagnostik / Onboarding	Aus- und Weiterbildung	Führungskräfte-Entwicklung	Digitalisierung
PE als Management-Aufgabe					
Evaluation					
Planung und Umsetzung					
Vernetzung					
Partizipation und Kommunikation					
Angebotsvielfalt					
Lernendes System					

Abb. 38: PE-Landkarte XYZ Versicherung, Teilbereich Vertrieb

8.5.4 Ergebnisse der Vertriebsbefragung

Parallel zur Unternehmensbefragung wurde ebenfalls vom 01. bis 22. Februar 2020 eine freiwillige und anonyme Vertriebsbefragung durchgeführt, die Sichtweisen der Zielgruppen auf die Themenfelder der Personalentwicklung liefert. Es wurden 2.526

Personen eingeladen, an der Befragung teilzunehmen. Insgesamt hatten wir 1.625 Rückläufe, was einer Teilnahmequote von 64,3 Prozent entsprach.

Geschlechtliche Zuordnung

Geschlecht	Anzahl
Weiblich	401
Männlich	1224
Divers	0
Keine Angabe	0

Tab. 36: Vertriebsbefragung – Geschlecht

Zuordnung zu Altersgruppen

Alter	15-20	21-25	26-30	31-35	36-40	41-45	46-50	51-55	56-60	60-65	über 65
Anzahl	0	85	130	152	181	190	204	320	208	135	20

Tab. 37: Vertriebsbefragung – Alter Cluster

Zuordnung berufliche Ausbildung

Bildungsgrad	Anzahl
Hochschule	326
Fachhochschule	167
Berufsausbildung	1043
In Ausbildung	80
Keine Ausbildung	9
Keine Angabe	0

Tab. 38: Vertriebsbefragung – Bildungsgrad

Zuordnung Selbstständigkeit

Sind Sie selbstständig?	Anzahl
Ja	1383
Nein	155
Keine Angabe	87

Tab. 39: Vertriebsbefragung – Selbstständigkeit

Zuordnung Führungskraft

Üben Sie eine Führungsfunktion aus?	Anzahl
Ja	165
Nein	1460
Keine Angabe	0

Tab. 40: Vertriebsbefragung – Führungsfunktion

Lernbereitschaft

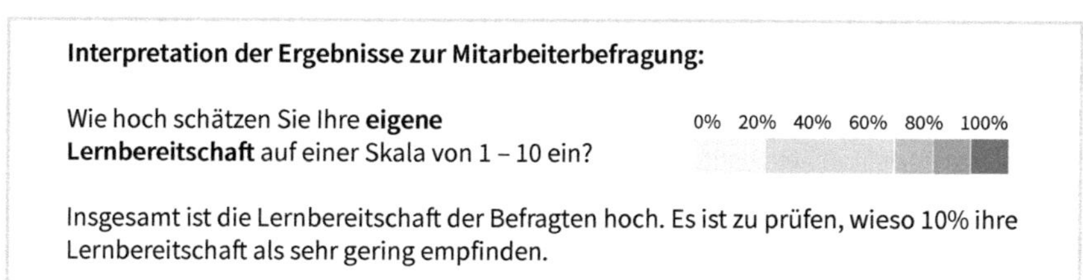

Abb. 39: Lernbereitschaft am Beispiel der XYZ Versicherung

Kommentierung: Insgesamt wurde eine hohe Lernbereitschaft im Vertrieb festgestellt. Es ist zu prüfen, ob die zehn Prozent mit einer geringen Lernbereitschaft einer bestimmten Zielgruppe zugeordnet werden können.

Lernkultur im Unternehmen

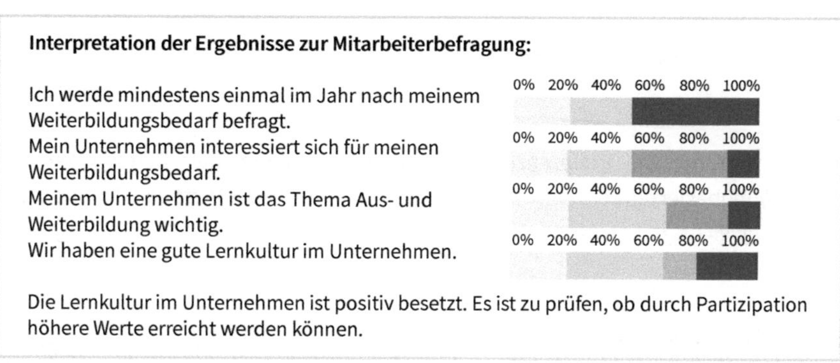

Abb. 40: Lernkultur am Beispiel der XYZ Versicherung

Kommentierung: 40 Prozent sehen die Lernkultur im Unternehmen positiv, 20 Prozent eher im Mittelfeld und 40 Prozent stufen sie als schwach ein. Hier sind weitere Informationen einzuholen, welche Stellschrauben zu einer besseren Lernkultur führen. Oftmals können Führungskräfte hierbei unterstützen.

Führungskräfte-Unterstützung

Interpretation der Ergebnisse zur Mitarbeiterbefragung:

	0% 20% 40% 60% 80% 100%
Unterstützt Sie Ihre direkte Führungskraft bei der Auswahl von Aus- und Weiterbildungsmaßnahmen?	
Unterstützt Sie Ihre direkte Führungskraft bei der Umsetzung des Erlernten in die Praxis?	

Insgesamt wünschen sic die Befragten mehr Unterstützung durch ihre Führungskräfte. Hier lässt sich der Lernerfolg erheblich steigern.

Abb. 41: Führungskräfte-Unterstützung am Beispiel der XYZ Versicherung

Kommentierung: Nur 20 bis 40 Prozent der Befragten spiegeln ein gutes Bild bezüglich der Führungskräfte-Unterstützung. Hier sollten die Führungskräfte-Entwicklung geprüft, Unterlagen gesichtet und Maßnahmen angepasst werden. Eventuell sind die Führungsgrundsätze ein zusätzlicher Stellhebel.

Lernpräferenzen

Welche Lernmethode bevorzugen Sie? Mehrfachnennungen sind möglich.

Lernmethode	Anteil
Präsenz-Seminare	66,7 %
reine E-Learning	11,1 %
Blended Learning (Präsenz + Online)	22,2 %
Videobasiertes Lernen + Erklärvideos	11,2 %
Webinare + virtuelle Klassenzimmer	22,2 %
Fachliteratur / Eigenstudium	44,4 %
Spielebasiertes Lernen	0 %
Coaching / Begleitung	66,7 %
Mentoring	44,4 %

Abb. 42 Lernpräferenzen am Beispiel der XYZ Versicherung

Kommentierung: Die Präferenzen gleichen denen allgemeiner Befragungen am Markt. Videobasiertes Lernen sollte geprüft werden, da dieser Wert vom Marktdurchschnitt abweicht.

8.5.5 Ergebnisse der Kennzahlenanalyse

- Die Fluktuation – sowohl die allgemeine als auch die bereinigte – entspricht dem Marktdurchschnitt.
- Die Auslastungsquote in allen Seminaren ist zu erhöhen. Es ist zu prüfen, weshalb so viele Seminarplätze nicht in Anspruch genommen werden.

- Das zur Verfügung stehende Budget der Personalentwicklung entspricht dem uns bekannten Marktdurchschnitt.
- Die Bestehensquoten sind hervorzuheben. Hier liegt die XYZ Versicherung über dem Marktdurchschnitt.
- Die Absagenquote ist deutlich zu hoch. Hier sind Maßnahmen zu prüfen.

8.5.6 Handlungsfelder

Folgende Handlungsfelder wurden unter anderem identifiziert:

Themenfeld	Hinweise
Führungskräfte-Entwicklung	• In den kommenden Jahren wechseln viele Führungskräfte in den Ruhestand. • Führungskräfte sind hinsichtlich ihrer Rolle zu sensibilisieren. Es ist zu prüfen, welche Unterstützung gegeben werden kann.
Diagnostik & Onboarding	• Die Anforderungsprofile sollten überarbeitet werden. • Die Tests und ACs sind anzupassen und zukünftig zu evaluieren. • Der Onboarding-Prozess sollte geprüft werden.
Angebotsvielfalt	• Eine Bedarfsermittlung sollte noch einmal erhoben werden (zielgruppenspezifisch).
Partizipation und Kommunikation	• Die Personalentwicklung sollte eine Personalentwicklungs-Strategie prüfen. • Eine Digitalstrategie sollte diese beinhalten. • Kommunikationswege sollten geprüft werden. • Die Wertigkeit der Angebote muss verdeutlicht werden. Eine Kommunikationsstrategie sollte geprüft werden.

Tab. 41: Vertriebsbefragung – Handlungsempfehlungen am Beispiel der XYZ Versicherung

8.5.7 Fazit des Ergebnisberichts

Insgesamt ist die Personalentwicklung der XYZ Versicherung mit Budget und Personal gut ausgestattet. Sie genießt einen guten Ruf im Unternehmen und in der Branche. Die Lernkultur ist zu festigen. Die Führungskräfte-Entwicklung ist zu überarbeiten, neue Angebote sind zu prüfen. Aufgrund des demografischen Wandels sind insbesondere High Potentials zu identifizieren und anschließend zu qualifizieren. Insgesamt gilt es, eine Vielzahl an Führungskräften in der mitarbeiterorientierten Führung zu trainieren. Das Thema Onboarding sollte ebenfalls geprüft werden. Insbesondere sind das Kompetenzmodell und die Handlungsanker der jeweiligen Kompetenzen neu zu beschreiben. Das Thema Digitalisierung ist nur teilweise durchdrungen. Eine Digitalisierungsstrategie wird zurzeit aufgrund der Anschaffung einer neuen Lernplattform erstellt.

8.6 Maßnahmen bei der XYZ Versicherung – ein Werkzeugkoffer

Es wurde festgestellt, dass in den kommenden Jahren viele Führungskräfte in den Ruhestand wechseln. Im Nachgang wurde eine Analyse der Altersstruktur in der Fläche angestoßen. Es wurde der Bedarf eines Vertriebs-Förderkreises für High Potentials festgestellt.

8.6.1 Einführung eines Förderkreises für High Potentials Vertrieb

Auf Basis eines 360°-Feedbacks werden alle Entwicklungsmaßnahmen der Teilnehmenden des Förderkreises ausgerichtet. Mit den Ergebnissen der 360°-Analyse werden die Mentoren, die Coaches gebrieft und Entwicklungsfelder mit den Teilnehmenden besprochen. Es gibt Seminare, die alle Teilnehmenden durchlaufen und es gibt Bausteine, die individuell zugeschnitten werden. Das folgende Schaubild veranschaulicht den Förderkreis, der eine Laufzeit von zwei Jahren beinhaltet. Infomärkte sind Workshops, in denen die Teilnehmenden ihre Projektstände dem Vorstand und ausgesuchten Stakeholdern präsentieren.

Abbildung 43 stellt einen entwickelten Maßnahmenplan für den Management-Förderkreis dar.

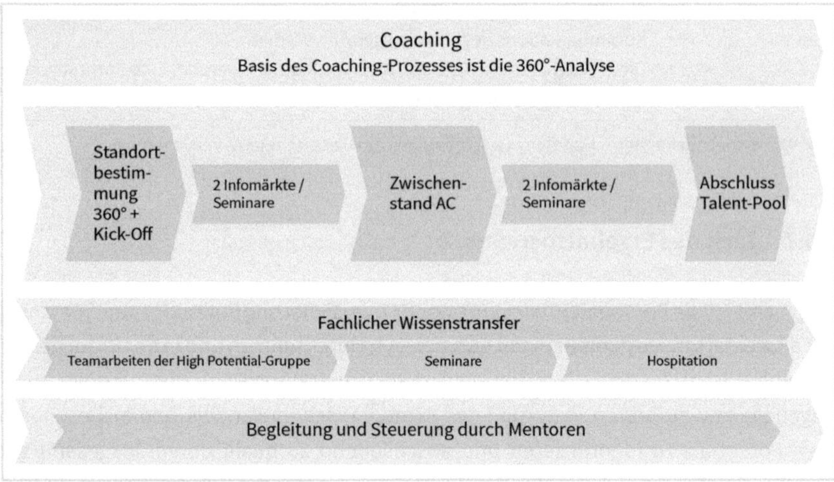

Abb. 43: Maßnahmenplan Förderkreis am Beispiel der XYZ Versicherung

Für entsprechende Personal-Entwicklungsmaßnahmen sind vorab grundlegende Entscheidungen zu treffen:

- Welches Auswahlverfahren möchten Sie anwenden?
- Können Mitarbeitende sich bewerben?

- Kann eine Funktionsstufe »höhere Führungskraft« Teilnehmende vorschlagen?
- Laden Sie aufgrund bestimmter Auswahlkriterien die Teilnehmenden ein?
- Wie viel Teilnehmende sind sinnvoll?

Beachten Sie immer die **Verliererproblematik** bereits im Bewerbungsprozess. Gute Führungskräfte, die nicht zum Zuge gekommen sind, könnten frustriert sein, nicht gesehen zu werden und suchen potenzielle neue Arbeitgeber. Nicht alle im Management-Förderkreis werden hervorragend abschneiden. Trotzdem gehören sie bereits zu den Besten in Ihrem Vertrieb, sonst hätten Sie sie nicht ausgewählt.

Weiterhin ist die **Erwartungshaltung** bei solchen Maßnahmen vonseiten der Teilnehmenden und des Umfeldes zu beachten. Kaum berufen, glauben einige Teilnehmende an eine Beförderung oder Gehaltserhöhung. Das Umfeld beäugt die Teilnehmenden mit gemischten Gefühlen: früher Kollege, morgen eventuell mein Chef?

Management Förderkreise sind keine Selbstläufer. Sie bedürfen einer sorgfältigen Planung, Umsetzung und einer umfassenden Dokumentation. Für Entscheidungstragende schaffen sie die Möglichkeit, über einen längeren Zeitraum potenzielle Nachfolger zu sehen. Zusätzliche Auswahlverfahren sind nicht notwendig, es können schnelle Personalentscheidungen getroffen werden.

8.6.2 Überarbeitung des Führungskräfte-Seminars

Bei der Führungskräfte-Entwicklung stellten wir fest, dass das bisherige Führungskräfte-Seminar überarbeitet werden sollte. Basis ist nun die werteorientierte Führung mit den Abschnitten Vorbild, Motivation und Motivstrukturen, Wertschätzung und Reifegrade der Mitarbeitenden.

Zusätzlich zum Seminar der werteorientierten Führung findet ein Workshop zum Thema »WHY« statt. Dieser Workshop endet immer mit einem gemeinsamen Kaminabend, an dem Vorstand und Teilnehmende aktuelle Themen diskutieren.

Auf Basis der beschriebenen Führungs-Seminarreihe wurde mit der Vertriebsakademie ein Führungskräfte-Reminder erstellt. Er kann die Form eines Aufstellers haben und/oder online zur Verfügung gestellt werden. Jede Führungskraft hat diesen Aufsteller erhalten. Ziel ist es, die Führungskräfte immer wieder daran zu erinnern, wie sich das Unternehmen zukünftig Führung vorstellt. Für jede Kalenderwoche gibt es einen Hinweis oder eine Übung zum Thema »Führung«.

8.6.3 Der Führungskräfte-Reminder

Wie viel Zeit lassen wir häufig verstreichen, um Entscheidungen zu treffen, heute statt morgen zu handeln oder uns auf Neues einzulassen. Der Führungskräfte-Reminder möchte zentrale Aspekte von Führung erden und ins Bewusstsein rufen. Er gibt den 52 Wochen im Jahr 52 konkrete Impulse. Wenn Sie auf Wiederholungen stoßen, ist das beabsichtigt. Gewissen Themenfeldern können Sie aus meiner Erfahrung nicht genug Aufmerksamkeit schenken.

1. Werteorientierte Führung & WHY

Die werteorientierte Führung und das Warum sind wichtige Wegweiser einer erfolgreichen Führung.

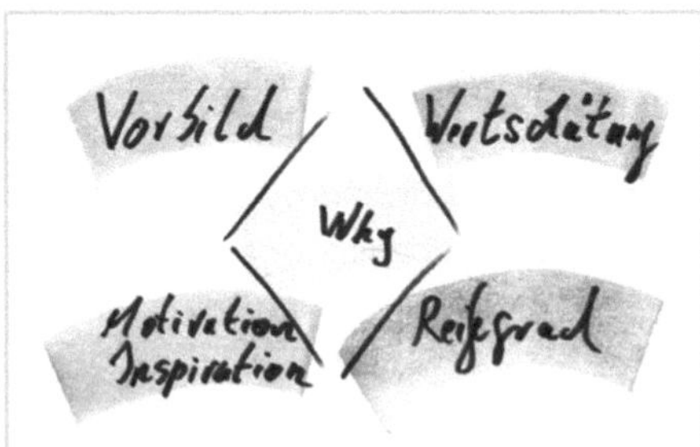

- **Werteorientierte Führung**: Vorbild | Motivation | Wertschätzung | Reifegrade
- **Why:** Warum tun wir etwas? Hin zur Bewusstseins-Führung. Wir müssen uns wieder mehr darauf konzentrieren zu fragen, warum wir das eine tun und das andere lassen.

2. Vorbild

Als Vorbild gebe ich Halt, Orientierung und strahle dies auch aus.

Es ist wichtig, Selbstbild und Fremdbild abzugleichen. Es ist wichtig zu wissen, wie ich von meinem Umfeld gesehen werde.

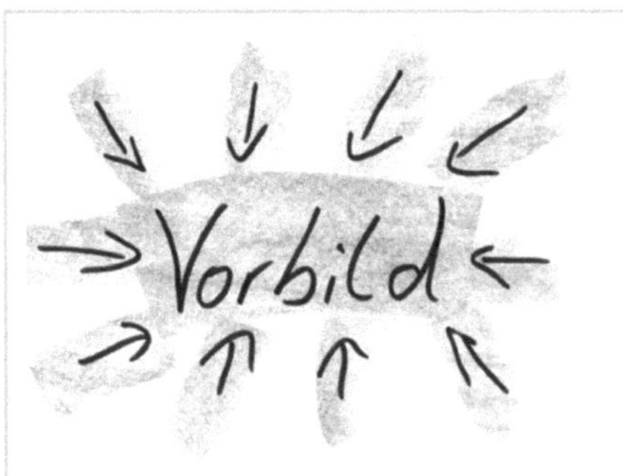

Fragen zur Zielklarheit für mich als Führungskraft:

- Was treibt mich täglich an?
- Welche meiner Eigenschaften mag ich besonders an mir?
- Wie definiere ich für mich Erfolg?
- Wann bin ich glücklich?
- Wenn ich das Unternehmen verlasse: Was soll in Erinnerung bleiben?

3. Die werteorientierte Führung

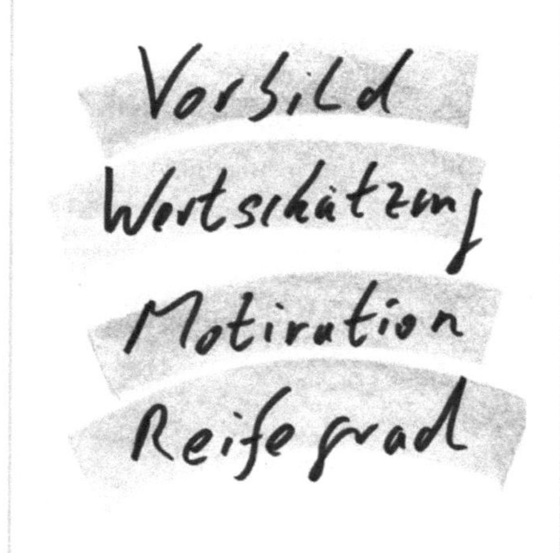

Werteorientierte Führung bedeutet für mich:

- Ich bin immer auch Vorbild.
- Ich mag Menschen und behandele diese wertschätzend.
- Ich motiviere Menschen dazu, ihren besten Beitrag zum großen Ganzen zu leisten.
- Ich kenne den Reifegrad (persönlich und fachlich) der Mitarbeitenden und der Organisation.

4. Führungspersönlichkeit

Es gibt nicht die eine Führungspersönlichkeit. – Aber:

- Ich habe eine klare **Vision**,
- Ich habe feste **Werte**,
- Ich habe ein klares **Ziel**, welches ich konsequent verfolge.

Meine Ausstrahlung, Sprache und mein Handeln sind danach ausgerichtet. Ich bin fokussiert.

Ich ruf mir die Big Five in Erinnerung: Offenheit (kreativ, neugierig) – Extraversion (netzwerkend) – Gewissenhaftigkeit (effizient, organisiert) – Verträglichkeit (wertschätzend) – Neurotizismus (-) (selbstsicher, ruhig).

5. Übung Selbstbild – Fremdbild

Übung: bepunkten, Beispiele aufschreiben, einen Kollegen oder eine Freundin fragen

Im Folgenden sind elf Kompetenzen aufgeführt, die für Sie von Bedeutung sind. Überlegen Sie sich zu jeder Kompetenz ein Beispiel aus Ihrer beruflichen Vergangenheit und schätzen Sie die Höhe der Ausprägung von 1 bis 6 ein. Bleiben Sie realistisch, es geht hier um ein möglichst authentisches Bild. Anschließend bitten Sie eine Person Ihres Vertrauens, Sie ebenfalls (Fremdsicht) einzuschätzen. So schärfen Sie Ihr Selbstbild und können authentischer wirken.

- Glaubwürdigkeit
- Fachwissen
- Beziehungsmanagement
- Leistungsbereitschaft, Fleiß
- Optimismus
- Analytische Fähigkeiten
- Selbstachtsamkeit
- Veränderungsbereitschaft
- Extraversion
- Konfliktlösungsfähigkeit
- Ganzheitliches Denken

6. Übung: Meine Ausstrahlung

Erfolgreiche Menschen sind sich ihrer Stärken bewusst und strahlen dies aus.

- Schreiben Sie Ihre Erfolge auf!
- Versuchen Sie, sich möglichst viele Ihrer Leistungen und Erfolge in Erinnerung zu rufen.
- Anschließend dampfen Sie Ihren Text ein. Immer und immer wieder, bis Sie eine sehr kurze, knackige Aussage über sich und Ihre Stärke treffen.

Werden Sie sich Ihrer Stärken bewusst und verbessern Sie Ihr Selbstwertgefühl.

7. Motivation/Inspiration

Motivation heißt, die Motive meiner Mitarbeitenden zu kennen. Inspiration heißt, Freiräume zu schaffen und die Kreativität zu fördern.

Jeder hat seine eigenen individuellen Motive. Aber was treibt (meine) Mitarbeitende grundsätzlich an?

- Arbeitsinhalte
- gute Beziehung zu Kollegen
- klare Anforderungen und Ziele
- Gehalt und Zusatzleistungen
- Entwicklungsmöglichkeiten
- Jobsicherheit
- Weiterbildungsmöglichkeiten
- Arbeitszeiten
- positives Unternehmensimage
- gute Erreichbarkeit des Arbeitsplatzes
- Sozialleistungen

8. Die richtige Einstellung

Wir können uns nicht immer aussuchen, was wir tun.

Aber wenn wir es tun, dann sollten wir es mit Spaß und Leidenschaft angehen.

9. Team

- Psychologische Sicherheit
  - Bitten Sie die Gruppe um Input und Meinungen.
  - Teilen Sie Informationen über persönliche Vorlieben, ihren Arbeitsstil und ermutigen Sie die anderen, diese ebenfalls zu benennen.
- Zuverlässigkeit
  - Klären Sie Rollen und Verantwortlichkeiten.
  - Konkrete Projektpläne schaffen Transparenz.
- Struktur & Übersichtlichkeit
  - Kommunizieren Sie regelmäßig die Teamziele und stellen Sie sicher, dass die Teammitglieder den Plan zur Erreichung dieser Ziele verstehen.
- Bedeutung
  - Positives Feedback
  - Angebot bei Problemen zu helfen
  - Loben Sie gute Arbeit, feiern Sie Ihre Teilerfolge.
- Auswirkungen
  - Gemeinsame klare Vision, wie die Arbeit jedes einzelnen dazu beiträgt.

10. Motivation: Richtig Ja und Nein sagen

Beispiele für ein wertschätzendes **NEIN:**

- Lassen Sie es uns gemeinsam noch einmal prüfen.
- Haben Sie noch einen weiteren Vorschlag?
- Haben Sie noch eine andere Idee?
- Wir müssen die Idee ein bisschen modifizieren.
- Lassen Sie mich darüber nachdenken.
- Wie würden Sie diese Frage beantworten?
- Was würden Sie an meiner Stelle tun, wenn Sie nicht sicher sind?

Beispiele für ein wertschätzendes **JA:**

- Das ist ein super Vorschlag, weil ...!
- Was für eine schöne Idee. Sie hilft uns sehr, um ...
- Ich mag, wie Sie vorgehen: kritisch, effizient und offen.
- Ich mag Ihre Kreativität. Sie hilft uns, Perspektiven zu wechseln und Neues zu entdecken.

11. Vorbild sein

Als Führungskraft bin ich immer auch Vorbild.

- Wenn ich also von meinen Mitarbeitenden erwarte, dass sie sich in einer bestimmten Art und Weise verhalten, so muss ich als Führungskraft dies vorleben.
- Vorbild zu sein bedeutet nicht immer, der Beste zu sein.
- Ich handele nach meinen Werten.

12. Reifegrad

Je nach Aufgabenstellung bedarf es mal mehr, mal weniger Unterstützung, mal mehr, mal weniger Anleitung von meiner Seite. So geht es meinen Mitarbeitenden, so geht mir als Führungskraft.

- In agilen Teams ist auch das Thema Kompetenzen für den einzelnen Mitarbeiter wie für das gesamte Team erfolgsentscheidend.
- Wenn die Kollegen und Kolleginnen den jeweiligen Reifegrad der anderen kennen, ihre Arbeitspräferenzen respektieren, können sie effizienter miteinander arbeiten.
- Je mehr ich über meine Mitarbeitenden und ihren Reifegrad weiß, desto leichter ist es für mich als Führungskraft, sie zielgerichtet zu unterstützen.
- Ich fokussiere: WOLLEN – KÖNNEN – SOLLEN.

13. Wertschätzung

Wertschätzung sollte eine Selbstverständlichkeit sein. Manchmal spricht unser Handeln allerdings eine andere Sprache.

Ich achte künftig darauf:

- Wenn ich jemanden begrüße, konzentrieren ich mich auf die Person. Ich schüttele keine Hand, wenn meine Augen schon beim Nächsten sind.
- In einem Mitarbeitergespräch greife ich nicht zum klingelnden Telefon. Falls ich ein (wirklich!) wichtiges Telefonat erwarte, dann erläutere ich das der Mitarbeiterin zu Gesprächsbeginn.
- Gerade auch in den kleinen Gesten, Verhaltensweisen schenke ich meinem Gegenüber von nun an meine Aufmerksamkeit.

Bei meinem wertschätzenden Verhalten bleibe ich dennoch meinen Werten treu.

14. Teammeeting

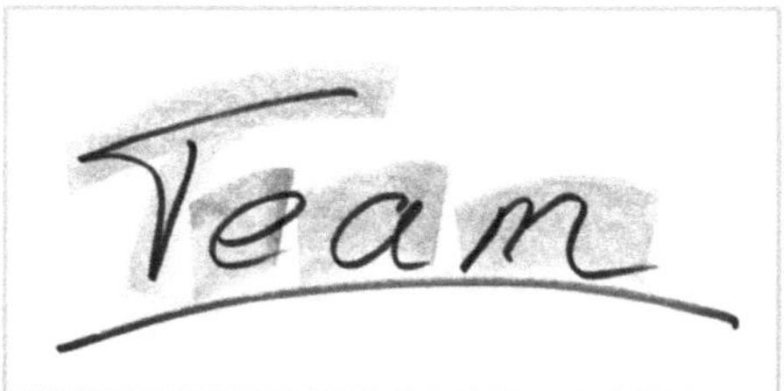

Die wichtigste Frage lautet: **WER** macht **WAS** mit **WEM, WOMIT** und bis **WANN?**

Mit dieser Frage erreiche ich Verbindlichkeit und Verantwortung.

Zur Vorbereitung eines Meetings gehören:

- Wer soll (nicht) teilnehmen und warum?
- Was ist das Ziel des Meetings?
- Welcher Besprechungstyp passt zum Meeting?
- eine durchdachte Agenda, mit einem fixen Start- und Endzeitpunkt.
- frühzeitiges Kommunizieren von Ziel, Ort und Zeit.
- Bei erbetener Vorbereitung von Infomaterial gebe ich den Mitarbeitenden ausreichend Zeit dafür.

Am Ende des Meetings fasse ich die wichtigsten Ergebnisse noch einmal zusammen und bedanken mich bei den Teilnehmenden.

15. Mitarbeitergespräch

Mitarbeitergespräche finden kontinuierlich statt. Eine Standortbestimmung oder ein Entwicklungsgespräch sollte mindestens einmal im Jahr sattfinden. Die Häufigkeit hängt ansonsten vom jeweiligen Reifegrad und der jeweiligen Aufgabenstellung ab. Im gegenseitigen Austausch sollte eine sinnvolle Häufigkeit für beide Seiten gefunden werden. Ich bleibe flexibel, falls akut Bedarf besteht.

Ein Mitarbeitergespräch ist

- systematisch,
- entwicklungsorientiert,

- ein Dialog (kein Monolog),
- bilanzierend.

Eine gute Vorbereitung ist für mich selbstverständlich.

16. Die ideale Führungskraft

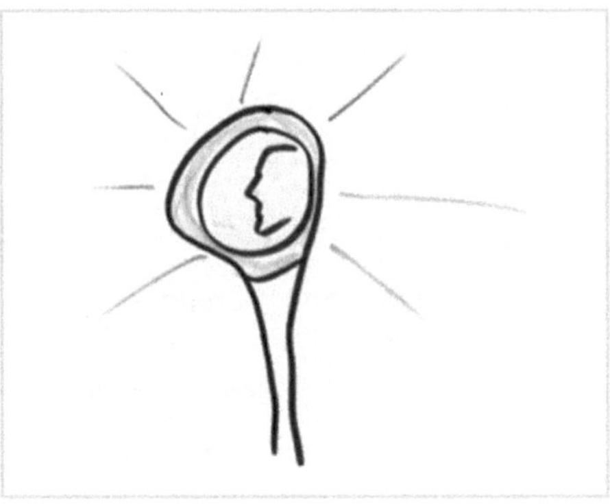

Ich lasse folgende Definition auf mich wirken, prüfe kritisch und nehme an, was passt und lasse los, was nicht passt.

Die ideale Führungskraft braucht:

- die Würde eines Erzbischofs,
- die Selbstlosigkeit eines Missionars,
- die Beharrlichkeit eines Steuerbeamten,
- die Erfahrung eines Wirtschaftsprüfers,
- die Arbeitskraft eines Kulis,
- den Takt eines Botschafters,
- die Genialität eines Nobelpreisträgers,
- den Optimismus eines Schiffbrüchigen,
- die Findigkeit eines Rechtsanwalts,
- die Gesundheit eines Olympiakämpfers,
- die Geduld eines Kindermädchens,
- das Lächeln eines Filmstars und
- das dicke Fell eines Nilpferds.

17. Vision und Strategie

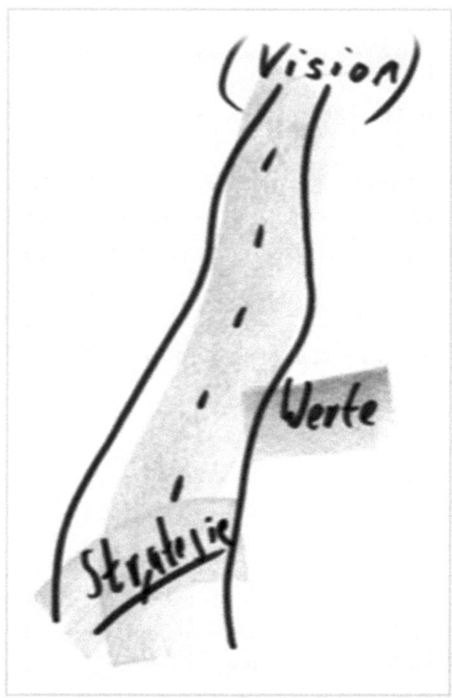

Unsere Vision zeichnet unser konkretes Zukunftsbild, das bei Mitarbeitenden und Führungskräften Begeisterung für eine neue, bessere Zukunft weckt.

Die Unternehmensstrategie beschreibt unseren gemeinsamen Weg zum Ziel. Unternehmenswerte geben uns Orientierung und sagen uns, was man tut und was man nicht tut. Die Vision ist unser Bild von der Zukunft. Sie muss in einem überschaubaren Zeitraum zu erreichen sein.

Ich prüfe, ob unsere Vision diese Kriterien erfüllt:

- richtungsweisend – gibt uns Orientierung,
- anspruchsvoll – ist fordernd und begeisternd,
- realistisch – wir können das schaffen,
- greifbar – ist für jeden verständlich
- konkret – zeigt ein greifbares Bild.

18. Spielfeld

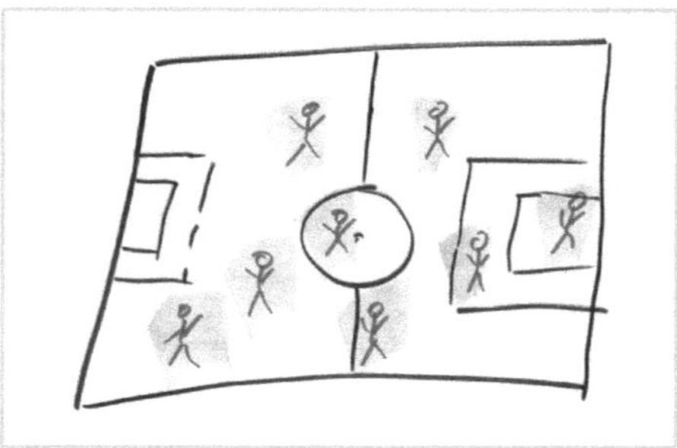

Folgendes Szenario stelle ich mir bildlich vor: Ich bin Fußballtrainer und muss mein Team für das nächste Match (= die nächste Herausforderung, das nächste Projekt) aufstellen. Dazu nehme ich ein DIN-A4-Blatt als Spielfeld, markiere die Positionen

(= Kompetenzen) und ordne sie den Mitspielenden (= Mitarbeitende) und ihren jeweiligen Rollen zu.

Folgende Fragen stelle ich mir:

- Welche Kompetenzen brauchen wir?
- Welche Positionen kann ich besetzen (auch mehrfach), welche bleiben offen oder sind unterbesetzt?
- Wer kann mit wem besser oder schlechter und wo erwarte ich Reibung?
- Was weiß ich über jeden Mitspieler, über seine Ziele und Wünsche? Hat er die Möglichkeit, seine Position gut zu spielen (= Ziele erreichen) oder was benötigt er noch dafür?

Ich nehmen eine Metaposition ein und prüfe abschließend, ob meine Aufstellung zur Zielerreichung passt.

19. (Unternehmens-)Werte

Ich prüfe meinen Kompass.

- Werte geben Orientierung.
- Werte geben unseren Zielen Bedeutung.
- Werte sagen uns, was uns wichtig ist.
- Werte sind richtungsweisend für Management, Mitarbeitende, Kunden und Geschäftspartner.
- Werte sagen uns, was man tut, was man nicht tut.
- Unternehmen, die ihre Werte leben, sind erfolgreicher.
- Werte machen Strategien wirksam.

Unternehmenswerte sind eine Einladung zur Identifikation.

20. Was bringt richtiges Feedback?

Ich prüfe, inwieweit ich die Vorteile eines konstruktiven Feedbacks bereits sehe:

- kritische Auseinandersetzung mit dem eigenen Verhalten,
- offene und vertrauensvolle Atmosphäre,
- Bedürfnisse und Erwartungen werden transparent,
- Informationsdefizite werden transparent,
- grundsätzliche Veränderung der Kommunikation und des generellen Verhaltens.

21. Spielregeln

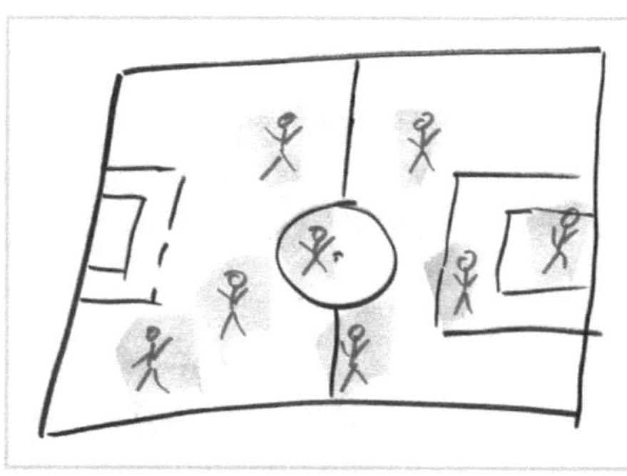

Ich erarbeite mit meinem Team Spielregeln, wie wir zukünftig zusammenarbeiten möchten.

- Spielregeln sorgen für ein gemeinsames Verständnis, wie man miteinander arbeiten möchte. Sie geben Orientierung, vermeiden Konflikte und gelten für alle.
- Sie geben Klarheit: klare Zielsetzung, gemeinsame Werte und Kultur, loyale Zusammenarbeit, offene Kommunikation, wertschätzender Umgang.

22. Lob und Kritik

Lob und Kritik beziehen sich auf ein Verhalten, nicht auf eine Motivation.

- Ich gebe zeitnah Feedback (Situation ist noch in Erinnerung).
- Ich kündige das Feedback an, schaffe Aufmerksamkeit.
- Ich beschreibe die Beobachtung konkret, was gut, was nicht so gut war.
- Ich beschreibe die Wirkung des Verhaltens auf mich, auf das Unternehmen.
- Ich gebe Zeit zum Verarbeiten der Nachricht.
- Ich bleibe fokussiert auf die Person.

23. Präsentieren/Präsentation

Eine gute Vorbereitung auf eine Präsentation ist mir sehr wichtig. Mir ist bewusst: Üben, üben, üben.

Ich bedenke:

- Ich fasse mich kurz und formuliere knackig,
- die Problemstellung – das Böse, der Gegner.
- Was bringt es dem Zuhörer persönlich, wenn…?
- Drei Argumente müssen reichen.
- Leidenschaft, Träume, Hoffnung – Ich male ein Bild der Zukunft.
- Visualisieren, visualisieren, visualisieren.
- Wenn ich Zahlen zeige, veranschauliche ich diese verständlich.
- Ich spreche die Sprache meiner Zuhörerschaft.
- Ich erzeuge einen Aha-Effekt

24. Grundsätze wirksamer Führung (nach Malik)

Resultatsorientierung – Was tue ich für die Firma?

- Ich kenne meinen Beitrag zum Ganzen und vermittle ihn klar.
- Konzentration auf Weniges: Ich bin fokussiert.
- Stärken und Potenzial: Ich unterstütze Menschen, sich zu entwickeln.
- Vertrauen schaffen und erhalten: Ich denke positiv.
- Ich übernehme Verantwortung.
- Ich kenne das Mittel zum Ziel: Kommunikation, Kommunikation, Kommunikation.

25. The Golden Circle

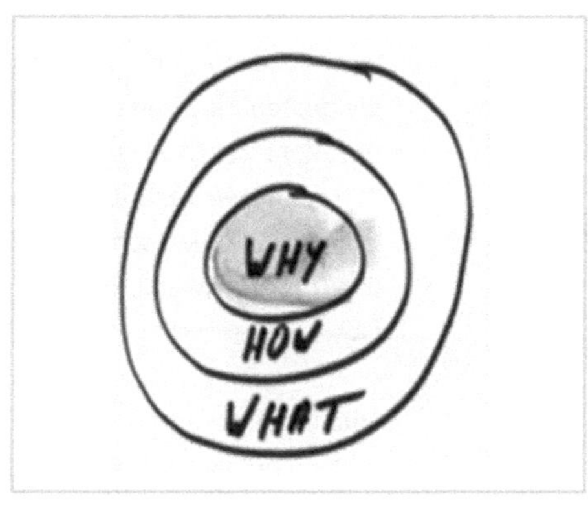

Die Frage nach dem Warum ist der elementare Kern eines innovativen Führungsstils, Ich beschreite den Weg von der Menschenführung hin zur Bewusstseinsführung.

- Why?
  - Warum und wofür ist unser Ziel, unser Tun wichtig?
  - Sehen wir das große Ganze (Zukunft)?
- How?
  - Wie werden wir unser Ziel erreichen?
  - Welcher Strategie folgen wir?
  - Auf welchem Weg werden wir unser Ziel erreichen?
- What?
  - Was tun wir, um dieses Ziel zu erreichen (konkrete Produkte und Leistungen bzw. Aktionen und Handlungen)?
  - Beispiel: Delsey (Koffer) – What matters is inside.

26. Müllabfuhr (schneller – vitaler – effizienter)

Was tun wir heute noch, was einmal sinnvoll war und wir liebgewonnen haben – aber heute nicht mehr brauchen?

- Tun wir das Richtige?
- Tun wir das Richtige auf die richtige Art und Weise?

27. Fehlerkultur

Ich mache mir Gedanken über die bestehende und eine künftige, konstruktive Fehlerkultur. Wie gehen wir derzeit mit Fehlern um? Wie wertschätzend ist der Ton, auch wenn Kritik nötig ist?

Flüchtigkeits- und Beurteilungsfehler sind okay. Handwerkliche Fehler, Vorsatz, grobe Fahrlässigkeit sind nicht okay.

28. Weiterbildung

Der CFO fragt den CEO: »Was passiert, wenn wir in die Entwicklung unserer Mitarbeitenden investieren und sie uns danach verlassen?« – CEO: »Was passiert, wenn wir es nicht tun und sie bleiben?«

Ich mache mir intensiv Gedanken über dieses kurze Gespräch. Ich spreche mit allen Beteiligten und Abteilungen. Gemeinsam finden wir eine nachhaltige Antwort.

29. Wirksam DANKE sagen

Wann habe ich das letzte Mal Danke gesagt? Wenn ich mich nicht erinnern kann: Warum ist das so (lange her)?

- Ein gutes Danke ist wertschätzend.
- Ein aufrichtiges Danke stärkt die Beziehung.
- Wenn ich mich bedanke, stelle ich klar, wofür ich es tue und welchen Nutzen das gelobte Verhalten für mich, das Unternehmen hat.
  - Beispiel: »Herr Müller, danke, dass Sie unsere Termine für die morgige Tagung so gut koordiniert haben. So haben wir ausreichend Zeit für unsere Gesprächspartner und können im Nachgang jedes Gespräch noch einmal aufbereiten.«

30. Positive Leadership

Ich mache mir immer wieder bewusst: Menschen leisten mehr in einer positiven Umgebung.

- Loben und kritisieren sollte im Verhältnis 5:1 stattfinden.
- Ich schreibe ein Gut-gelaufen-Tagebuch: drei Dinge pro Tag, die gut gelaufen sind. So programmiere ich mich zu einer positiven, optimistischen Grundstimmung.
- Bei einer guten Leistungen eines Mitarbeiters schaffe ich ihm die Möglichkeit, dass er an gegebener Stelle etwas Positives für die Gemeinschaft tun darf/kann.
- Y-Theorie – Menschen wollen leisten.
- Als Führungskraft: Man Muss Menschen Mögen (MMMM).

31. Delegieren

Kontrolle ist ein Muss, ich trage die Verantwortung. Zeitgleich mache ich mir Gedanken, wie diese Kontrolle im Sinne aller Beteiligten aussehen soll.

Delegieren heißt,

- Verantwortung übertragen.
- die Aufgabe ist dem Reifegrad entsprechend.
- die notwendigen Mittel zur Verfügung stellen.
- die Aufgabe klar zu formulieren und abzustimmen.
- loslassen.

32. Führung – Gesundheit

Ich achte auf die Gesundheit aller meiner Mitarbeitenden.

- Führung und Work-Life-Balance sind die größten Hebel hinsichtlich der Mitarbeitergesundheit.
- Schwache Führungskräfte nehmen den Krankenstand (Fehltage Mitarbeiter) mit, wenn sie eine neue Abteilung übernehmen.

33. Mein Netzwerk

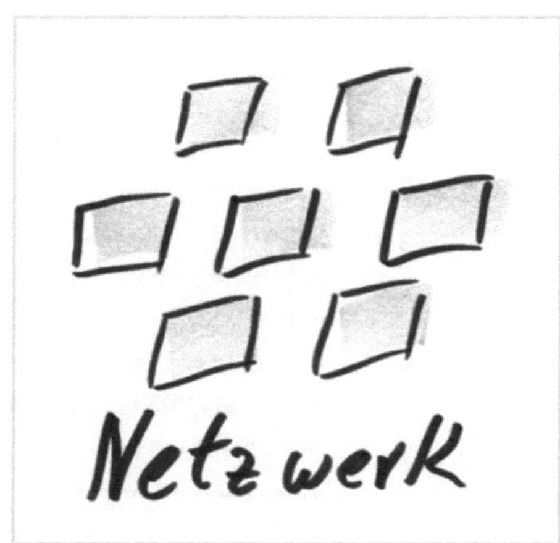

»Wissen ist das einzige Gut, welches sich verdoppelt, wenn man es mit jemanden teilt.« (Marie Freifrau Ebner von Eschenbach)

- Der Austausch in fachlicher wie persönlicher Hinsicht bereichert mich und mein Team.
- Netzwerke nach innen und nach außen sind wichtig und Bestandteil meiner Arbeit.
- Ich nehme mir die Zeit und pflege meine Kontakte.

34. Was bringt Feedback?

Ich prüfe meine aktuelle Haltung bezüglich Feedback geben und Feedback nehmen. Ich mache mir bewusst:

- Feedback sensibilisiert bezüglich des eigenen Verhaltens.
- Es schafft eine vertrauensvolle, offene Atmosphäre.
- Bedürfnisse und Erwartungen werden transparent.
- Informationsbedürfnisse werden klar.
- Es bietet ein Fundament für wertschätzende Kommunikation und wertschätzendes Verhalten.

35. Kalenderpflege und Zeitmanagement

Als Führungskraft habe ich meine Termine im Griff. Ich denke auch dabei an meine Vorbildrolle.

- Zeitmanagement beginnt mit einem Blick auf den Tagesablauf und der Frage: Was kann ich heute effizienter gestalten?
- Artikel, die ich bereits vor einem halben Jahr lesen wollte, aber noch nicht gelesen haben, können in den Papierkorb.
- Ich achte auf ausreichend Frei-Zeiten zwischen meinen Terminen.
- Es sind meine Termine,A auch wenn ich jemanden beauftrage.
- Geburtstage und Jubiläen sind wichtige Ereignisse. Meine Kollegen und Mitarbeitenden enttäusche ich an diesen Tagen nicht (mehr).
- Ich lassen mich von Mails nicht ablenken, sondern gebe mir konkrete Zeitfenster für ihre Bearbeitung.

36. Führung in stürmischen Zeiten

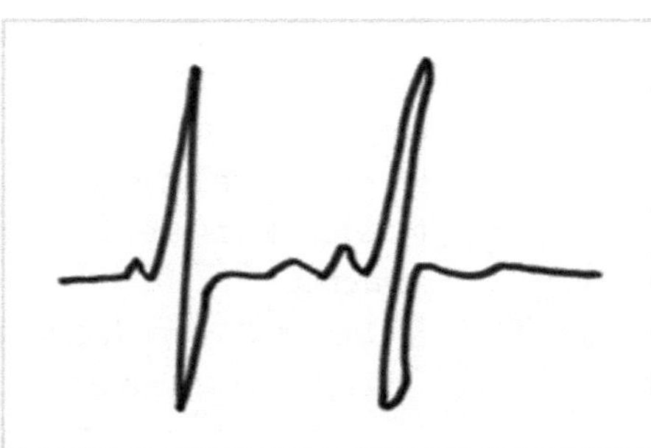

Gerade in unruhigen Zeiten sind meine Präsenz und Führungsstärke gefragt.

- Ich bleibe meinen Führungsgrundsätzen treu.
- Ich strahle Optimismus aus.
- Ich gebe Halt und Orientierung.
- Ich weise den Weg.

37. Schlüsselkompetenzen

Ich übe den Umgang mit Kompetenzen.

38. Es gibt nicht *den einen* Mitarbeiter

Meine Mitarbeitenden sind individuelle Menschen mit unterschiedlichen Motiven, Werten und Gewohnheiten. Keiner gleicht der anderen.

- Menschen wollen unterschiedlich geführt werden.
- Wenn ich alle gleich behandele, ist das nicht gerecht, sondern naiv.
- Ich frage jede Mitarbeiterin, was sie von mir braucht, um gut arbeiten zu können.

39. Rollenklarheit/Zielklarheit

Zielklarheit ist wichtig. Oftmals glauben wir, ein Ziel verständlich formuliert zu haben. Erst in der Umsetzung stellen wir dann oftmals fest, dass viele Rückfragen auftreten.

- Die SMART-Regel hilft mir zu prüfen, ob ich, ob wir das Ziel verständlich und eindeutig formuliert haben.
- Der Satz »Wer macht was wann mit wem womit und wofür?« schafft weitere Klarheit.

40. Meine Teamkenntnis

Ich denke intensiv darüber nach, wie gut ich mein Team kenne.

- Wie gut funktioniert die Zusammenarbeit im Team?
- Weiß ich, wer mit wem gut auskommt und wer mit wem weniger gut kann – und warum?
- Kennen ich die jeweiligen Stärken meiner Mitarbeitenden?
- Wer besetzt aktuell welche Teamrolle (Beobachter, Macherin, Umsetzer, Bedenkenträgerin)?
- Wie gut ist die Stimmung in meinem Team?

41. Toxic Work Cultures (TWC)

»People don't leave jobs, they leave toxic work cultures.« (Dr. Amina Aitsi-Selmi)

Eine vergiftete Arbeitsatmosphäre akzeptiere ich nicht. Ich führe regelmäßig Gespräche mit anderen Bereichen, Führungskräften und Mitarbeitenden.

- Ich etabliere eine gesunde Arbeitskultur.
- Mein Führungsstil basiert auf Wertschätzung, Respekt und Toleranz.
- Bei ersten Alarmsignalen handele ich umgehend.

42. Führungsalltag – ein kleiner Check

Ich überprüfe folgende Aussagen für meinen Führungsalltag:

- Ich lebe die werteorientierte Führung.
- Ich wähle neue Führungskräfte mit Bedacht aus – denn die Auswahl hat auch Wirkung nach innen und außen.
- Ich gebe meinen Mitarbeitenden Freiräume, Handlungsspielräume und schenke ihnen Vertrauen.
- Kontrolle heißt, die Menschen sind mir wichtig – keine Kontrolle heißt, sie sind es mir nicht.
- Ich investiere kontinuierlich in meine Mitarbeitenden – und weiß, sie werden sich revanchieren.

43. Megatrends – Was heißt das für uns?

Ich setze mich intensiv damit auseinander, wie mein Unternehmen derzeit mit Megatrends umgeht – demografischer Wandel, Digitalisierung, Wertewandel, Globalisierung, Mobilität, Verstädterung, 3-D-Druck, Nachhaltigkeit/Ökologie – und prüfe Handlungsfelder.

- Megatrends resultieren in der Regel aus technischen und/oder volkswirtschaftlichen Entwicklungen.
- Sie sind hinsichtlich ihrer tatsächlichen Konsequenzen und Entwicklungen noch nicht fassbar.
- Sie betreffen eine Vielzahl von Unternehmen.
- Sie haben einen Einfluss auf die Wettbewerbsfähigkeit des Unternehmens.
- Sie wirken sich langfristig auf das Unternehmen aus.
- Sie machen interne strukturelle Anpassungen notwendig.
- Sie sind nicht oder nur eingeschränkt mit gängigen Lösungsmustern zu bearbeiten.

44. Wenn Mitarbeitende meine Führung unterlaufen…

- Ich nehme Hinweise ernst, wenn sie von vertrauenswürdigen Menschen kommen.
- Ich konfrontiere den Mitarbeiter, der meine Autorität, meinen Ruf untergräbt, unmissverständlich mit seinem Verhalten und zeige Konsequenzen auf. Diese müssen sich durchsetzen lassen – daher prüfe ich sie im Vorfeld.
- Nötige Rückendeckung lasse ich mir zusichern.
- Wenn keine Veränderung eintritt, handele ich umgehend.

45. Erfolgreiche Teams

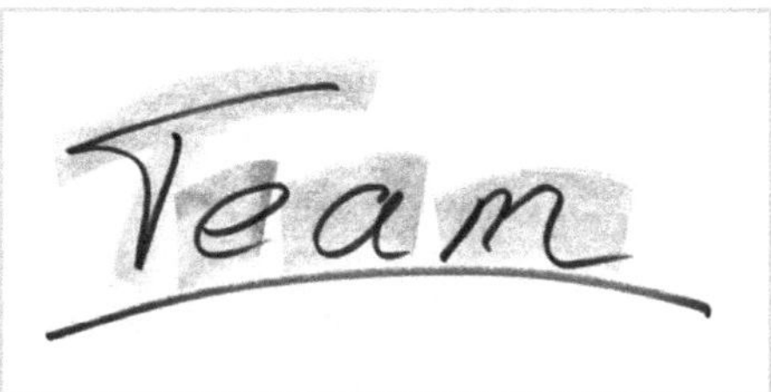

Erfolgreiche Teams haben…

- … ein gemeinsames Ziel.
- … emotionale Gemeinsamkeiten.
- … Wissen über den anderen (so arbeitet er/sie am liebsten).
- … eine klare Aufgaben- und Rollenverteilung.
- … den Grundsatz: Beziehung vor Aufgabe.
- … den Grundsatz: als Team wissen wir mehr als jeder Einzelne.
- … das Committment, dass sie sich gegenseitig unterstützen und stärken.
- … eine klare Struktur für Kommunikation – Rollen – Fähigkeiten.
- … den Anspruch, dass Konflikte offen angesprochen werden.
- … Spaß und feiern ihre Teilerfolge.
- … Teammitglieder, die ihre eigenen Grenzen akzeptieren.

46. Fragetechnik Bewerberinterview

Für ein strukturiertes Bewerberinterview treffe ich Ableitungen aus dem Anforderungsprofil (Kompetenzprofil).

- Wie war die Situation? (Situationsbeschreibung)
- Was haben Sie wie gemacht? (Aktivitäten)
- Aus welchem Grund haben Sie das so gemacht? (Motivation)
- Was waren die Ergebnisse? (Ergebnis)
- Was haben Sie aus der Situation gelernt? – Was würden Sie heute anders machen? (Reflexion)

47. Ein Team ist mehr als die Summe seiner Teile

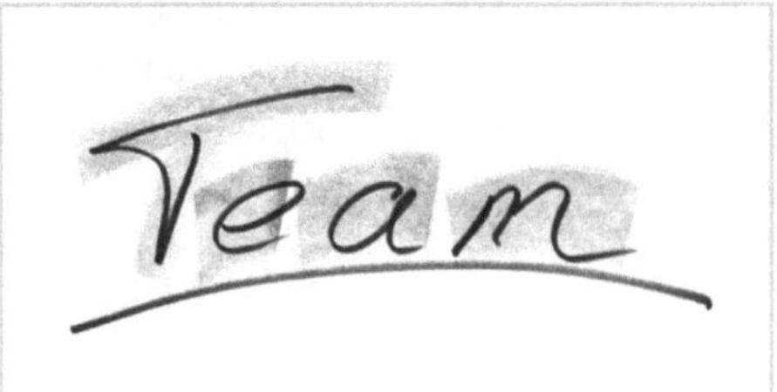

Ich weiß, dass ein starkes Team die Voraussetzung für erfolgreiche Projekte sind. Ich mache mir noch einmal bewusst:

- Die meisten Menschen möchten einer Gemeinschaft angehören.
- Fehler werden durch ein Team schneller identifiziert.
- Teams bieten für Problemstellungen zumeist bessere Lösungswege an.
- Teams sind, wenn sie funktionieren, erfolgreicher.
- Teams schaffen eine höhere Arbeitszufriedenheit.
- Teams benötigen psychologische Sicherheit, Zuverlässigkeit, klare Struktur und Ziel, Sinn ihrer Tätigkeit, ihres Beitrags zum Ganzen.

48. Warum suchen Mitarbeitende einen neuen Job?

Um meine Mitarbeitenden nicht zu verlieren, mache ich mir die Gründe für eine mögliche Kündigung bewusst – und prüfe, wo/bei wem ich in meinem Team rechtzeitig gegensteuern kann.

- Sie möchten sich weiterentwickeln.
- Sie möchten mehr verdienen.
- Wertschätzung fällt zurzeit zu gering aus.
- Perspektiven im derzeitigen Job sind nicht gut.
- Sie möchten mehr Verantwortung übernehmen.
- Sie können sich mit der Unternehmenskultur nicht identifizieren.
- Sie möchten weniger Druck und Stress.
- Sie kommen mit den Vorgesetzten (mit mir) nicht klar.
- Der Job ist nicht zukunftssicher.

49. Wie/Wo messe ich Führungserfolg?

Um meinen Führungserfolg objektiv zu prüfen und den Status quo zu ermitteln, stehen mir solide Kennzahlen zur Verfügung. Ich bin offen, um bei »negativen« Erkenntnissen mein eigenes Verhalten zu optimieren.

- Zielerreichung (SMART-Regel)
- Effizienz der Zielerreichung
- Mitarbeiterzufriedenheit über Führungsleistung
- Motivation der Mitarbeitenden
- Fehlzeiten
- Kundenzufriedenheit
- Störungslosigkeit der Prozesse

- Beurteilung durch Mitarbeitende
- Beurteilung durch den Vorgesetzten
- Selbstbild – Fremdbild
- 360°-Feedback
- Unternehmensdaten

50. Mut

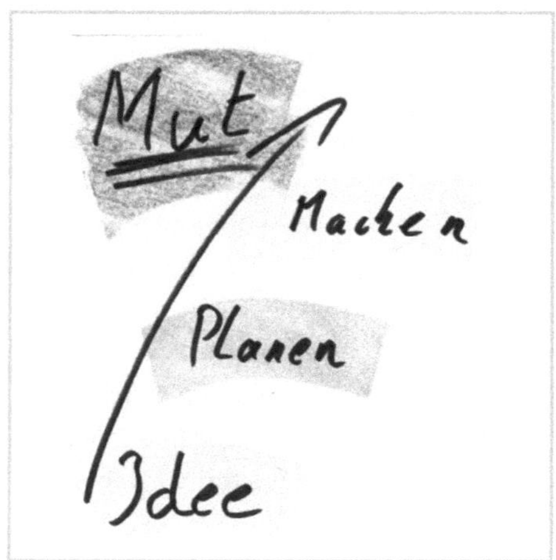

Als Führungskraft lebe ich den Mut zu machen vor und geben meinen Mitarbeitenden den Handlungsspielraum, ebenfalls mutig zu agieren.

- Lassen wir, lasse ich abweichende Meinungen zu?
- Benennen wir, benenne ich offen Missstände?
- Kann ich einen Fehler ohne Gesichtsverlust zugeben?
- Begegnen wir uns auf Augenhöhe und tauschen unsere Sichtweisen aus?

All das sind Indikatoren, die wir benötigen, um mutige Entscheidungen zu treffen. Keine Entscheidung ist zwar auch eine Entscheidung, aber meist die schlechteste.

51. Lob und Anerkennung

»People work for money but go the extra mile for recognition, praise and rewards.« (Dale Carnegie)

- Meine Rückmeldung – Lob – erfolgt zeitnah.
- Ich sage der Mitarbeiterin, dass ich ihr eine Rückmeldung zu ihrem Verhalten gebe, damit sie sich darauf einstellen kann. So erzeuge ich Aufmerksamkeit.
- Ich beschreibe konkret, was sie gut gemacht hat und gehe ins Detail.
- Meine Botschaft bedarf beim Empfänger Zeit (kognitive Verarbeitung). Ich nutze das Momentum zur Beziehungsfestigung.

52. Mitarbeitergespräch zum Zweiten

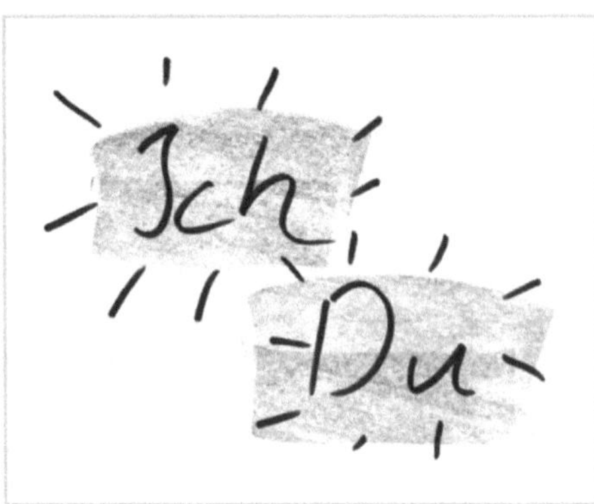

Ein wertschätzendes Gespräch beginnt mit einer guten Vorbereitung.

Im Gespräch selbst berücksichtige ich Folgendes:

- Ich nehme mir die vereinbarte Zeit und lasse mich nicht ablenken.
- Ich mache mir Notizen.
- Ich bin verbindlich.
- Mein Redeanteil sollte im Verhältnis 1:2 stehen.
- Ich stelle offene Fragen.
- Ich lasse den Mitarbeiter eine erste Einschätzung machen.
- Ich bereite das Gespräch nach.

8.7 Fazit zum PE-Check° der XYZ Versicherung

In dem Ergebnisbericht sind weitere Themenfelder benannt, die in unserer Geschichte identifiziert wurden. Jeder Hinweis ist zu prüfen und dann zu entscheiden, ob Maßnahmen aufgesetzt werden sollten. Ich habe exemplarisch zwei Maßnahmen ausführlich dargestellt (Management-Förderkreis und Führungskräfte-Reminder). Die Transformation, die Frau Develop vor sich hat und die jetzt notwendige Grundlage, um gemeinsam mit den Mitarbeitenden den Prozess zu starten, haben wir angerissen. Ich denke, Sie haben die Potenziale des PE-Checks° erkannt und können Teile oder den gesamten Check für Ihre Arbeit, für Ihre Herausforderungen konstruktiv nutzen. Checklisten und die Folienvorträge (Vorstandspräsentation, Kick-off) finden Sie online in den digitalen Extras zum Buch.

Sehr gerne können wir uns dazu austauschen, ob der PE-Check° und seine Fragen zielführend für Sie waren. Ich wünsche Ihnen bei Ihren Vorhaben viel Erfolg und würde mich freuen, wenn ich einen kleinen Beitrag dazu geleistet habe.

Herzlichst
Ihr Christian Flesch

9 Schlusswort

Als ich vor vielen Jahren an der Universität in Bonn Volkswirtschaft studierte, war das Thema Personalentwicklung noch in weiter Ferne. Bei einem Versicherungsunternehmen begann ich damals meine berufliche Laufbahn. Wie es der Zufall wollte, wurde ich mit dem Projekt beauftragt, für den Vertrieb eine Akademie zu gründen. Das ist mehr als ein viertel Jahrhundert her. Personalentwicklung war und ist für mich seitdem immer einer der schönsten Berufe in einem Unternehmen.

Vor einigen Jahren habe ich den Schritt in die Selbstständigkeit gewagt. Kaum hatte ich das Unternehmen verlassen, wurde ich von Kollegen anderer Unternehmen immer wieder gefragt, wie ich denn deren Personalentwicklung so sehe: »Sind wir gut aufgestellt?« Vor drei Jahren begann ich unter anderem deshalb, den PE-Check° zu entwickeln.

Als Personalentwickler muss ich sagen, dass die Coronapandemie aufgrund der neuen Bedarfe durchaus interessant war und ist. Viele Themen wurden ermöglicht und umgesetzt, die ohne die Pandemie sicherlich an vielen Widerständen gescheitert wären oder deren Inangriffnahme noch viele Jahre gedauert hätte.

Auf meiner Bucket List stand immer schon, ein Buch zu schreiben. Dieser Wunsch ist erfüllt – auch dies »dank« der Pandemie. Ich hoffe, ich konnte Ihnen meine Leidenschaft zu diesem wunderbaren, spannenden Thema Personalentwicklung näherbringen. Mehr noch würde es mich freuen, wenn dieses Buch Sie inspiriert, das PE-Feuer in Ihnen entfacht und Sie ins Handeln bringt. Ich hoffe, es ist mir auch gelungen, Ihnen aufzuzeigen, wie wichtig die Unternehmenswerte und die Mindsets der Mitarbeitenden für eine erfolgreiche Personalentwicklung sind.

Ob ich dem Motto »Einfachheit ist die höchste Form der Raffinesse« folgen konnte, werden Sie, liebe Leserin, lieber Leser, für sich entscheiden. Wenn meine Erläuterungen, Hinweise und/oder der PE-Check° Ihnen helfen, eine zukunftsorientierte Personalentwicklung nach Ihrem Bedarf auszurichten, haben wir viel erreicht.

Ganz vielen Menschen möchte ich an dieser Stelle noch einmal Danke sagen. Ich denke, du weißt, Sie wissen, wie wichtig dein, Ihr Beitrag für mich war – DANKE!

10 Der Autor

Christian Flesch, Dipl. Volkswirt (Rheinische Friedrich-Wilhelms-Universität, Bonn), Jahrgang 1966, ist aufgrund der langjährigen Führungserfahrungen als Vertriebsdirektor, als Leiter Personal- und Organisationsentwicklung in einem Versicherungskonzern und heutiger Geschäftsführer der akademie4u GmbH gefragter Ansprechpartner, wenn es um die Entwicklung einer zukunftsorientierten Personalentwicklung, einer nachhaltigen Unternehmenskultur, moderne Führung oder erfolgreiche Teamentwicklung geht. Als externer Berater weiß er, wie Unternehmen und Organisationen intern ticken und was es bedarf, um eine nachhaltige, zukunftsfähige Personalentwicklung aufzubauen. Als Dozent an der FOM verbindet er die Theorie mit der Praxis (HR Management/Personalentwicklung/ HR Management & Personalforschung/Führungspsychologie). Er ist ein gefragter Referent, denn es gelingt ihm, komplexe Themen verständlich und unterhaltsam zu vermitteln. Sein großes Netzwerk hat ihm dazu verholfen, dass er auch in der Bundespolitik, der Bildungspolitik und bei Branchentreffen wichtige Impulse geben durfte.

Literatur

Alstom (2021), 2021 MEETING BROCHURE, https://www.alstom.com/sites/alstom.com/files/2021/07/06/20210607_AGM_Meeting_Brochure_EN.pdf, abgerufen am 22.10.2022.

Ameln, O, Hutfleß, A., Rosenbaum, M., adesso (2018), Versicherungsforen Leipzig, Die Zukunft der Kompositversicherer.

AssCompact (09. Januar 2018), Die Rolle von Google, Amazon, Facebook und Apple im Versicherungsmarkt 2018.

AssCompact (06.12.2019), Fehltage wegen psychischer Erkrankungen haben sich verdoppelt.

Ahlers, E., Mierch, S., Zucco, A. (2021), Report Nr. 65, April 2021, WSI Wirtschafts- und Sozialwissenschaftliches Institut, S. 4.

Becker, F. (2015), Psychologie der Mitarbeiterführung, Wirtschaftspsychologie kompakt für Führungskräfte. Wiesbaden: Springer.

Becker, M. (2013), Bildung, Förderung und Organisationsentwicklung in Theorie und Praxis, Stuttgart: Schäffer-Poeschel Verlag

Bischof, K. (2016), Aktives Führen in Versicherungsunternehmen, Agenturen und Maklerunternehmen (Grundlagen und Praxis), Verlag Versicherungswirtschaft.

Bischof, K. & Gold, M. (2020), Management und Führen in der Versicherungswirtschaft, Verlag Versicherungswirtschaft.

BKK Gesundheitsreport 2016.

Breitschopf, K. Rump, J. (HAYS – HR-Report 2014/2015), Schwerpunkt Führung, Eine empirische Studie des Instituts für Beschäftigung und Employability IBE im Auftrag von Hays für Deutschland, Österreich und die Schweiz.

Breitschopf, K. Rump, J. (HAYS – HR-Report 2013/2014), Schwerpunkt Frauenförderung, Eine empirische Studie des Instituts für Beschäftigung und Employability IBE im Auftrag von Hays für Deutschland, Österreich und die Schweiz.

Breitschopf, K. Rump, J. (HAYS – HR-Report 2018), Schwerpunkt Agile Organisation auf dem Prüfstand, Eine empirische Studie des Instituts für Beschäftigung und Employability IBE im Auftrag von Hays für Deutschland, Österreich und die Schweiz.

Bundesministerium für Arbeit und Soziales, Weiterbildungsstrategie.

Berblinger, S., Knörzer, M., Demografiemanagement (Publikationsreihe des Bundesverbandes der Personalmanager).

Carl, M., Enzweiler, K. (Trendstudie 2015), Wie Versicherer ihren Kundendialog zukunftssicher gestalten.

DAK-Gesundheit, Digitalisierung und Homeoffice in der Corona-Kriese, IGSE, Umfrage zu den Vorteilen von Homeoffice in Deutschland 2020/2021 und Umfrage zu den Nachteilen von Homeoffice in Deutschland 2020/2021.

DGFP Studie (7/2011), PraxisPapier, Deutsche Gesellschaft für Personalführung e. V., Megatrends und HR Trends, Bearbeitung: Geighardt-Knollmann, C.

DGFP-Studie (5/2013), Deutsche Gesellschaft für Personalführung e. V., Forschungspraxis Transfer im Personalmanagement, Weckmüller, H., Biemann, T., Geil, L., Armtat, S., Spallek, R.

DGFP-Studie (04/2015), Deutsche Gesellschaft für Personalführung e. V., Megatrends 2015, Beyer, K.

DGFP Praxispapier (01/2019), Deutsche Gesellschaft für Personalführung e. V., Zukünftige Ausrichtung der Personalentwicklung.

Duhigg, C. (2016): What Google Learned from its Quest to Build the perfect Team, The New York Times Magazine.

Edmonson, A. C., (2020), Die angstfreie Organisation – Wie Sie psychologische Sicherheit am Arbeitsplatz für mehr Entwicklung, Lernen und Innovation schaffen, Vahlen.

Erpenbeck, J., von Rosenstiel, L. (2003), Handbuch Kompetenzentwicklung.

Erpenbeck, J., von Rosenstiel, L. (2007), Handbuch Kompetenzmessung. Erkennen und verstehen und bewerten von Kompetenzen in der betrieblichen, pädagogischen und psychologischen Praxis, 2. Aufl., Stuttgart.

Etzel, S, Fauler, S., Etzel, A. (2016), Managementdiagnostik in der Praxis – Online Assessments als Bausteine der Personalauswahl und -entwicklung.

Felfe, J., van Dick, R. (2016), Handbuch Mitarbeiterführung. Wirtschaftspsychologisches Praxiswissen für Fach- und Führungskräfte. Berlin Heidelberg: Springer- Verlag.

Fernández-Aráoz, C., Nagel, G., Green, C. (Harvard Business Manager 03/2022), Auf der Suche nach einem neuen CEO: Eine Anleitung für Entscheidungsträger.

Fichtner, U., Fische, S., Haitzmann, M., Die Personalstrategie Kompakt, Mut zur Perspektive: Anregungen von Praktikern für Praktiker (Publikationsreihe des Bundesverbandes der Personalmanager).

GALLUP Pressemitteilung – Sperrfrist: 29. August 2018, 11.00 Uh – Neuer Gallup Engagement Index 2018.

GALLUP Engagement Index 2021 Deutschland (05.04.2021), Sinyan, P., Nink, M.

Gasche, R. (2018), So geht Führung! 7 Gesetze, die Sie im Führungsalltag wirklich weiterbringen, 2. Auflage, Springer.

Gensicke, M., Bechmann, S., Härtel, M., Schubert, T., Garcia-Wülfing, I., Güntürk-Kuhl, B. (2016), Bundesinstitut für Berufsbildung, Digitale Medien in Betrieben – heute und morgen, Eine repräsentative Bestandsaufnahme (Heft 177).

Glasl, F. (2004), Konfliktmanagement. Ein Handbuch für Führungskräfte, Beraterinnen und Berater (8. Aufl.). Bern: Haupt.

Goldman, S., Nagel, R., Preiss, K., Warnecke, H. (1996), Agil im Wettbewerb, Die Strategie der virtuellen Organisation zum Nutzen des Kunden. Berlin, Heidelberg, Springer.

Guggemos, J., Helfritz, K. H., Meier, C., Seufert, S. (2019), Digitale Kompetenzen von Personalentwicklern, Digitale Reife und Argumentationsstrategien in der Personalentwicklung, Institut für Wirtschaftspädagogik, Universität St. Gallen, Deutsche Gesellschaft für Personalführung.

Hassler, F. (20.04.2022), Hohe Wechselbereitschaft als Chance fürs Recruiting, The Great Resignation, Human Resources Manager Magazin.

Häusling, A., Kahl, M., Römer, E. (2019): AGILE HR, Auf dem Weg zum agilen Personalmanagement (Publikationsreihe des Bundesverbandes der Personalmanager).

Hellge, V., Schröder, D., Bosse, C., (2019), Der Readiness-Check Digitalisierung, Ein Instrument zur Bestimmung der digitalen Reife von KMU, Kaiserslautern: Mittelstand 4.0-Kompetenzzentrum.

Herz, C. (04.09.2019), GIOVANNI GIULIANI IM INTERVIEW: Zurich-Vorstand sieht Versicherungswelt vor gewaltigem Umbruch: ›Branche hat lange geschlafen‹, https://www.handelsblatt.com/finanzen/banken-versicherungen/versicherer/giovanni-giuliani-im-interview-zurich-vorstand-sieht-versicherungswelt-vor-gewaltigem-umbruch-branche-hat-lange-geschlafen/24975454.html, abgerufen am 24.10.2022.

Herzig, B. (2014), Wie wirksam sind digitale Medien im Unterricht? Bertelsmann Stiftung.

Hoffmeyer, M. (19.05.2019), Wird mit bunten Zetteln wirklich alles besser? https://www.sueddeutsche.de/karriere/agilitaet-scrum-kanban-1.4438226, abgerufen am 24.10.2022.

iga.Report29 – Führungskräfte sensibilisieren und Gesundheit fördern – Ergebnisse aus dem Projekt »iga.Radar«.

iga.Report40 (2019), Wirksamkeit und Nutzen arbeitsweltbezogener Gesundheitsförderung und Prävention, Barthelmes, I., Bödeker, W., Sörensen, J., Kleinlercher, K.M., Odoy, J. unter Mitarbeit von Inkrot, S. und Heil, K. L.

Isaacson, W. (2011), Steve Jobs, Die autorisierte Biografie des Apple-Gründers, Bertelsmann Verlag, München.

Iwd Ausgabe 20 (19.05.2016), Jeder Dritte wechselt den Job.

Malki, F. (2001), Führen Leisten Leben, Wirksames Management für eine neue Zeit, DVA.

Meifert, M. T. (2008), Strategische Personalentwicklung – Ein Programm in acht Etappen, Berlin Heidelberg: Springer-Verlag.

Microsoft (2018), Digitalisierung für alle – Wie wir eine Kultur der digitalen Transformation schaffen.

Placke, B., Schleiermacher, T. (BPM-Studie 2018), Anforderungen der digitalen Arbeitswelt, Kompetenzen und digital Bildung der Arbeitswelt 4.0.

Pradetto, O. (12.07.2022), Einstieg in die Assekuranz: Was hat Google vor? https://www.cash-online.de/versicherungen/2017/google-versicherungsmarkt/389017/, abgerufen am 03.11.2022.

re:Work, Learn about Google's manager research, https://rework.withgoogle.com/guides/managers-identify-what-makes-a-great-manager/steps/learn-about-googles-manager-research/, abgerufen am 24.10.2022.

Rosenstiel, L., Regent, E., Domsch, M. (2020), Führung von Mitarbeitern, Handbuch für erfolgreiches Personalmanagement, 8., aktualisierte und überarbeitete Auflage, Schäffer-Poeschel Verlag: Stuttgart.

Ryschka, J., Solga, M., Mattenklott A. (2011), Praxishandbuch Personalentwicklung, Instrumente, Konzepte, Beispiele, 3. Auflage, Gabler.

Schmidt, F. l., Hunter, J. E. (1998), The Validity and Utility of Selection Methods in Personnel Psychology: Practical and Theoretical Implications of 85 Years of Researched Findings. Psychological Bulletin 124 (1998), S. 262–274.

Schuler, H., Kanning, U. P. (2014), Lehrbuch Personalpsychologie, 3. überarbeitete und erweiterte Auflage, Hogrefe.

Shell Jugendstudie (2019, Nr. 18), Eine Generation meldet sich zu Wort.

Speich, M. (10/2016), Vodafone Stiftung Deutschland, Gebrauchsanweisung fürs lebenslange Lernen – Erkenntnisse zur Weiterbildung und wie Betriebe sowie Mitarbeiter sie einsetzen können – Eine Studie der Hochschule für angewandtes Management, gefördert von der Vodafone Stiftung Deutschland und unter Beratung des Bundesinstitut für Berufsbildung BIBB.

Spiegel-Online (25.07.2019), DAK-Psychoreport 2019 – Arbeitsfälle wegen psychischer Erkrankungen verdreifacht, https://www.spiegel.de/karriere/dak-psychoreport-2019-arbeitsausfaelle-wegen-psychischer-erkrankungen-verdreifacht-a-1278890.html, abgerufen am 03.11.2022.

StepStone, Trendstudie Arbeiten 4.0/Job & Karriere/Recruiting – Eine neue Arbeitswelt entsteht.

Steingart Morning Briefing (20.04.2019), abgerufen am 20.04.2019.

VersicherungsJournal.de (24.05.2019), Allianz rückt näher an ihre Kunden, https://www.versicherungsjournal.de/markt-und-politik/allianz-rueckt-naeher-an-ihre-kunden-135544.php, abgerufen am 24.10.2022.

VersicherungsJournal.de (24.10.2019), Versicherer wollen eigene digitale Lebenswelten bauen, https://www.versicherungsjournal.de/markt-und-politik/versicherer-wollen-eigene-digitale-lebenswelten-bauen-136981.php, abgerufen am 24.10.2022.

Versicherungswirtschaft.de (04.09.2019), Generali-Vorstand Wehn: »Die Stimmung unter den Mitarbeitern ist essenziell«, https://versicherungswirtschaft-heute.de/schlaglicht/2019-09-04/generali-vorstand-wehn-die-stimmung-unter-den-mitarbeitern-ist-essenziell/, abgerufen am 24.10.2022.

Weck, A. (2019), Die besten Chefs der Welt tun diese 10 Dinge – Laut Google. https://t3n.de/news/google-best-chefs-projekt-oxygen-1172345/, abgerufen am 30.10.2022.

Weckmüller, H., Biemann, T. (2013), Exzellenz im Personalmanagement, Neue Ergebnisse der Personalforschung für Unternehmen nutzbar machen, Haufe Verlag.

Werther, S., Bruckner, L. (2018), Arbeit 4.0 aktiv gestalten – Die Zukunft der Arbeit zwischen Agilität, People Analytics und Digitalisierung, Springer.

Wikipedia (2022), Digitalisierung, https://de.wikipedia.org/wiki/Digitalisierung, abgerufen am 24.10.2022.

Wikipedia, Personalentwicklung (PE), https://de.wikipedia.org/wiki/Personalentwicklung, abgerufen am 24.10.2022.

Stichwortverzeichnis

Mit digitalen Extras: exklusiv für Buchkäuferinnen und Buchkäufer!

Ihre Arbeitshilfen zum Download:

▶ **http://mybook.haufe.de/**

▶ **Buchcode:** JSB-19124